U0271085

奢侈品私享家

香水赏鉴

Xiangshui Shangjian

刘 晨 / 著

北京工业大学出版社

出版缘起

　　栽种鲜花的人四季都拥有芬芳，拥有芬芳的人一辈子都活在花季。香水，这个花之精灵，是嗅觉的情人，更是一场供灵魂享用的盛宴。它既能够增强男人和女人的气场，又能够增添彼此内心深处的欢愉。在香水的王国里，人类是它们的缔造者，而它们是人类气质的塑造者。

　　实在不敢想象缺少了香水，这个世界会变成怎么一副模样。那时安娜苏不再魔幻，古驰不再摩登，圣罗兰不再纯洁如天使，宝格丽不再传奇如英雄，范思哲没了大气凛然，迪奥抛弃了奢华，纪梵希丢掉了优雅，娇兰由淡雅变得俗气，克莱夫基斯汀由诱惑变得平庸，兰蔻不再性感了，乔治·阿玛尼也失去了大家风范……这是一件恐怖的事情，从此快乐与生活断开了联系，失落与苦闷缺少了缓冲，身份与气场各自为政……总之，缺少了香水，世界也就缺少了色彩和感情。

　　有些人可能会对香水不以为然，甚至嗤之以鼻，这些人可能不知道，除了遵循生活的教条外，生活本身的美好也可以来源于对香水的关注和使用。今天，我们不能拒绝香水，是因为香水给我

们创造了一条审美的标准：香水已经成为一种带有历史意味的消费文化。当我们试图用如同香水一样飘逸的文笔来描述香水文化时，就会感觉到我们正在呼吸着香水的芬芳，仿佛快乐的时光激荡着我们的身心。

香水的世界处处充满了惊喜与新奇，因为它本身就是一部完整的生活艺术史。被誉为"传奇的女人"的香奈儿女士曾说："一个没有味道的人是没有将来的。"90多年前，这位时装界传奇人物的一个小小冲动，不但使香奈儿5号成为香水界在香料合成上的一次大突破，而且，由法国明星卡洛尔·布歇尔演绎的"女人香"也一度风靡全球，连性感尤物玛丽莲·梦露也对之爱不释手；有着"香水之王"称号的娇兰在1925年推出的"一千零一夜"，则被称为是"疯狂年代的代表作"，它以印度国王为爱人所建的花园SHALIMAR命名，它那动人的传说和感性的氛围令使用它的女人如置身于森严禁地的边缘，神秘而又充满悸动，使这款极具东方情调的香水很快攀上畅销榜的顶峰，还有让·巴度的"喜悦"香水，作为世上最昂贵的香水之一，用几万朵茉莉及几百朵玫瑰才制成30毫升的"喜悦"香水，它带给人们的除了欢欣、愉悦，还有奢华和典雅……

香水的文化是由香氛来表达的，是通过瓶身设计来装饰的。尽管它只有方寸大小，却足有容纳万千的本领：玫瑰香或是广藿香都可以成为铁娘子撒切尔夫人的秘密武器，佛手柑与肉桂又或许是詹姆斯·邦德的独特符号；古龙水是富有活力的象征，柑橘混合绿茶香可以营造信任感；淡香水是高贵典雅的表达法则，茉莉与铃兰可以建立专属于贵妇的气场……

但对很多人来说，香气"袭"人最是痛苦不堪。甲之蜜糖，乙之砒霜，该怎样选择呢？本书针对各大顶级品牌不同时期、不同系列的经典香水，从灵感来源、香调、瓶身特色等多个方面作了细致入微的介绍。对于爱闲谈的人而言，这是一本内容十足的品牌资讯；对于爱好香水的人而言，这是一本相对专业又通俗易懂的指导书；对于沉迷于香水的人来说，这又是一部集合了历史文化与品鉴内容为一身的奢侈辞典……香水品牌的成长故事里有无数名人的参与，精致的设计以及独特的芬芳被囊括在一个小小的玻璃瓶或者水晶瓶里，瓶子里面，是液化的魔术，一旦释放，必将慑人魂魄。这里有天使般的清淡恬静，也有"呛人"的浓烈花香……当繁华落尽，香味，不会凭空消失，而会在你的记忆里永不消散。

目录

104 | 安娜苏
女香梦境里的魔幻大师

时尚之门对每一个品牌、每一个个体而言都是敞开的，有人简约、有人奢华，还有人偏爱单纯的手工工艺，而安娜苏就像一个小仙女，用她的梦幻、复古的魔法，去成就自信女孩的梦想。在崇尚简约自然风格的今天，有着浓郁复古气息和奢华美感的安娜苏无时无刻不在展现着它的梦幻气质。

118 | 范思哲
迷香恺撒

每每喊出"恺撒"的名字时，总会凭空从心里多出一份激昂的情愫，对于香水迷而言，范思哲具有同样的效果，古典与现代、性感与内敛的完美结合，让它以领导者的气势冲破了传统的桎梏，又以一个先锋者的角色成为"年轻的暴君"。久而久之，范思哲香水成为了香水世界里的恺撒大帝。

132 | 大卫杜夫
闻香逐我心

一丝一缕的芬芳悄然弥漫，叫心花怒放，纵然冷若冰霜，却惹人沉醉其中；一生一世的情缘早已注定，叫人心驰神往，纵然桀骜不驯，却被认定是经典传奇。这便是大卫杜夫香水，不去模仿，也不奢求"名门望族"的背景，只是真实，为了那"闻香逐心"的高雅与随性。

142 | 迪奥
想象与卓越缔造的奢华

迪奥，一位无懈可击的时尚缔造者，一个万众瞩目的香水品牌，象征着经典与时尚、梦想与奢华。它追求精致、高雅、完美、魅力、自信的女人味。不论是时装、化妆品或是其他产品，迪奥在时尚殿堂里一直雄踞顶端，引领着世界流行时尚。

158 | 纪梵希
优雅的香水帝国

一位优雅的绅士对自己倾慕的女人的示爱势必也是优雅的，所以纪梵希感动了优雅女神奥黛丽·赫本；一个优雅的帝国对它的臣民的安慰也一定是优雅的，所以纪梵希能够成为这个时代最让人欣赏的品牌。久而久之，它变成了优雅、时尚、经典、大气的代名词，懂得品味生活的优雅之士都懂得这一点。

212 | 伊丽莎白·雅顿
众香之巢

在传统与现代的交融中，不论经典能有多少不同的状态或境界，伊丽莎白·雅顿香水已尽得其精髓。因为在香水发展史中无可替代的重要地位，它又被誉为"众香之巢"。

226 | 卡尔文·克莱恩
都市男女的品位之选

大概只有像卡尔文·克莱恩这样精致的香水，才有资格把举世闻名的纽约情愫印在香水瓶上，仿佛在诉说这里是纽约，是财富与奢华的集中地，是浪漫与精致生活的代言人。它因讲求精致时髦而迷人，使穿戴极具纽约时尚风格的男女，充满了从容自主的特性。这缕来自纽约的浪漫幽香，会带你到一个洒脱、热情、浪漫、矜贵的世界，到纽约，到第五大道，去感受全世界的优雅与浪漫。

238 | 让·巴度
风情万种的法式优雅

尽管巴黎一如既往地霸占着"世界上最浪漫的城市"的名头，尽管波尔多依旧是葡萄酒文化的圣地，尽管这个充满时尚、浪漫的国度里还流动着奢华的赞歌，可是，鲜有几个在这里诞生的品牌，还能够像让·巴度香水那样，如此忠实地保持着那份法国式的情调：在端庄中不失优雅，在万种风情中透着骄傲。

246 | 佛罗瑞斯
王室香水的古典风范

香水是一种独特的语言，它细腻地展示了使用者的涵养、对生活的态度及其社会地位。与香奈儿、兰蔻等主流香水品牌相比，佛罗瑞斯的世界显得相对狭小，因为它只为名流贵族所有，对于那些处于社会最高阶层的权贵人士来说，这一王室御用品牌无疑是其彰显身份、地位和品位的最佳选择。

254 | 登喜路
高雅绅士的俊朗之风

奢华是一种态度，优雅是一种信仰，从1893年登喜路打开奢华的魔法之门的那一刻开始，它就为男人创造了一种奢华的诱惑，一种优雅的风潮，让使用登喜路的男人在感受优雅与细腻的同时，不再为"香水专属女人"这样的论调而尴尬。

266 | 爱斯卡达
爱情的秘密花园

一次相遇带来的浪漫邂逅，一段感情带来的刻骨铭心，一个品牌带来的惊艳万分，这仿佛就是爱斯卡达的全部历史；一份甜蜜的爱情带来的悸动，两个天才的结合带来的冲击，一个香水帝国的新成员就此诞生。爱斯卡达香水也成为了爱情的秘密花园，是佐证，更是一段清新、甜美、热情、愉悦的恋爱感觉。

280 | 菲拉格慕
奢侈男女的甜蜜梦乡

能够将鞋履做得像法拉利一样闻名于世的，恐怕只有菲拉格慕了；能够将香水打造得如同兰博基尼一样精致的，菲拉格慕亦是榜上有名。在一个崇尚艺术的国度里，菲拉格慕香水里的精美、曼妙、甜蜜、温柔、野性、内敛、细致的情怀逐渐溢出了地中海，翻过了阿尔卑斯山，跨越了大西洋，在征服了世人的同时，也成为奢侈男女的甜蜜梦境。

292 | 三宅一生
徜徉在梦想中的生命之水

香水本是一种流动的生命，它超然于芳香之外，又植根于大千世界的繁花茂果之中，就像日本香水帝国的掌门人三宅一生一样，给人的永远是亲近自然而超然脱俗的感受，是若即若离又若有若无的参悟。三宅一生香水以一个梦想制造者的身份，成为徜徉在人们梦想中的生命之水。

香水的历史也可以被视为人类历史发展的又一个侧面，在其诞生至今的数千年的历史中，香水以一个骄傲的塑形师的角色，为名流贵妇们提供了无可替代的心灵慰藉和美丽助力，并演化成今天的魅力之源。

香水的前世今生

香水的诞生

香水的历史可以定义为人类发现美，并成就美的历史。在拉丁语中，香水叫做"熏"，本意是树木在燃烧的过程中所散发的香气。这种树木在东方又被称为香料，东方的史学家认为香料起源于帕米尔高原，而西方的专家则认为公元前 20 至公元前 18 世纪的古埃及是香料的发源地。制造香水的原始香料分为天然香料与合成香料，这些香料的种类约有 1500 种。

香水是人类发明的一种给嗅觉乃至精神的奖品。在古代，人们常常把香花掺在兽脂中造出香油，然后涂抹在身上，以获得香氛。再后来，阿拉伯人发明了从花的浸出物中析出液体制成香水的方法，开始向世界各地输出有名的戈雷香水。直到 18 世纪，出现了酒精与香料混合调制的香水。那时的男女老少都对香水表现出异常的热情，所以那个时代也被后人称为"香水的时代"。路易十五的宫廷被称为"香宫廷"。使用香水的习惯从宫廷流传至市民阶层，使整个巴黎变成了"香都"。

对于香料的依赖，让聪明的人类发明了合成的技术，到 19 世纪，以法国为中心的合成香料产业开始形成。可以毫无疑义地说，人类历史有多么长久，香水的历史就有多么长久。因为早在人类出现之前，那些鲜花和香草就作为地球美丽景色的一部分而摇曳多姿地存在着了。但是我们的祖先使用香水的记忆，到了我们这里已经变得模糊了，湮没的历史随着时光的流逝而更加难以考证。

这是一段被历史尘埃掩埋的秘密，香水研究者们孜孜以求，最终在尼罗河河畔的底比斯触摸到一点坚实可靠的依据。在女王哈兹赫普撒特的神庙里面有一系列的壁画，描述了 3500 年以前，一支古埃及的船队到"彭特之地"去寻找一种叫"没药"的香料，他们的"猎物"还包括其他类型的神秘植物，那些散发着浓郁异国情调的芬芳气息的植物。据说，古代最受欢迎的香料植物"没药"和"乳香",只生长在阿拉伯半岛和非洲的索马里,所以航行穿越红海后,那个叫彭特的香料之地总会出现在眼前。那时的人们都深信这一点。

现在能够确知的是,埃及的船队沿着尼罗河航行,到达的地方比以前人们所以为的更加遥远。船队在阿尔伯特湖边找到了彭特之地。那是在现在的乌干达境内。但是这里并不生长"没药"和"乳香"。这样看来,对香水历史的研究似乎又进入了一种不确定的境地。也许就该是这样的,香水这东西,总要散发着那么一点神秘而奥妙的味道。

在早先的那些日子里,熏香和香油都享有重要的地位,我们用的"香水"这个词的英文原词,在拉丁语中的含义是"透过烟雾"。在弥漫缭绕的熏香的雾中,祈祷者的精神得到抚慰,嗅觉得到愉悦,身体得到放松。著名的"西腓"香,是一种香味浓郁的混合香料,在日落时分的庙宇和深夜的宅院里,静静地燃着。

在距离塞浦路斯首都尼科西亚西南88公里的普格斯–马罗拉基遗址,一队意大利考古学家在一座可以俯瞰地中海旖旎风光的山坡上发现了一个坑,坑里有曾经放置香水瓶的痕迹。在这里,他们找到了世界上迄今为止发现的最古老的香水。这个意大利考古队的队长马利亚·罗萨里亚·贝尔吉奥诺说:"这些香水有4000年的历史。毫无疑问,这里是世界最早生产香水的地方。"

他们成功提取到了这些香水的香精,并最终通过陶土制香水瓶碎片成功还原了4000年前古人用的香水。他们成功提取了碎片上的香水精油成分,对它们有了更加深入的了解。最终,意大利考古学家们惊讶地发现,现代人使用的香水与4000年前古人用的香水没有太大区别。

贝尔吉奥诺打开一个弥漫着强烈香味的小瓶子,她说:"我一闻到这种香味就立刻想到了皮诺·西尔维斯特。"这个小瓶子里是金色的古香水,研究人员把它与装在绿瓶里的现代古龙水进行了比较。意大利文化遗产技术研究院的科学家们从陶土碎片中发现了肉桂、月桂、桃金娘、茴芹和柑橘等香精,所有这些香精都产自本地生长的植物。这里只是一个古代遗址的一部分。这个古代遗址的历史可追溯到公元前2000年,这里还有一个熔铜操作间、葡萄酒厂和一个专门为香精生产精华成分的橄榄榨汁机。

埃及艳后克娄巴特拉当年就是凭借萦绕全身的香水气味让男人和女人拜倒在她脚下的。传说，美艳的克娄巴特拉前往塔尔苏斯（今土耳其南部城市）与马克·安东尼首次相见的时候，她乘坐的船上弥漫着香精散发的香气，一见面，就让罗马帝国的统治者心醉神迷，从此不可自拔。除了吸引异性，芳香树脂也同样用于葬礼上。贝尔吉奥诺说："一克特制香精的价值有时超过金子。"

贝尔吉奥诺说，目前还不清楚是谁从塞浦路斯购买了香水，克里特古城克诺索斯的记录显示，塞浦路斯销售了576升的纯净橄榄油，这有可能暗示当时的贸易活动十分活跃。她说："塞浦路斯人可能是从埃及人那里学到的这门技术，我们知道这两个地方有着十分密切的关系。"此次发现不但对研究塞浦路斯一些不为人知的历史至关重要，而且有可能解释出现在香水族名单上一些令人费解的名称。香水工业一般把香水分成十个族，其中有两个族与地理概念有关，而它们还同属于一个地方"CHYPRE"（塞浦路斯在法文中的名字）。

香水的发展

　　事实上，在公元前 1500 年，香水的使用就已经很普遍，这种普遍是指在贵族阶层中。艳后克娄巴特拉就经常使用 15 种不同气味的香水和香油来洗澡，甚至还用香水来浸泡她的船帆。古罗马人喜欢把香水涂在任何地方，马的身上，甚至造墙的砂浆中。古埃及时期，在公共场所中不涂香水是违法的。古埃及人死后，用香料裹尸，使之永存（干木乃伊）。古希腊妇女在宗教仪式上也要泼撒香水。有人认为，是波斯人发现了从花朵中提取香精的技巧，阿拉伯人创造了一种使用香水的宗教礼仪。正是对于奇异香料的使用，奠定了他们在接下来几个世纪的香水业发展中的重要地位。

亚洲人对于香水用途的发展有重大影响，他们相信，香水不仅使人更显美丽，而且助人长寿。其后，随着罗马帝国没落，香水的发展也分成了两个不同的领域。一方面，德国教士发明了蒸馏技术；另一方面，香水王国——法国在从东方进口的独特香料中，发掘出了其中的芳香特质。于是，欧洲香水工艺开始进入了繁盛时期。

14世纪，第一批现代香水被创造出来，它由香精和酒精混合而成，这是应匈牙利的伊丽莎白女王之命而研制的。15世纪至19世纪末，意大利人广泛使用了香水。16世纪还出现了浓烈的动物脂香味，随后很快流行到法国、英国和其他欧洲国家。到了1709年，意大利的法丽纳在德国科隆用紫苏花油、摩香草、迷迭香、豆蔻、熏衣草、酒精和柠檬汁制成了一种异香扑鼻的神奇液体，被人称之为"古龙水"。

当凯萨琳·德·梅迪西嫁给法兰西的亨利二世时，她带着她的香水调配师来到法国，开设了第一家香水店。酷爱服装和化妆品的法国人对香水表现出了超乎寻常的热情，趋之若鹜。路易十四嗜香水成癖，成了"爱香水的皇帝"。他甚至号召他的臣民每天换涂不同的香水。路易十五时期，蓬巴杜夫人和杜巴莉夫人对香水的喜好不亚于对服装的兴致，宫内上上下下纷纷效仿，于是每个人的服饰乃至整个宫廷都香气四溢，被称为"香水之宫"，整个巴黎也成了"香水之都"。

这时，香水沐浴的潮流再次兴起，重现了罗马时期之后不曾有过的奢华。当时香水更被认为具有缓解疲劳、松弛神经和治疗疾病之功效。当时人们在手帕上洒上香水，随身携带，令全身散发香气。路易十六的王后玛丽·安托瓦内特尤其喜欢一种以堇菜、蔷薇为主要原料的香水。后因玛丽·安托瓦内特在法国大革命期间被处以绞刑而死，故而得名"绞刑之香"。另一位香水迷是拿破仑。征战期间，他曾一天用掉12公斤香水（"法高纳尔"），被放逐到岛上后，香水用光了，他便自己用薄荷制造香水，这种香水被称为淡香水，成为日后的香水典范。约瑟芬皇后对麝香情有独钟，以致留下了"麝香皇后"的美名。

随着香水业的发展，种植花卉在18世纪成为法国南部的重要产业并延续至今。从19世纪下半叶起，由于挥发性溶剂取代了早期的蒸馏法，尤其

是人造合成香料在法国的诞生，使得香水不再局限于单一的天然香型，香水家族也由此迅速壮大，并奠定了现代香水工业的基础。

20世纪初的欧洲弥漫着一片自由和独立的风气。第一次世界大战后，人们从维多利亚时代解放出来，香水正好反映了当时崭新的自由风气。当时因为战争的关系，女性人口要比男性人口多出近二百万。20年代的女性是浪漫的典范，她们从有限的选择中选取富有女性韵味的花香香气来展示自己的魅力。随着时代的演进，妇女走向社会拓宽了眼界，于是香水的香味少了几分浓郁甜美，混合了干苔温馨古雅的香气。这一时期，妇女的服饰、香水、形象都发生了从古典走向现代的变化。

这一切，法国时装大师香奈儿功不可没，她创造了世界上第一款加入乙醛的香水——香奈儿5号。这款经典香水飘散着清爽淡雅的芬芳，体现出新时代女性的自立和理性精神，使身穿职业装的妇女庄重而迷人。浪凡的一款加入乙醛的香水"琶音"，汇集了 60 余种花香、果香和木香，其香味高雅不凡、清新脱俗，令人倾心。随着妇女社会活动领域的扩大，妇女开始在不同的场合使用不同的香水。著名的法国娇兰化妆品公司推出首款东方香型的香水，表现出了奔放的激情和成熟的韵味。此后，散发着东方香料和东方植物奇异香味的香水虏获了众多女士的芳心。

第二次世界大战明显地影响了香水生产，法属印度和东印度群岛及香料供应国因为战争而中断生产，因而刺激了商人自制香料。战争同样也把妇女拖入噩梦，美国妇女争购香水送给开赴前线的亲人，期盼前方来信中的香味儿，能让自己亲密地感觉对方。战后，香水业迅速发展，新鲜的花香给饱受战争之苦的人们以深情的慰藉。尼娜·里奇的香水"比翼双飞"仿佛送给人一束晨露中摘取的鲜花。1947年，法国服装大师迪奥推出了他的惊世之作——"新风貌"，同时推出他的香水——"迪奥小姐"。被称为"新风貌"的衣裙妩媚如花，"迪奥小姐"的芬芳温馨优雅，真正使战后的女人再现芳华。

20 世纪 50 年代，香水帝国出现了一位新的领袖——雅诗·兰黛女士，她结合当时的香水文化，为香水带来了戏剧性的影响。1952 年雅诗兰黛公司推出"朝露"香水，这款飘逸着花果清香，洋溢着青春气息的香水，让人感到轻松、随意，从此打破了只有在隆重场合才使用香水的惯例。20 世纪 60 年代青年反叛思潮兴起，摒弃传统成为时尚，而香水也开始追求前卫风格，出现了异彩纷呈的流派。

到了 20 世纪 70 年代，女权运动高涨，女人开始脱下裙装，换上长裤，涂起男性用的淡香水，于是富于清凉柑橘味的中性香水最受时髦女性的青睐。为了迎合潮流，迪奥公司推出了真我香水，香奈儿推出了克里斯特香水，以期带给女性全新的感觉，进而表现出她们的高雅风格与别致不凡。这个时代，香水中的杰作当为伊夫·圣罗兰的鸦片香水，它散发出诱人的东方之香，其名称也惊世骇俗。雅诗兰黛在 1978 年推出的白麻香水加入了茉莉、玫瑰、铃兰和柑橘等香料，成为高贵而爽朗的香水典范，让人醒觉到香水也可以是日常用品，并非特别场合才可以使用。传统回归、情思怀旧的 20 世纪 80 年代，也是香水创新的年代。雅皮士的智慧、富有和才华，使香水成为炫耀身份的象征。人们推崇香水味先人而至的豪华气派。毒药香水弥漫着浓郁的芳香，吸引了无数成功的女性。女用的香水香气袭人，花团锦簇，男用香水也不再局限于清爽的淡香水。美国的时尚大师拉尔夫·劳伦的"马球"系列从包装到富有男性魅力的芳香，都让人感到强健的活力。

此时的香水，往往是一个品牌两种香型，一种是男用，一种是女用。20 世纪 80 年代香水的设计，似乎在探索人生哲理。美国服装名师卡尔文·克莱恩推出香水三步曲"迷惑"、"永恒"及"逃逸"，就像是在用芬芳陈述他对人生的看法，从沉迷走向大彻大悟。1985 年雅诗兰黛推出美丽香水，并提出香水的选择是很有个性的，涂香水的作用是与周围的人分享自己的个人感受和魅力。3 年后，雅诗兰黛又再次推出"尽在不言中"，馥郁的香气更是让人无法忽略涂香者的存在。

对于 20 世纪 90 年代的香水潮流，法国著名香水师雅克·卡瓦里埃如是说："80 年代曾是浓郁香水的天下，但到了现在，女性已对刺鼻的香味厌腻了，因为她们认为，自己无须浓浓香气吸引别人对她的注意，所以转而选择能与她们擦出新火花的香水。"女性喜爱香水给予她的舒适感和诱惑力，甚至能够诱发她对某种感觉的联想。女性喜欢嗅到男性香水所散发出来的迷惑异香，而男性反过来也是如此，中性香水便能满足他们对异性香水的好奇和渴求。

男女共享香水便是 90 年代的时尚香水概念。于是类似于 CK ONE 中性

香水、宝格丽的"绿茶"等，均产生于中性取向的香水新时代。时装设计师川久保玲对其中性香水的诠释是：它是为每一个"自己"而设计的，无论你是男性还是女性，你自己才是最重要的。

当时许多著名的香水公司都追求独特，要么是气味清新脱俗，淡雅怡人，要么是造型包装设计冰冷，带点未来派的感觉，都在以独特来迎合新的消费趋势。以宝格丽的绿茶香水为例，其灵感来自茶艺及有关茶的文化，因为茶和茶艺向来代表生活上的情趣，借茗茶来消闲冥想，更是快乐逍遥的体验。此款香水专为崇尚自然简朴、悠然自得及懂得生活艺术的男女而设。卡尔文·克莱恩的 CK ONE 更是不用多说，其在全球取得的巨大成功，反映着今日的香水世界大气候，那便是每个人都保持真正的自我，但同时也懂得与他人分享一切。

进入新千年之后，香水在拥有越来越多的香调的同时，在香气调配、瓶身设计以及诉求上越来越注重细分市场。例如伊丽莎白·雅顿的"挑逗"系

列，以性感为诉求重点向香迷们表达了一种特殊的感官诉求，而实际上，这种诉求是通过广告以及香水的名字，由设计者提供给人们的。而这也意味着，香水的文化气息已经提升到了与香水自身的气味相同的高度。

香水的未来发展趋势

高科技在香水的发展过程中扮演的角色将会越来越重要，其中以气相色谱技术（GC/MS）为代表的新技术将会给香水业带来革命性的变化。一位资深的香水化学师可以利用 GC/MS 设备分析一种香水，并且以微小的代价惟妙惟肖地仿制出昂贵而独特的香水。从此，香水的配方不再是秘密。

在复制其他香水的同时，分解天然原料的能力也日渐成熟。仿制出的天然香料几乎已经可以与原品相媲美，于是，购买昂贵的天然香料的需求越来越少。无可置疑，人工合成的原料成本低，而且货源充足。

这些改变使香水生产更为普及，市场竞争也日趋激烈。广告费用和市场营销费用成为香水最昂贵的成本。同时，滴式香水产品成为时尚。香波、化妆水、肥皂也以人们喜欢的某种味道登场。为和其他品牌竞争，必须拥有独特的香味，传统的香味已不再具有绝对优势。此外，市场营销成为一种产品能否成功的最关键因素，而香水又是市场的基础。成功的广告活动会创造出一种形象，并让消费者相信：他们的产品会使消费者心情愉悦，富有性感，充满神秘，散发迷人魅力。

它用优雅征服了高贵的茜茜公主，让天性浪漫的女孩多了一份睿智和沉稳；它用高贵"招降"了迷人的欧仁妮皇后，让那个精明的女人在皇室的晚宴上迷倒众生；它用180多年的时间演绎了一场传奇，让华贵、惊艳、温婉、高雅、傲然的皇室气场弥漫在每一个繁华时代。任凭时间冲刷，人们依旧能够闻到这淡淡的娇兰余香。

GUERLAIN

流芳百年的香水世家

娇兰

它是香水世界的帝王，一如珠宝王国的卡地亚，雪茄王国的科伊巴，汽车王国的劳斯莱斯，钟表王国的百达翡丽。从典雅高贵的欧洲皇室风情到神秘自然的东方情调，娇兰将香水打造成了一个足以颠覆观念的圣物，既能穿越时空，将古典的贵族之气和时尚的流行元素相衔接，又能创造自己的哲学体系，将人的气场与观念完美地糅合进让人为之钦羡的迷香中，从而成为世人难以割舍的魅力情结。

"光辉实属短暂，只有美誉才是永恒。"这是娇兰创始人皮埃尔·佛郎索瓦·帕斯卡·娇兰先生一生信奉的品牌哲学，当他以自己名字命名的香水商店于1828在巴黎里沃利大街42号开张的时候，谁都难以预料它会带给巴黎，乃至整个法国多大的改变，

NUIT D'AMOUR
Guerlain

但是历史很快就开始注视这个注重声誉的男人。娇兰先生在一个僻静的地方"雕琢"他的"液态钻石"，灵感往往来自漂亮的人物和难忘的气氛。从1830年开始，他尝试着把他的香水产品个性化，为某个特定的人或场合而制造。当时娇兰最著名的顾客是大文豪巴尔扎克，但是就是这些也远不足以说明娇兰在法国乃至欧洲香水历史上的地位。这位才华横溢的香水大师，用他富于灵性的双手创作了无数个或激情、或柔美的魅惑之水，更用他的智慧和品位赢得了皇后钦点的"御用香水师"的称号。那是1853年的一天，一款寓意"金箔蜂姿"的"帝王香水"被送到了以"美貌和精明"著称的欧仁妮皇后的手中，习惯了宫廷奢靡之香的皇后一下子就被造型高贵，气味自然舒心的香水所打动，也就是从此时开始，娇兰先生成功地赢得了娇兰品牌的高贵地位，近200年的传奇就此展开华美卷章。

此后十年的发展，让身披皇室荣耀的娇兰香水平步青云，到1864年创始人离开人世时，娇兰已然成为法国最为人期待的香水品牌，也就是从此时开始，娇兰家族一步步地克服了知名香水数量少的弊端（当时仅有"帝王香水"）。1869年，被誉为"第一款现代香水"的"娇兰碧姬"诞生了，这款香水瓶由娇兰家族的人担任设计，巴卡拉公司制造，模仿了古典化学试瓶的样子，瓶塞很像是香槟酒瓶塞，象征着香水所代表的快乐和幸福。据说在1867年，这款尚未问世的香水就已经成为欧仁妮皇后的专属，

在那场闻名于世的"欧洲史上最美丽的皇后的碰面"——欧仁妮皇后与茜茜公主的碰面上，欧仁妮皇后正是使用了这款香水。这也使得娇兰香水成为19世纪末欧洲皇室贵妇之间争抢之物，据不完全统计，娇兰至少为欧洲半数的皇室提供过香水。

直到1906年，在娇兰家族第三代继承人雅克的手中，又诞生了另一款经典香水——"水波"以及有着东方情调的"忧郁"，后者则是雅克献给爱妻的礼物，也是对竞争对手考迪公司的"牛至香精"香水在商业上的回应。这个原本是基于对爱妻和竞争对手的行为却无意间成为香水史上的一大里程碑事件——从此时开始，娇兰香水已经不仅仅是皇室成员的专属，而有了更大的市场和更多的"信徒"。为了契合这种良好的发展势头，娇兰又相继推出了一系列香水，如带有日本风格的"东瀛之花"，东方风情的"莎乐美"，还有以歌剧《图兰朵》中的一个角色命名的"柳儿"，接着是向电影界献礼的"长夜飞逝"。他们一步步地走进高雅之人的生活深植灵魂。每一款产品、每一个瓶身设计，甚至每一滴香氛、每一抹颜色，都蕴藏着娇兰对专业的精益求精和对美的大胆创新。诚如它的品牌座右铭所宣示："制作优质的香水，对质量毫不松懈，坚持单纯的构思，为求细致的表现。"值得一提的是，自1828年开始，娇兰香水的调香师绝大部分时候是由家族中人担任，这也保证了娇兰贵族精神的延续。

有了品质的保证，"名人效应"自然水到渠成。不论是多才多艺的体育明星，还是才貌双全的演员、歌星以及舞者，又或者是冉冉升起的新星都会成为娇兰的"传道者"。娇兰公司通过广告宣传，向人们陈述其香水的品质，并另附声明，即香水成分不仅独特，配方更是独一无二的，这也使得每一款娇兰香水总是能够带给人们不同的感受。

另外娇兰还创造性地推出了"限期封条"，即对其出产的香水和化妆品，均在瓶底贴上一张"标签"，标出该产品的限卖和限用两种日期，以确保产品质量和"信徒"的利益及健康。这些细致入微的做法使得以品质为保证，以广告为依托的娇兰成了香水界当之无愧的"帝王"。如今，娇兰王国在香水、护肤品以及彩妆产品上，都成为现代人不忍割舍的美丽情结，也成为世人向往的魅力梦境。

娇兰王国的成就很容易让人想起中世纪的"炼金术"，后者的"点石成金"的妄想，被娇兰家族以香水的形式实现了。诚如它的"信徒"所宣扬的那样："拥有娇兰的日子，每一天都是庆典，每一刻都是满足的。"

花草水语系列淡香水（AQUA ALLEGORIA）

一如初春细雨后的晴天，一种田园牧歌般的悠然，法国娇兰自 1999 年推出花草水语淡香水系列以来，便很快开启了一段嗅觉的传奇。它的形态是高贵的，可以让人很自然地联想到当年被欧仁妮皇后所青睐的帝王香水的瓶身；它的香味是优雅的，能让人清楚地分辨出是现代古龙水的淡雅气息。这分明是一位腼腆的少女，没了凡世的艳俗，有的只是一份自然和纯真的表情；又像是一条花草丛生的幽径，仅有的点缀都是赞美诗，为一种花朵、一种水果，抑或是一种芳香植物。

"花草水语"以淡香闻名于世，先后共推出了不少于 20 种款式的香水，目前该系列主要以"茉莉

花"、"橙花仙子"、"葡萄柚"、"薄荷青草"以及"柑橘－罗勒"五种最受欢迎，淡雅的香气如同花之仙子莅临人间，穿梭于花丛之间，徜徉于溪流之地，用丰富的天然材料，挖掘天地精华，带给人们愉快的幸福感受。诚如该系列的调香师让－保罗·娇兰所说："最初，我的意愿是创作出一些清新淡雅的香气，但同时突出娇兰香水的简约却极具辨认性的香氛，于是我们从几种品质极高的天然成分中，提炼出这个迷人的花草水语系列香水。"

这些外观绚丽的精灵可谓是大自然的礼物，先来看看以麝香和木香著称的"橙花仙子"。它们是花香调、果香调，柑橘前味，被青翠的气息所激发，在野莓的抚触下更显甜美。"橙花仙子"的主调中，

GUERLAIN
花草水语系列淡香水
AQUA ALLEGORIA

·茉莉花型·
香调：清新花香调
前味：小苍兰、樱草
中味：佛手柑、白松香、茉莉
后味：琥珀、白麝香

·橙花仙子型·
香调：清新花香调
前味：柑橘
中味：橙花、丁香
后味：麝香、木香

·薄荷青草型·
香调：清新花香调
前味：柑橘、柠檬
中味：橙花、苦橙叶
后味：广藿香、香草

调香师让橙花和丁香亲密交融，并用蜂蜜令其平添魅力。按照娇兰自己的话来说："这些简单而浓缩的配方来自于一种简洁而玄妙的独特炼金术。"再就是温暖舒适的"葡萄柚"，它的葡萄柚带来具有柑橘气息的活泼前味，丝绒般的葡萄柚和佛手柑融为一体。在气温充沛的主调中，橙花、苦橙叶和黑醋栗温柔交汇。广藿香和香草散发出令人沉醉的气息，释放着挥之不去的诱惑。"薄荷青草"以简洁而通透的形态出现，又给人清爽宜人的感受。芬芳的柑橘振奋而清新，薄荷青草的前味具有柑橘气息，香水主调由薄荷和绿茶组成。后味充盈的花香则来自于山谷中的百合、仙客来以及梨花。

最受欢迎的无疑要数"茉莉花"，它总是给人一种甜蜜轻柔的感受。在这款清新、绿色和芬芳的香水中，正是茉莉花悄悄蒙上了面纱，从头到尾翩翩起舞，仿佛天鹅绒般轻柔地私语。其中又添加了些许蜂蜜，所以不会太过刺激，而茉莉花也没有失去其美丽的灵魂：香溢形飘。茉莉花淡香水中卡拉布里亚茉莉花的清新香氛，主要选用小苍兰和樱草以及铃兰等清雅、绿色基调的白花为前味。同样，其中添加的少许佛手柑和白松香，可以加强人们对香氛的遐想，使得清新、提神和愉悦的气息相互交汇。最后，产品中加入了琥珀和白麝香香调，让外溢的香气连续不间断地渗入肌肤内层，久久不散。

一千零一夜系列（SHALIMAR）

几百年前的印度北部的一个地区，一个名叫沙·贾汗的国王被一个名为穆塔兹·玛哈尔的美貌女子所迷倒，他们沉浸在甜蜜的爱情之中不可自拔。沙·贾汗为了让爱人能够拥有一生的幸福与快乐，便为玛哈尔修建了一系列美丽的花园，并取名为"夏利马尔花园（GARDENS OF SHALIMAR）"。在梵语中，又有"爱之居所"的意思。这份甜蜜的爱意也成为"一千零一夜"香水的内涵。

第三代继承人雅克·娇兰无疑是一个擅长于发掘异域文化的高手，除了有着东方情调的"忧郁"香水之外，最成功的作品无疑就是"一千零一夜"了。他从这个美丽传说中找到灵感，并在1925年创造出了世界上第一款拥有东方香调的香水。花朵与琥珀的微妙组合，传递出幽幽的木头清香，"一千零一夜"是不朽之爱与女性魅力的精华体现。野性撩人，魅力经典，这款香水征服了一代又一代的年轻女性。

　　这款香水首先发布于1925年的国际装饰艺术博览会，当时引入了一种稍带奢华的全新设计风格，展现了对最名贵的材料和香精的运用。这种东方异域情调在随后的年月里继续盛行。

　　俄罗斯超模纳塔利·沃佳诺娃是该款香水的"传道者"，她那让人一见钟情的面庞上时时流露着一种无畏而又高贵的气质，融合了"一千零一夜"系列香水妩媚而自然的特点，让这个伏尔加河河畔长大的灰姑娘有了皇后般优雅高贵的气场。这种完美的结合也成功地演绎了"一千零一夜"系列

GUERLAIN
一千零一夜香水
SHALIMAR

香调：东方花香调
前味：佛手柑、鲜花
中味：茉莉、玫瑰
后味：鸢尾花、香草、黑香豆

香水的特质，它发现了女性气质的精髓：优雅、性感、纤细；它又发觉了人类的渴望：动人、野性、自然。

从瓶身来看，"一千零一夜"代表真正的女性气质。瓶身的弯曲弧线形成柔和圆润之感，蓝色透明瓶盖引人联想到夏利马尔花园里永恒的喷泉。金色纹饰装点的透明玻璃瓶内，神秘的香水散发着不易察觉的火焰。柔和东方香调散发着丰满、性感、令人着迷的色彩，鲜花和佛手柑的前味清爽怡神，冷静而大胆。茉莉和玫瑰组成的粉质调令人联想起压皱的丝绸床单，引发让人意乱神迷的拥吻。引人上瘾的香草丰润甜蜜，鸢尾花的魔力深刻直接，黑香豆甜美热情，它们在最后共同谱写了一出温馨亲密的香气交响乐，令感官恋恋不舍。

爱朵系列香水（IDYLLE）

从来没有一款香水能像"爱朵浓香"那样，将爱情的炽热表达得如此张狂，也从来没有一款香水能像"爱朵淡香"那样，将爱情的甜蜜表现得如此细腻。诚如法国作家艾莲特·阿碧卡西丝所描述的那样："爱朵，轻如空气，如一曲短暂的恋情，是一种直觉，是狂喜，是两个人互相吸引。它是耳后的一滴香，令你的双耳紧张聆听着亲吻的呼吸，是飞速而过又迎面而来的一抹田园风景。爱朵，那一刻转瞬即逝的永恒。"

爱朵香水由娇兰第五代调香师蒂埃里·瓦瑟精心调制而成。瓶身曲线优美犹如女性的曼妙体态，宛如一滴爱意盈盈滴落在心房，既简约又复杂，金色的外包装，给人的感觉是既高贵又幽雅，宛如水滴滴入女子名贵的金色胸衣中，很是吸引人！爱朵香水总是给人温暖的感受，那是一种被人拥入怀抱的感觉。爱朵就是爱之天神，拥有着神奇的力量。它

GUERLAIN

爱朵女性淡香水
IDYLLE

香调：花香柑苔香调
前味：保加利亚玫瑰
中味：西普香精、广藿香、白麝香
后味：铃兰、丁香、牡丹、小苍兰、茉莉

让人重温初恋的羞涩，一如含苞待放时的丝丝暖意；又再现热恋时的幸福，一如山茶花盛开时的无限绚烂；它甚至还回味失恋时的一丝丝苦涩，一如玫瑰凋零时的感慨。爱朵香水崇尚实验精神，对爱亦是如此，结果未必次次完美，唯有全心投入，享受爱的过程，才会成就爱的惊喜。

　　保加利亚玫瑰的主调中带着覆盆子和荔枝的果香，同时融合了第四代调香师让－保罗·娇兰先生钟情的普莱西斯·罗宾逊玫瑰。浓郁的水果香令人全身放松，听凭心的呼唤。广藿香和白麝香的柑苔调与花香调相碰撞，散发出独特的个性火花。细节处对比下，优雅是最突出的特质，蒂埃里·瓦瑟为此在玫瑰与柑苔香调外添加了新鲜花露——小苍兰、铃兰、百合和幽香的茉莉。

爱朵香水目前主打"浓香型"和"淡香型"两种，调香师瓦瑟在浓香型大获成功时曾描述道："当我创作爱朵浓香水的时候，脑海中浮现出一束馨香馥郁，象征爱情的花束。保加利亚玫瑰被铃兰、小苍兰、紫丁香、牡丹、茉莉萦绕相伴，如同爱人的拥抱；糅合着广藿香和白麝香，让混合玫瑰的香气臻于完美。"

继浓香水之后，法国娇兰又于 2011 年 9 月推出爱朵淡香水。比起浓香水来，淡香水的构成更强调了花香的香调。自然的玫瑰、铃兰、白紫丁花，伴有牡丹和小苍兰，以及精纯的茉莉……犹如一曲嗅觉的六重奏，但每一个音调又是如此清晰可辨。

熠动系列香水（INSOLENCE）

一个人的一生中总会遇到一见钟情的时刻，或者是人，又或者是物，觉得他或她或它是此生的唯一，甚至偷偷地为此感动良久……遇到过娇兰熠动系列香水的人大多数都会有这样的感受。这倒不是因为它有多么美妙，而是因为我们自身太过于拘谨，所以对它的自由、大胆的性情更加迷恋。更为准确地说，这是一个"自由自在、坚持自我、特立独行，甚至放纵无羁的形象"。与对一个人一见钟情不同，对香水的钟情显得更为彻底和长久，并且很容易染上香水的性情。熠动系列香水就拥有这种神奇的力量，它很容易就让"穿"上它的女人展现出女性的魅力来，让她显得无拘无束，仿佛万物均在她的掌控之中。

由雕塑家瑟奇·玛芬打造的瓶身仿佛是用光和影雕刻而成。除了顶部的娇兰标徽和银灰色圆环上铭刻的香水名外，瓶身毫无其它冗物，光可以从水晶玻璃中自由跃动，瓶中粉红色的香水也清晰可见。瓶身、瓶颈和瓶首三部分皆为半球形，它们仿佛盘旋上升，形成三个令人目眩的旋转体。曼妙的身姿很容易就俘获了人心，而拥有它的人，似乎一下子就完成了心灵的转变：从天真到傲慢。

最神奇的部分还是在于它的香气。水果花香的惊喜表达得很直白，果敢的女性情怀张扬得很彻底。这款水果花香调的香氛将欢快的红色浆果和美丽夺目的鸢尾大胆融合，同时不经意散发出紫罗兰的芬芳。首先被捕捉到的便是紫罗兰的芳香，随后便像是进入了茉莉和杏花的花圃，很自然，却又略带狂野，最后的是天竺薄荷和香草的香气久久不散，而紫罗兰的味道被诠释得炫目肆意，大张旗鼓。在这里，它和她既熟悉，却又如此判若两人，改变得如此迅疾和彻底。

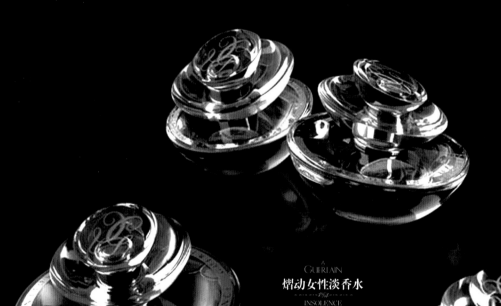

GUERLAIN

熠动女性淡香水

INSOLENCE

香调：水果花香调
前味：紫罗兰
中味：茉莉、杏花
后味：天竺薄荷、香草

瞬间女性淡香水（L'INSTANT DE GUERLAIN）

　　娇兰不仅仅是人类的气场大师，更是一位高深的心理学家，它懂得人们稍纵即逝的时光中隐藏着微妙而丰富的变化，这些看似无益的变化却是许多重要时刻、重大事件的决定性因素，瞬间爱上、瞬间释然、瞬间转变，调香师莫里斯·罗塞尔以这些微妙的变化为灵感推出了娇兰瞬间系列香水。娇兰瞬间的动人故事是对微妙的情感变化的高度赞美，脆弱而又神奇，仿佛抽离于时间之外，似乎一个时刻能改变一切，没有什么是不可能的。

　　娇兰瞬间系列努力去打造让人惊喜和顿悟的感受，那是一种让人回味良久的奇妙的瞬间，那时一切皆有可能改变。瓶身以优雅奢华的设计理念为主题。瓶身以昂贵的玻璃为选料，经过精心打磨而成，这种玻璃材料又被誉为"水晶琥珀"，让这款香水犹如宝石般璀璨耀眼。

香调：东方花香调
前味：佛手柑、柑橘
中味：鸢尾、木兰、依兰、
　　　茉莉
后味：蜂蜜、麝香、香草、
　　　麝香、安息香

　　这款香水最早于 2003 年上市，很快就被"娇兰信徒"们赞美为"让人动心的时刻"。它带给人们一种全新的感受，香水集合了多种糖果的甜美香氛。这份美好的气息，总能让人忆起甜美的往事，唤起儿时对糖果渴望的那份记忆。这款东方花香调的女性香水，柔软与强烈的香草甘甜气息通过感官渗入心坎里，让人由心底泛起甜美的微笑。阳光般的香调让人一闻过后就会不自觉地上瘾，在不知不觉中迷恋上它的芳香。如丝般的质感，与肌肤紧贴，木兰花与白茉莉的淡雅花香弥漫在周围，依兰的幽香融汇了柑橘与佛手柑的清爽气息，那一刻时光凝固了。

不经意间，它的香气随阵阵轻风婉转吹送到你的耳边，YSL，香水界最有名的三个字母，仿佛神奇精致的魔法棒，让所有拥有它的女人，瞬间华丽得不可方物，这便是圣罗兰，总是从传统与时尚中不断获取新生和灵感，在每个时刻都能提供与众不同的芬芳。

一直以来，圣罗兰香水总是在世间男女中施展着浪漫魔法，它不仅是一种香水，更是一门艺术，代表着每个人不同的特质。圣罗兰香水雍容大度，品位高雅，又洒脱随意，完美地体现了经典香水以及时尚新潮之风范。在悠久漫长的香水历史中，掀起阵阵波浪的正是圣罗兰香水。

这个高贵的香水品牌的原点是 1936 年，伊夫·圣罗兰出生于阿尔及利亚一个富裕的家庭。他是保险公司经理查理·马修·圣罗兰和社交界名媛露西安娜的三个孩子中最小的一个，也是他们唯一的儿子。小圣罗兰比一般的孩子更为敏感，在学校里他并不是一个成功者，也不擅长男孩子们通常热衷的娱乐，常常被自己的同学们粗暴地排斥在外，这些遭遇使伊夫·圣罗兰成为一个孤独的孩子，他只好更加沉浸在自己的内心世界里，寻找属于他自己的快乐。

实际上，这个羞涩内向的男孩心里却揣着一颗不凡的心，伊夫·圣罗兰后来在自传里写道："当我吹灭了 9 岁生日蛋糕上的蜡烛时，随着呼出第二道气，我向周围的亲人们倾吐了心中的愿望：总有一天，我的名字将用火红的字母写在爱丽舍宫门前的大道上。"

当伊夫·圣罗兰 19 岁时，他被法国著名时装设计师克里斯汀·迪奥雇用，担任助理。两年后迪奥死于心脏病，年仅 21 岁的圣罗兰被选定为接班人，一时成为媒体炒作的大事件。在次年 1 月 30 日举行的时装展览会上，他一反已成定规的紧身细腰风格，推出一种不规则四边形女装，令观众为之惊叹不已。当时的《纽约先驱论坛报》登载文章评论说，伊夫·圣罗兰获得了"时装史上最引人注目的成就"。

后来伊夫·圣罗兰又为迪奥公司设计了 6 届时装秀，终因身体原因遭到了解雇，可这几年在迪奥的工作经历却为他以后的巨大成功奠定了基础。1962 年，伊夫·圣罗兰与贝尔热共同创建了一个使现代女性形象为之一新的王国，并确定品牌标志为"YSL"。

伊夫·圣罗兰首先是个艺术家，这意味着他同时是个勇于创新的革命者。诚如他的座右铭所言："创造美丽是我的生命。"而圣罗兰香水正是以其优雅简单的造型令人爱不释手，它有别于传统的组合，将原始的质朴与精湛的工艺融为一体，给人一种具有野性的精湛的感受，令人拍案叫绝。伊夫·圣罗兰自始至终力求高级香水如艺术品般完美，并赋予其纯粹的艺术品位。他说："每一种艺术都有自己的表达方式，我的艺术是用香水来表达的。我要赋予香水一种诗的意境。"这种梦一般的香水，正是源于这个男人的才华和想象。

圣罗兰所追求的不仅是香水的构成，更多的是向女性提出了追求自由、独立的新的生活方式，这样的独创性和先见之明不禁令人赞叹。作为一个具有自然与活力的香水品牌，圣罗兰永远那么清新、干净、富有亲和力，犹如丛林的神秘、阳光的活力和湛蓝的忧郁，为我们披上自信的外衣，无须过多的言语，我们只需静静地徘徊在其中，而那些香味却在这一片幽暗和宁静中显示出不同寻常的灿烂和激情。那种典雅的灿烂，那种凝重的激情，倾诉着对生活尽善尽美的追求。

圣罗兰香水汲取了伊夫·圣罗兰的设计灵感，将艺术、文化的多元因素融入香水的设计之中，将普通市民的文化教养与浪漫色彩，超现实地融为一体。线条温婉恰当，款式典雅、奢华，色彩鲜艳华丽，衬托出圣罗兰香水鲜明的个性，从而为那些盛气凌人，毫不掩饰心理矛盾，不受任何约束和我行我素的女性增添了一份光彩。在圣罗兰看来，他的香水应该为人类的发展进步作出贡献，使妇女得以进入

一个她们早先不可能进入的广阔天地，即男性掌握权力和享有自由的天地。事实证明，他成功了，仅仅凭借那一小瓶香水。

除了灵感，圣罗兰尤其注重香水带给人的改变和感动。圣罗兰香水强调快乐与性感，它将古典贵族风格的奢华同流行文化的激情与热烈相结合，创造出脱俗、奔放与高雅、华丽共存的无限魅力，从而真实地反映了年轻一代的本质和态度，这一代年轻人以从事"自由实验"作为超越自身经历的课题，他们的思想又比时代精神存在得更长久。

可以说，在香水瓶的设计、香味的敏感、香料的选择上，圣罗兰都是顶尖的，它的不少作品已成经典，尤其是1977年圣罗兰大胆推出的形象妖艳的"鸦片"女性香水，以其辛辣、神秘的芬芳香味被公认为东方香型的代表作之一，曾风靡全球，一直畅销不衰。"鸦片"生来就承继了伊夫·圣罗兰的高贵气质，这是一款奠定圣罗兰香水事业的世界级香水，古铜色、金色、大红、银色、紫色、闪着银光的黑色，这些礼服上常见的颜色与它出奇地和谐，在晚会上和隆重场合常用到的丝绸、天鹅绒、塔夫绸和闪光的珠饰，都会与它相得益彰。

在我们生活的这个时代里，没有哪个设计师的创造力能与伊夫·圣罗兰相媲美，他所提出的设计思路以其独具匠心的创造性，为大多数公众带来了无可比拟的享受。2002 年 1 月 7 日，世界顶级设计大师、"20 世纪的活神话"——伊夫·圣罗兰先生在巴黎马尔索大街 5 号圣罗兰时装公司总部举行新闻发布会，不无伤感地向时装及时尚界宣布："我选择与我所钟爱的这一行业再见。"当他在全世界媒体热切的镜头面前，伤感而自信地宣布告别近半个世纪的设计生涯时，全世界的名媛淑女们都在哀叹上世纪的流行时尚被画上了句点。

如今，执香水界牛耳的圣罗兰，用巴黎左岸创新、时尚的独特风情开创了色彩缤纷、浪漫高雅的圣罗兰时代。自 1964 年推出第一款香水起，圣罗兰品牌始终传达着高雅、神秘以及热情的圣罗兰精神，并代表着香水界发生的革命性的变化：把追求美的权利还给女性。圣罗兰香水所长期执着追求的信念是：香水不仅仅是用来美化女性的，同时可以使女性变得坚强，使她们有信心去实现自身作为女性的价值。它以叛逆与创造精神，挑战了整整一个时代。

左岸女性香水 (RIVE GAUCHE)

左岸是巴黎的魂，因为独特的人文而拥有今天的姿态。巴黎被塞纳河分为两岸，右岸有王宫、凯旋门、香榭丽舍大街。而左岸，那是大师们徜徉的地方，任何一个名字都足以撼动一座城市、一方神灵，海明威、毕加索、卢梭、伏尔泰、雨果、巴尔扎克……现在的左岸更是时尚、浪漫、华丽的代名词。而在这些光环的笼罩下，圣罗兰的左岸香水与他的左岸情怀一起弥漫开来。

左岸女性香水
RIVE GAUCHE

香调：清新花果香调
前味：青蜜柑橘、紫罗兰叶
中味：玫瑰精油、牡丹、小
　　　苍兰、丁香、荔枝、
　　　水蜜桃
后味：鸢尾花、檀香木、麝
　　　香、琥珀

　　离开迪奥后的伊夫·圣罗兰选择了创立自己的品牌，1966 年他在巴黎塞纳河左岸开设的第一家成衣服饰店就取名为"左岸·圣罗兰服饰"，而这款于 1971 年创作的香水，正是对品牌的一种纪念。了解圣罗兰的人都知道他有一段惨白的童年，诚如他所言："黑色是我的庇护所，黑色是一张空白纸上的线条。"这种看似冷清孤僻的颜色却因为圣罗兰魔法一般的手艺而成了时尚的潮流。

　　这个世界上真正从骨子里了解圣罗兰的人，大概只有法国人，准确地说是少数的法国人。所以对左岸女香的认识只可能分为两派，要么就疯狂地爱它，要么就皱着眉头走开。圣罗兰做得很坚决，也很坦然，他知道："没有一款所有人都喜欢的香水，那只是商业化的迎合和幻想。"喜欢"左岸"的客人中要数 30 多岁的英国女士居多，她们看起来经济独立（一般身边没有男士陪伴），男士是不会喜欢这款香水的。或者说圣罗兰的香水他们大都不喜欢，这里的女性太过自信，太个性了。按照现代流行的香型，"左岸"的味道根本算不上香。诞生的年代久远不说（1971 年），同样是乙醛花香型，却有香奈儿 5 号在先；虽然"左岸"的调香大师也是香奈儿的调香师雅克·波热。

圣罗兰的个性是融在风格之中的，左岸女香的诞生和"左岸服装系列"有关。女士开始独立自主，走出家门，穿吸烟装，这是圣罗兰带来的众多革新之一。只有时尚、自信的法国，才会让这样惊世骇俗的设计流行起来。接触到它的香氛时，先会闻到青蜜柑橘与紫罗兰叶的前味，片刻后，就是玫瑰、牡丹和丁香的淡雅，一如在阳光下静静流淌的河流，不急不躁，后味是鸢尾花、檀香以及麝香的持久味道，就像定格了的记忆，难以割舍。

鸦片香水（OPIUM）

伊夫·圣罗兰的灵感总是与常人不同，脍炙人口的圣罗兰鸦片香水就是他到中国旅行后推出的香水。在这次旅行中，他深受中国文化感动，并携带回一只鼻烟壶作为收藏，当他把玩这只鼻烟壶时，突然想到，会不会有一瓶香水，如同鼻烟壶般瑰丽华美，如同鼻烟壶里所装的鼻烟般，充满诱惑，让人上瘾，深陷其中无法自拔？于是他从鼻烟壶的造型得到灵感，酝酿了暗香浮动、富有浓厚的东方神秘色彩的"鸦片"，成为首款突破传统命名的香水。

伊夫·圣罗兰的鸦片香水一推出就惊艳四座，曾有一位澳大利亚昆士兰的首领禁止这种香水在他的领地使用，据说是因为用了之后会像吸食鸦片一样上瘾。在鸦片香水推出后，由于供不应求，还出现了运送香水的货车被抢劫的事件。由于销路实在是太好，伊夫·圣罗兰公司干脆撤下了那年的全球广告宣传，在广告宣传举足轻重的商业社会，这无疑是不战而胜的壮举。

"鸦片"问世的时候，东方香调的香型并不时髦，但是"鸦片"改变了这种状况。当然，比起纯

鸦片香水
OPIUM

香调：东方辛香调
前味：茴香、黑醋栗
中味：中国姜、四川胡椒
后味：西洋杉、树脂

正的东方香调来，它更加清淡和具有大都市味。前味是茴香、黑醋栗，前调在开瓶的时候就十分张扬地显露出它的所向披靡，中国茴香的确很有力地表现出了东方的神秘色彩，充斥着鼻腔。中味是中国姜、四川胡椒，中味的总体感觉象是浓烈的红花油的气味，很辛辣，如果在严冬使用会比较适合。后味是西洋杉、树脂，后味的留香度很好，西洋杉与树脂具有很好的定香剂的作用，显得稳重又有大家风范，丝毫不逊于传统型的东方香调。

　　作为圣罗兰香水中唯一能够与左岸香水齐名的顶级香水系列，鸦片香水一直非常畅销，至今还在继续推出新款产品，并且毫无争议地成为辛辣型东方香调中的翘楚，香水瓶也几经更换。鸦片香水吸引人之处，一直就是它那种让人上瘾的香味，不在浓度，不求持久性，却从未让人遗忘过。

巴黎女性香水（PARIS）

但凡跟巴黎扯上关系的名字都无形间增加了一种浪漫的情调，若再辅以"破晓、曙光、神秘、妩媚"这类字眼，就会显得更加独特。巴黎的夜永远说不清道不明，妩媚的她于天刚亮的时候出现，她懂得爱，懂得生活，度过了精彩的一夜，她说这才是无拘无束的生活。她是谁？她就是圣罗兰巴黎女性香水。

诞生于1983年的巴黎女性香水，是圣罗兰出品的经典之作，以玫瑰为主调，却与众不同，以其独有的魅力俘获了几代女性。圣罗兰推出过巴黎女香的很多限量版，例如"巴黎春天"、"巴黎果园"等，后来的经典之作"情窦女香"据说就是巴黎女香的少女版，连瓶身设计都同巴黎女香一样以钻石切割为灵感。当然了，这个设计还有肖邦和兰蔻的希望之钻的璀璨。

玫瑰一直是香水的主要香材，以玫瑰为主调的香水更是数不胜数，但是巴黎女香却不会与其他任何一种香味相似或者雷同，这除了归功于调香师索菲亚·格罗斯曼，也许还可以归功于这款香水用到的玫瑰——不是常用的保加利亚玫瑰，而是巴黎玫瑰世家历经8年培植出的名叫"巴黎"的纯种玫瑰。

充满女性温暖的脂粉香气，表现的是自信和艳光四射。整个香气充盈着馥郁之感，毫不单薄。香氛的前味，极富现代感，有如塑胶物料的光泽或高跟鞋的金属片一般，小红莓的酸味强烈且鲜明，释放出一点傲慢气质，搭配柔和果香味的黑莓，象征巴黎女子的享乐主义。香氛的中味是尽显女性妩媚的玫瑰，它与紫罗兰协调得恰到好处，就像凯特·莫斯身穿的皮革外套一样兼具感性及性感。相反地，牡丹则带给巴黎女士犹如清晨般清新的青春气息。木质香调的后味激发强烈的情绪动荡。首先，广藿香拥有极度的神秘感，接着散发男性气息的香根草与释放撩人女性魅力的麝香和檀香，这些香味互相缠绵……

巴黎女性香水在香氛和瓶身设计上融合了巴黎的浪漫色彩与都市小女人的柔和甜美的情调。错综复杂的雕琢表面犹如巴黎纵横交错的街道一般，柔美的设计，像是她刚睡了一夜的床单，浅粉红色调媲美清晨的淡色天空，圣罗兰的标志仿佛烙印在黑色皮革上，感觉高级精致。一个完美的设计，正与圣罗兰赋予巴黎女子的衣服同出一辙。

巴黎女性香水
PARIS

香调：木质花香调
前味：小红莓、黑莓
中味：玫瑰、牡丹、紫罗兰
后味：香根草、广藿香、檀香、
　　　麝香

天之骄子男性淡香水（L'HOMME）

香调：清新木质香调
前味：中国姜、柠檬皮、臭氧
中味：紫罗兰叶、巴兹尔花、白胡椒
后味：海地岛香根草根、雪松木、顿加豆

天之骄子男性淡香水（L'HOMME）

　　在女香上的成功并没有使圣罗兰忽视男香的地位，一如他在几十年前所说的那样："我为男性创造经典香水，让他们与女性一样对美和未来充满自信。"这更像是经历过孤独的圣罗兰的内心独白，于是经典的天之骄子男香诞生了。它总是能带给人们夏日炙热阳光下众所企盼的清凉感受，从清新的香柠檬到些许辛辣的紫罗兰叶和白胡椒，都让人惊喜，而麝香、香根草以及雪松则强调了香水的中心基调，增加了性感的强度，扩大了气场的力度，非常适合都市型男。

　　圣罗兰的调香师们设计了这款充满对比的香气，就像对节奏光线及质感的不同调度，此香氛的灵魂在于那磁性气质投射了带有木调的优雅、阳刚的吸引力，还有琥珀的独有气息。

具体来看，天之骄子男香的味道属于清新的木质香调，味道非常清爽。前味是中国姜、柠檬皮的味道，柠檬皮的清新搭配中国姜的辛味，味道很特别，刚开始的味道会感觉有点冲，但很快就会变得清爽许多。中味是紫罗兰叶、巴兹尔花、白胡椒的味道，叶子的清爽、花朵的芬芳、白胡椒的辛味，使得中味变得很迷人，那种淡淡的、若有若无的清新，会让你一下子爱上这种感觉。后味是雪松木的木质香调，由于含有顿加豆的陈味，味道变得软绵绵的。

由于天之骄子男性淡香水的瓶身设计受包豪斯学院的设计及建筑风格所启发，简单干脆利落的圆柱形瓶身，让微微淡黄色的香水透出来，感觉有夏天般的清爽，搭配质感的银色瓶盖，一如优雅的男士那般干净利落。

炫女性香水（ELLE）

喜爱圣罗兰香水的女人一定与众不同，气质非凡，这种非凡的背后是自身事业的成功。回首往事，伊夫·圣罗兰也许还会依稀看到当年那个梦想成真的年轻人，他也还会向他伸出手，告诉他成功背后那个关于创造者的真理："只有经历了无数磨难与奋斗之后，创造者才会有所创造。"曾经那个自卑、低调的孩童，凭借着自身的努力，成为香榭丽舍大街的主人，"炫"字最能表达这种因努力而成功的喜悦，于是我们看到了炫女性香水。

圣罗兰炫女士香水属木质花香调，如花卉如密林，而这一切都来自令人神魂颠倒的广藿香与波旁香根草精华，强烈、原始的森林气息，令肌肤散发炽热光芒，而中味的小苍兰混合粉红桑莓，将一切带到顶峰，既刺激又惊喜。它的瓶身犹如一座华丽建筑，拥有简洁的几何线条和令人目眩的女性气质。交错的品牌图案与金色的字样，落在闪烁的艳红色

香调：木质花香调
前味：牡丹、荔枝、香橼
中味：粉红桑莓、小苍兰、茉莉花
后味：波旁香根草、广藿香、麝香

上，让你感觉你就是"炫点"。

炫女性香水是很浓的一款香水，第一次闻上去的时候就感觉它的脂粉气很重，是一款很典型的法国女香，让女性充满了迷人的诱惑力，既神秘又吸引人。只要在身上稍微喷上一点点，再仔细闻闻，就让人感觉有种甜蜜的味道，但中间又夹杂了一点酸酸的感觉，确实如宣传中所说的，既刺激又惊喜，性感中带有清纯，表现了女性的柔美气质，也让女子时刻保持女性的独特的气质，不失甜美气息。

这款香水的留香度很好，能够维持到第二天。适合较为成熟的女性使用，年轻的女孩是压不住这种香调的，反而会显得很奇怪。整体造型为长方体，看上去磅礴大气，雍容华贵，紫红色瓶盖，明艳动人，瓶身为透明色，正中央有品牌的醒目标志。

情窦女性香水（BABY DOLL）

圣罗兰的决心是宏伟的，单单依靠 30 多岁的法国单身女人是远远不够的。尽管像"左岸"那样的女香确实能够为圣罗兰带来足够的世界性声誉，但是只有不断改变的品牌才更具有竞争力与活力。于是圣罗兰开始针对女孩或是较年轻的小女人，并于1999 年推出了情窦女性香水。

这是一款由圣罗兰推出的充满花果甜香的女性香水，味道的整体感觉充满了青春的热情与活力。就此款香水而言，人们会更加喜欢它的中后味，因为相比之下，前味略微有些许的甜腻，而中后味虽然少了丝甜美，却多了份感性与俏皮，也多了些浪漫的少女情怀。不过此款香水由于味道甜美，因此年龄的局限性也较强。

该香水主打清新花果香调。前味是葡萄柚、黑莓，总体感觉会比较散漫，像摆满酸果的果盘，透

情窦女性香水

YVES SAINT LAURENT

BABY DOLL

香调：清新花果香调
前味：大黄、青苹果、黑莓、葡萄柚
中味：野玫瑰、鸢尾花、姜、豆蔻
后味：石榴、香柏、桃子

着鲜活的果子气息，让人嗅得到自然的清新。不过刚喷出时会感觉有点刺鼻，稍过片刻就会好很多。中味是野玫瑰、豆蔻、姜和鸢尾花，花香展现的是偏向于年轻的味道，没有鸦片和左岸女香那样的妖娆与成熟感，更显得青涩些。后味是石榴、桃子和香柏，带着点木质调，混合着香甜的桃香与石榴，着实可爱，留香度能够维持一整天的时间。

有人将情窦女士香水比喻为浪漫又任性的少女。淡粉色的瓶身，充满了专属于小女生的梦幻与纯真。而金色的瓶盖则仿佛置身于舞台的灯光之中一般，耀眼而夺目，充满了热情而又不失浪漫的情怀。粉红的钻石切割面瓶身，洋溢着爱与热情，俏皮又有趣。值得一提的是，该香水在日本连续畅销达 7 年之久，就连亚洲天后滨崎步也对该香水爱不释手。

性感、耀眼、摩登，一股肆意的时尚气息，这便是古驰给人的印象。而古驰香水则是展现摩登女郎万种风情的绝佳工具，它传达出无数的信息，往往令人生出许多遐想和美妙的感受。有时，我们无须端详一个女人的容貌和姿态，就早已被她身上的独特香氛所俘获；有时，当我们从一股香氛中回过神来时，才真正意识到摩登的主角竟是自己。

GUCCI

摩登时代的性感宠儿

古驰

让古驰成为一种"必需的时髦"，这是古驰香水一贯的经营理念。古驰香水诞生于意大利文化的深厚底蕴之中，成为意大利香水极具魅力的品质象征，其香水高度融合意大利风情文化，经典、传承、个性、时尚，充分体现了现代人丰富的情感世界与个性化的生活态度。

古驰品牌一直以生产高档豪华产品著称。无论是香水、服装还是皮包，在时尚之余都不失高雅本性，更以"身份与财富的象征"而成为富有的上流社会的消费宠儿，一向被商界人士垂青。早在 1921 年，古奇欧·古驰就开始用他的名字制作设计独特、品质精致的皮件，并把名字缩写印在商品上，很快，印有"双 G"标志的皮具成为优质和身份的象征，古驰品牌经营的范围也由佛罗伦萨扩大到罗马、米兰等地。20 世纪 50 年代，直条纹帆布饰带开始被应用在配件装饰上，并注册为商标，著名的"双 G"花纹也在同一时期被设计出来。其产品的独特设计和优良材料，成为典雅和奢华的象征，为索菲亚·罗兰、温莎公爵夫人等淑女名流所推崇。

古驰的创始人古奇欧·古驰早就发现，上流社会的精英名流都是十分坚持完美的。因而展示设计上的体贴入微和品质坚持，是丝毫不可松懈的。这样的"坚持"成了古驰享有盛誉的金字招牌。尊贵奢华、灿烂夺目是古驰品牌最典型的风格。古驰高级香水柔润细致、瑰丽耀眼，充满着性感与魅惑。它不但独一无二，还突显了时尚的品位和追求。

意大利是世界时尚和设计前沿，从其服装设计到香水设计，从建筑设计到汽车设计，无不体现这一点，这种设计文化孕育了许多著名的世界级香水品牌，具有"意大利的骄傲"之称的古驰香水就是其中一个，而所有这一切，都要归功于两个人：古奇欧·古驰和汤姆·福特。

1921 年，古奇欧·古驰在伦敦某饭店担任行李员，他看到旅客们携带着各式各样的行李箱，再加上出生于重视工艺的意大利佛罗伦萨，因而他兴起了开一家店的念头。之后，他回到佛罗伦萨，开了一家专卖皮箱和马具

的小店，古驰集团的种子自此开始萌芽。经过半个多世纪的发展，古驰的背包和平底软鞋已成为家喻户晓的时尚名品，而古驰的名号，在 20 世纪五六十年代之间，就成为财富与奢华的象征，深受当时的名媛贵妇爱戴，这其中甚至包括美国总统约翰·肯尼迪的夫人杰奎琳·肯尼迪等。1953 年，古奇欧·古驰因古驰家族长期以来的明争暗斗，被害辞世。此后，古驰品牌也因授权过度泛滥而沦为处处可见的大众化品牌，营运每况愈下。

　　1994 年，风光一时的古驰集团濒临破产边缘，律师出身的狄索尔接下了这个烫手山芋，并延揽才华横溢的设计师汤姆·福特。成长于美国、常年在外汲取创作灵感的汤姆·福特，其设计风格具有鲜明的美式特色：简约、流畅、性感。这在崇尚繁复的欧洲格外引人注目，也更符合现代青年的审美要求，这使汤姆·福特获得了极大的成功。在很短的时间内，汤姆·福特以他前卫、时尚、大胆、简约的设计，使渐渐走向低潮的古驰重新变成了最受欢迎的时尚品牌之一，从女装、男装，到饰品、香水，古驰的产品赢得了全世界年轻消费者的心。

在汤姆·福特的手中，古驰由中年持稳的品牌转型为年轻时尚精品的代言人。而这位年轻的首席设计师在好莱坞的人脉也成为古驰对外宣传的最佳利器。许多明星都会在公开场合穿着古驰的服饰免费替该品牌做宣传，包括麦当娜、凯瑟琳·泽塔－琼斯、格温妮丝·帕特洛等。很多人认为是汤姆·福特良好的商业意识与敏感的时尚触觉给古驰带来了今天的繁荣。

对于汤姆·福特来说，古驰香水的成功得来不易，这个行业虽然利润巨大但竞争十分激烈，很多大品牌推出的香水如昙花一现。而汤姆·福特监制的香水广告总是以观念大胆而格外醒目，他曾经策划过一个著名的香水广告：女模特全身仅着一双古驰金色细带高跟鞋和一串珍珠项链躺在黑色皮草上，模特身材圆润，姿势惹火，为广告引来无数争议。古驰代表着女性艳光四射的性感形象，仿佛是熊熊燃烧着的烈火或者热情的安达卢西亚女郎，爱恨都清楚明白地写在脸上。

1997年初，古驰又推出"妒忌"男士香水，再次在目录和广告宣传单上印上了一帧帧男女赤裸裸的镜头。真可以说，古驰不但要玩尽天下男女的性感，而且是世纪末性感的代言品牌或最佳演绎品牌。

汤姆·福特知道怎么把漂亮的东西漂亮地卖出去，他可以让广告接近伦理道德所能承受的底线，引起反响，却不是被禁掉，他的原创性不是体现在他的设计上，而是先于所有人意识到，随着时尚业日益全球化，营销术与人际关系比设计更重要。尽管不强调自己的艺术天分，但他的设计足够使投资商和社会名流们心悦诚服。

在汤姆·福特的掌舵下，古驰掀起的时髦、时尚、性感等话题，至今也没间断过。汤姆·福特认为，清新、持久将是香水业发展的总趋势。他预计在不远的将来，人人都会用到香水，到那时，古驰必然会以更现代的技术、更创新的理念来迎合时代的需要。接手仅仅6年之后，古驰的年销售额从2.63亿美元升至22.6亿美元，而汤姆·福特简洁的性感与20世纪70年代风格相结合的设计，长久地风靡于时尚界。虽然现在汤姆·福特已经离开古驰，但是必须承认，古驰的再一次辉煌离不开汤姆·福特。

正因为如此，古驰香水国际市场总监说："古驰的历史可以分为两个阶段，第一阶段的古驰是属于传统型的，第二阶段的古驰则具有鲜明的时代特色，它自 1995 年开始，被称为汤姆·福特时代。"

古驰香水的世界是一个温暖、感性的世界，同时也是圣洁与纯粹的世界，它用一瓶微妙而充满惊奇的香水，向每个人展示出这个世界的美，让人在芬芳的环绕中，彰显自己的个性，演绎那份含蓄的诱惑，尽情散发出独有的迷人魅力。

古驰香水不但内涵深厚，它的外观也足以让人心动。古驰香水一直以简单设计为主，弥漫着 18 世纪的威尼斯风情，再融入牛仔、太空和摇滚的色彩，豪迈中带点不羁，散发着无穷的魅力，同样简单却又前卫、朴实却又考究。这恰恰反映出，古驰的设计背后的生活哲学正巧契合了现代人追求实用与流行美观的双重心态，在机能与美学之间取得完美平衡，不但是时尚潮流的展现，更是现代美学的体现。

妒忌系列香水（ENVY）

许多人对古驰品牌的敬慕，是从妒忌系列香水开始的。汤姆·福特是一个行销天才，也正是因为他古驰才能从中道衰落中回到一线，而妒忌系列就是他的力作。

"妒忌"的宣传词是"若要让人嫉妒，就该拥有妒忌"，这款香水准确地捕捉到了女人的微妙心理，也许正因为如此才会从诞生之日起就全球热卖。"妒忌"的海报更是充满两性的挑逗，竭尽诱惑之能事，由此也可见汤姆·福特的天赋，能够在道德舆论与时尚审美的边缘游刃有余。

"妒忌"本身是一款不可多得的香水，整个香气清冷大方，使它更符合古驰品牌的形象，而不是仅凭香水海报营造的意境。前味风信子的淡雅带来

GUCCI

妒忌女性香水

ENVY

香调：花香调
前味：香草、风信子、铃兰
中味：铃兰、茉莉、紫罗兰
后味：鸢尾花、麝香精

了非常明显而与众不同的清冷，中味过渡到铃兰和葡萄藤花。据说，葡萄藤花是一种非常珍贵的花卉，只在每年 6 月初开放，花期只有一周。铃兰和茉莉塑造出富有透明质感的香气，葡萄藤花则清新水嫩，营造出一种在其他香水中几乎闻不到的十分特别的香气。后味的麝香味不明显，只是徐徐散发出甜香气息。三个层次的香气一气呵成，留香又非常出色，因此难能可贵。

随着妒忌女香的成功，古驰又推出了妒忌男香，从而使妒忌对象在千禧年后风靡一时。从造型上来讲，经典的妒忌男女对香很含蓄地体现了女性的纤细和男性的粗犷，这种粗犷不仅体现在香水瓶本身的形状上，更加体现在盖子的设计，妒忌男香有新意的大盖子设计曾掀起一股大盖子热。

妒忌之后还有"妒忌我"和"妒忌我 2 号"两款新型号的诞生，前者变成了新世纪流行的甜腻果香，感觉适应的年龄层一下提前了许多，后者则成了情侣们首选的经典对香。这里不得不提以时尚性感著称的妒忌我 2 号女性淡香，这款于 2006 年推出的时尚香氛是由汤姆·福特离开后的新设计总监弗里达·贾妮妮负责设计的，反映出最新的时尚香调组合，并以最新的香氛放射方式呈现出各种不同的香调，让人在不同的时间使用时，能够发现各种不同的惊奇与魅力。

妒忌我 2 号女香推翻古驰妒忌系列以往的温暖、性感花香调，此次以一种截然不同的绿叶花香调呈现，令人心驰神迷的 妒忌我 2 号女香，可以媚惑你全身的感官。绿木兰叶、精纯紫罗兰叶，与明亮的香橙在肌肤上轻舞浪漫。中味由华丽出众的绿色花束、天然玫瑰精油，及充满异国风情的紫天芥花演绎。广藿香及檀香木调，袅袅散发出悠长的木质调，令后味突显如肌肤之亲般的感官特质，香草增添一缕令人上瘾的甜美性感。

甜美活泼的粉红色"我"字样唤起"妒忌我"香水的原始诉求，并表现出古驰女郎大胆无畏的一面。一个摩登诱人的感官之香，美丽纤长的香水瓶身，以及古驰"双 G"镌刻图纹，有如原创的水晶玻璃工艺品。绿色金属瓶盖与珍藏瓶身中的淡绿色香水，让永恒经典的古驰妒忌我香水释放摩登感与能量。妒忌我 2 号女性淡香水品位不凡的雾面金属色泽的外盒包装，如同一张珍贵的手工古驰皮革，并且印有古驰"双 G"图纹。

GUCCI

妒忌我 2 号女性淡香水

ENVY ME 2

香调：绿叶花香调
前味：香橙、紫罗兰叶、绿木兰叶
中味：玫瑰精油、紫天芥花
后味：广藿香、檀香木

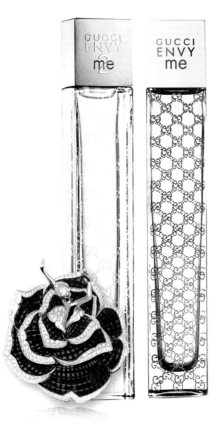

GUCCI

春光系列女性淡香水
RUSH 2

香调：花草香调
前味：水仙、铃兰、棕榈木
中味：鸢尾花、玫瑰、栀子花
后味：黑醋栗、麝香、橡苔

春光系列女性淡香水（RUSH 2）

　　世界上那些顶尖的设计大师们都是些不甘寂寞的人，他们制造出一拨又一拨的流行风潮，驱赶着人们不断去寻求新鲜与刺激。虽然，我们大多数人无法消费得起这些高级产品，但大家还是渴望能从大师们的作品中撷取一些时尚元素作参考，其中古驰春光女用淡香就是绝妙的时尚元素。外形四方，鲜艳的大红色，及充满挑逗的性感香氛，让古驰"春光系列"自推出以来，就得到许多女人的宠爱。2001 年，古驰又推出了第二代春光女香，延续了第一代扣人心弦的香氛特质，半透明方型瓶身的设计，同样简单却又前卫、朴实却又考究。

　　所谓的"第二代"，实际是"全新香水"。为了将这种不同表达出来，第二代代表着相辅相成，却也是冲突对立，更重要的是给人意犹未尽的陶醉感。不过有别于第一代以罂粟花为主香的浓郁，宛如力量聚集在一个点上，又仿佛是肾上腺素瞬间的爆发，第二代则明显要复杂得多，它混融三种香调质感：明丽，一如前味的水仙、铃兰、棕榈木；性感，一如中味的

鸢尾花、玫瑰、栀子花；媚惑，一如后味中的黑醋栗、麝香、橡苔。结构分明，闻起来清透许多。透明粉红塑胶方形外瓶包附内嵌式喷头，它那透明的内瓶，宛若建筑，充满简洁之美，从各个层面彰显粉红、清透、赤裸、结构分明等风格。

花之舞女性淡香水（FLORA BY GUCCI）

2009年古驰推出的花之舞女性淡香水带出精致的感官享受，有别于大部分花香基调所呈现出来的特质。它的设计灵感源自于古驰经典的花之舞图腾，而花之舞图腾最早出现在1966年专为摩纳哥王妃格蕾丝·凯莉所设计的丝巾上。

一如这款香水的名字，花之舞女性淡香水是一款洋溢着花香气息的柔美香氛，提供了不一样的呈现方式。这款香气独特的香水，前味融入了柑橘的清爽与牡丹的高雅。中味的花香调是由玫瑰和源自于中国的桂花融合而成，前所未有的组合让玫瑰更显清新，也让桂花如同丝绒般柔软。后味在檀香和广藿香的延续下，让花之舞女性淡香水的香气更加清丽与性感。值得一提的是，耀眼的设计强化了花之舞女性淡香水的独特风格，强化了视觉的效果，尽管它的灵感源自于经典花之舞图腾设计，但设计师凭借着天才的创造力赋予了它全新的生命，让花之舞尽情绽放。

在香水的包装上，这款香水以素雅的白色纸盒，搭配古驰耀眼的黑色与金色，对比呈现出意想不到的惊喜。搭配花之舞图腾的设计风格，六角瓶身闪耀着低调奢华的时尚气息，搭配着经典的古驰标志，形成视觉上强烈的对比。

GUCCI

花之舞女性淡香水

FLORA BY GUCCI

香调：柔美花香调
前味：牡丹、柑橘
中味：中国桂花、玫瑰
后味：广藿香、檀香

爱马仕对其头的世界总是保持着颠覆的心态，它能够让原本野蛮彪悍的马车变得优雅起来，让原本感伤的旅人对远方充满期待，让保暖的衣物变成艺术品，让飘香的花蕾变成如影随形的气场，让男人感受到生命的严谨与可贵，让女人铭记生活的从容与不凡……

旅行家的华尔兹舞曲

爱马仕

人类将丝巾、马具和服装制作成爱马仕这样是需要勇气的，因为需要面对太多的挑剔、批评、指责，以及随之而来的恭迎和赞美。注重品质的爱马仕家族坚持着"至精至美，无可挑剔"的品牌精神，自1837年创建爱马仕马具以来，一步一步地登上了奢侈品帝国的王位，继20世纪初成功进入高级服装领域之后，又于20世纪50年代在香水制造业中取得了一连串让世人瞩目的成绩，成为香水界的翘楚。

以制造高级马具起家，又以高级服装成就美名，再以香水、西服、鞋饰、瓷器等高档奢侈产品，成为一个全方位地横跨生活众多领域的品位代表，这就是爱马仕。爱马仕香水的成功也和其他领域一样，显得有条不紊，这是祖辈们留下的精品哲学的影响，更是对其"坚持自我、不随波逐流地保持着简约自然的风格"的褒奖。"追求真我，回归自然"是爱马仕香水设计的目的，让所有的产品至精至美、无可挑剔则是爱马仕的一贯宗旨和追求。

人们很少能够看到爱马仕香水的广告，与许多大牌不同，爱马仕并非以品牌的标志与固有的形象闻名，而是以优质的皮革制成的上佳皮具，以严谨的设计和出色的工艺制成的服装，以个性化的配方推出的精品香水，来迷倒众多爱名牌却不愿做流动名牌广告牌的人。每一条爱马仕的丝巾要历时一年半才能出品，每个凯莉包的打造要经过数十位大师的锤炼……爱马仕成了人类追求精美生活的缩影，绝不因商业而变调，所以爱马仕香水也少了一份世俗和功利的色彩，人们在讴歌奢侈品香水的时候很少会首先想到爱马仕，除非是那些想诠释精致生活的人，按照他们的话来说："爱马仕香水少了一些铜臭味。"

提起爱马仕香水的创作，曾任爱马仕行政主席的杜迈的一句话指明了要义："马匹的优雅形态，是爱马仕香水创作意念的缘起。"自1951年第一款香水——爱马仕之水问世以来，爱马仕迷们便找到了一种最富有诗意

的进入爱马仕世界的方式，那种橘子花香的味道直到今天依旧充满着新鲜感。诚如杜迈所倡导的那样："我不要盲目买品牌的消费者，我希望他们亲自触摸、嗅闻、鉴赏，因为唯有经过个人气质的浸染，它才会拥有鲜活的生命。"第二款爱马仕香水"驿马"的问世将爱马仕带到了香水的荣誉殿堂，这款充满林木花香的香水与当时的典雅潮流不谋而合。1974年的亚马孙人香水，以大胆鲜活的自然绿色元素吸引了无数的追崇者，到了80年代，对香水的研制显得信手拈来的爱马仕推出了极具东方情调的橙红色爱马仕香水。从此以后，爱马仕香水赢得了越来越多的生活鉴赏家、自然主义者以及东方人的青睐。

　　但是，与其他以香水为主打的品牌相比较而言，爱马仕显得尤为小众化。在爱马仕的眼中，它愿意为之服务的势必是那些懂得生活，并且能够享受高品质生活的人。同样的，在使用爱马仕香水的人的心目中，它就是高品质生活的标签。"爱马仕从来不说奢侈品这个词，对我们来说，奢侈就是品质。"这句直白的诺言足以说明爱马仕家族的精神，对于爱马仕香水而言亦是如此。在这里，时间成本从来都不是问题，它只求最好。

如今，爱马仕经营香水生意已经 60 多年了，且销售业绩不断上升，对一个小规模的公司来说，相比它众多强大对手——可以搬来查理兹·塞隆、妮可·基德曼助阵的迪奥、香奈儿，这已经是一个不错的成绩。爱马仕的杀手锏是它有专职的调香师——全世界只有极少数化妆品公司拥有自己的调香师。和他们的其他产品一样，爱马仕的香水是经过精挑细选、独一无二的，体现着这个品牌一贯的对时尚的敏感和对生活的热情，它所在乎的是内在，而非外表的变化。

爱马仕之旅中性淡香水（VOYAGE D'HERMÈS）

说到爱马仕，人们总能想起经典、高雅、别致这些词。这款爱马仕之旅香水，因其名为"旅行"，而旅行也无所谓男人之旅、女人之旅，实际上此款香水已经摒弃了性别的区分，成为一瓶男女皆宜的中性香水。

"身未动，心已远"，自其创立伊始，爱马仕就一直竭尽所能地运用所有方法，不断前进，开创探索，跨越边界藩篱，伴随着美丽逃逸。这一切故事开始于祖辈所踏出的第一步，这一切故事以马儿的快步小跑延续着。爱马仕工坊为其第一位顾客——人类最值得骄傲的旅伴——马匹提供服务；它装扮最朴实的马匹，也打造最精致的马车鞍辔。旅行？它要让旅行美丽优雅。而故事发展到了现今呢？爱马仕仍然马不停蹄地继续创新和创造美：旅行箱、自行车、直升机……何不加上一艘能提供舒适水上生活的船只呢？更别说还有内心之旅，这人人都能拥有的静态之旅。精神的旅程更能提升人类的心灵，让人产生好奇与渴望。所以，芬芳香味与起程旅行同样拥有令人向往的共同点：留下走过的痕迹，让人久久难以忘怀。因此，这瓶香水诞生了，它名为"爱马仕之旅"。

让－克劳德·艾列纳自成为爱马仕品牌的专属调香师起，就已经获得完全授权，恣意挥洒才华。一般总有个主题可以让他发挥。此次，题材为"旅行"。这位"名鼻"笑着说："我当时真是不知所措，犹豫不决，迷失方向……"嗅觉已经是最不可触知的感官知觉，如何诠释更抽象的气味之旅呢？何处？何时？如何旅行？跟随怎样的向导？渐渐地，他开始领悟到，这将会是一瓶男女适用的中性香水。因为他自问：难道世上专为男人或女人、本地人或异乡人、年轻人或成熟男女分别设计旅行？他继续在实验室中探索，而一回到家中，则细心琢磨品味，又前往花园里散步，再返回家中继续先前的创作。

旅行，他要谱出最美的旅行，史无前例的旅行。香水，他希望人们闻到它时，不是说"这让我联想到……"，而是说"这就是我想要的"。旅行是到一个遥远陌生的地方，任风儿带我们飘移，随心情带我们邀游，到一个会让邂逅留住我们，或许也释放我们的地方。旅行应是无法预知。

他认为这款香水的设计不应该专属男人或女人的特定形象，不应该是勾画一座城市或大自然之一隅，也不能仅限定在某个时刻或年代，而应呈现出一种抽象艺术，即能够巧妙运用矛盾和互补的元素。这香水更不会仅仅属于任何特定的材质香味，而是前所未有的独特香味。这瓶香水要表达出细腻的香调变化和组合。既熟悉又陌生，既充满热情又令人舒适安宁，既阳刚又温柔，融合了各类属性，散发着隐含麝香的清新木香。木香靠前袭来，浆果香紧

HERMÈS
PARIS

爱马仕之旅中性淡香水
VOYAGE D'HERMÈS

香调：清新木质香调
前味：雪松、檀木
中味：圆柏浆果、当归花
后味：白麝香

随其后，最后是久久不散的白麝香。

在设计这款香水的瓶身造型时，设计师的脑海中浮现一丝构想："这香水瓶应该合乎理性与感性，既优美又灵巧，既简洁又轻盈；极具现代感，又能永恒持久；线条单纯雅致，独一无二；男女都适用，也适合所有人；而且经久耐用，可无限次地重新装入香水。"总之，这香水瓶是如此的重要。有了它才能让我们享受甜美旅程。但如何确认这项构思是可行的？在一个满天繁星的夜晚，设计师沿着小路散步，手中的手电筒突然照亮一个遗落在路边的物体：一只可以收入配套口袋中的超薄口袋型放大镜，套子有点毁损，但放大镜依然完美无瑕。

就这样，经典的"爱马仕之旅"的香水瓶设计稿诞生了，其设计结合平衡稳定及活泼敏捷。它与古典香水瓶相较，就犹如便携式放大镜之于台式放大镜，犹如腕表之于时钟。只需弹指一动，即可打开香水瓶，就像轻

推一扇门这样简单。瓶子会自转，但并不是旋转不停。它根本就是动态的化身。颜色和材料的选择上，铝的光泽会反射出四周所有的光彩，皮革保护套周边运用马镫材质，旋转轴则用爱马仕的马钉。这只香水瓶将被紧握手中，与之合而为一。它不会被轻易丢弃，而是被精心收藏保存，使用完后还可以继续装入香水，永远陪伴身边。

鸢尾花女性香水 （HIRIS）

爱马仕鸢尾花香水是一支以鸢尾花香为主题的香水，"鸢尾"这个词源自古希腊神话，象征着天神的使者，也象征着鲜花般的纯净。

这是一款产量极低的香水，因为鸢尾花香水总是选择最好的鸢尾花，曾经因为气候的原因，这种花的质量一般，于是爱马仕一度将该系列停产了四年，这更增添了鸢尾花香水的神秘感。与其他采用鸢尾花的香水不同的是，爱马仕这支鸢尾花香水是从鸢尾花的根茎中提取香气，这种芬芳混合了花朵、根茎和泥土的气味，所以不会是记忆中的非常温暖温柔的花香，而是一种更自然的、不矫揉造作的植物的香气，就像一支完美的和弦。

蓝紫色真的是一种很神秘的颜色，这款香水从来不会让探秘的人失望，淡淡的、清幽的香味又带着一丝优雅。习惯了俗世香调的男人无一例外地会问用了鸢尾花香水的女人："这是什么香水？"要知道，因为闻惯各种香水味道的他也会和挑剔的女人一样，被独特而高雅的味道所吸引，因为鸢尾花香水是那么的脱俗。难怪连最著名的调香师都不得不说："鸢尾花香水的香，我用鼻子都分不太清用材，可却能让人轻松地感受到它想要表达的态度和意

鸢尾花女性香水
HIRIS

香调：柔美花香调
前味：胡萝卜、胡荽、干草、橙花油
中味：向日葵种子、玫瑰、鸢尾花
后味：杏树、香子兰、雪松

境——与众不同的气质。"这才是用香的极致，用的什么材料并不是关键，表达怎样的态度才更重要。

鸢尾花香水的包装设计与瓶身，秉承了爱马仕一贯的低调华丽。外盒包装的艳丽橙色与蓝色组合，瓶身的磨砂蓝紫色质地为香水的味道更添神秘色彩。需要强调的是，这支鸢尾花香水，绝对不是通常意义上的花香调香水，所以对香水不太了解，或者对香水的认知度有限的人，最好是在对其有一定了解之后再去尝试驾驭它，这倒不是因为你的气场不够，而是它的气场太强大。

地中海花园香水（UN JARDIN EN MÉDITERRANÉE）

　　爱马仕地中海花园香水是爱马仕花园系列香水的其中一款，另两款分别是"印度花园"和"尼罗河花园"。"花园香水"这个系列整体上来讲设计都很华贵典雅，也都很受欢迎。

　　爱马仕地中海花园香水远不及它的名字那般随和，倒是多了一种反叛的味道。一开始时会有一种辛辣的苦调，味道不太能讨好人，慢慢闻习惯了就觉得有点像烟草味道，香调逐渐变得温和，中后味比较悠长，夏日茉莉、睡莲香气的混合，让人心情愉悦，过了很久香气都不会散去，正如成长一般，从辛辣苦涩渐渐蜕变为清新雅致。虽然是中性香水，但地中海花园比较适合有些阅历的女子使用，香气宛转悠扬，透着一种神秘的底蕴，非常有内涵，太过年轻、涉世未深的女孩恐怕是压不住这个味道的。

　　然而一旦爱上了地中海，一切都变成义无反顾了。地中海花园香水融合了木香、青草香及果香，无花果树、乳香脂树及西洋柏的清香，令人联想起地中海的凉爽微风；夹竹桃、佛手柑及柑橘的果香，让人感受到温暖的阳光。嗅觉带来地中海的细致及和煦，为地中海风情作最完美的诠释。一旦熟悉了它的调性和节奏，就会觉得整款香水清新而又温和，不会刺鼻，香气是自然的味道，闻起来也让人放松，不再紧绷。

HERMÈS
PARIS

地中海花园香水
UN JARDIN EN MÉDITERRANÉE

香调：清新柑苔香调
前味：夹竹桃、佛手柑、柑橘
中味：夏天的茉莉、尼罗河睡莲、橙花
后味：无花果树、乳香脂树、西洋柏

HERMÈS
PARIS

尼罗河花园香水

UN JARDIN SUR LE NIL

香调：清新花果香调
前味：灯心草、埃及青檬果、柑橘
中味：茉莉、尼罗河睡莲、橙花
后味：无花果树、乳香脂树、西洋柏

　　地中海花园香水由知名的调香师让－克劳德·艾列纳及爱马仕陈列创意总监莱拉·麦西亚共同创作。这款香水的灵感来自于莱拉·麦西亚的地中海秘密花园，为了能精准诠释出地中海的风情景致，特别汇集了三位著名的艺术家，以文字、图像、香气来共同编织出一款有故事的香水。地中海花园瓶身圆润柔和，质地精良，银色金属喷头，色调为清秀的淡淡蓝绿渐变色，是款不可多得的顶级香水。

　　花园系列香水中的另一代表作便是尼罗河花园香水。尼罗河是人类文明的发源地之一，如今，爱马仕却又在这里找到了香氛的灵感，于是推出了这款经典的爱马仕尼罗河花园香水。它并非传统嗅觉体验中所熟知的香，而是那种芬芳，沁人心脾的青檬味道，给人一种在夏天雨后般清新的陶醉感。

　　为了推出符合爱马仕风格的香水，调香师艾列纳等人前往神秘的尼罗河——世界上最长的充满神秘色彩的古老的河流寻找灵感，他们看到各种奇妙的植物在河流边茂盛生长，终于在这里找到尼罗河花园香水的源泉。

调香师"嗅"出最具尼罗河代表性的植物——埃及睡莲和青檬果,他不无自豪地说道:"把胡萝卜的味道加入进青檬果味之中,得到我想要的特别的青檬果香。但这可是我的绝招,只有极少数的调香师能够做到。"它是瓶融合了柑橘、青草香和木香的淡香水。独特的创意,精妙的技艺,高贵的外观巧妙地集合在这款尼罗河花园香水中,使它成为经典中的经典。

喷上这款香水后,首先会闻到特别的果香——埃及青檬果,有点淡淡的苦味,随之是有"尼罗河百合"之称的睡莲的灵动的芬芳,最后留下的是给你遐想的尼罗河边植物的气息。

大地男性淡香水(TERRE D'HERMÈS)

对于爱马仕的香迷而言,"我傲故我在"是爱马仕香水的固有形象。也许爱马仕香水没有香奈儿、迪奥、阿玛尼等香水那么多的信徒,但是谁都不能怀疑其香迷的虔诚程度。这款爱马仕大地男香便是体现爱马仕香水风格的艺术品。

爱马仕大地男香的调香师让 – 克劳德·艾列纳用他一贯的极简抽象主义风格来打造这款香水。相传此款香水是因葡萄酒而得到的灵感,让 – 克劳德·艾列纳曾经在一年内行走于葡萄园,感受万物重生的土壤,体会整个酿酒过程的点滴,感受着大自然中各种元素组合之后的神奇变化,从而有了这款经典男香的诞生。该香水蕴含的绝大部分成分由植物和矿物精华组成,调香师以 60% 的西洋杉当主结构,也希望拥有市面上柑橘调无法呈现的清新与明亮的生命力,于是他自创新柑橘调。香水的原材料完全采用天然材质,葡萄柚、甜椒与粉红胡椒粒的活泼香气,在高贵的天竺葵和西洋杉坚忍的气息之外,塑造出动静皆宜的氛围。

前味柑橘带给你激越而温和的芳香，不像印度花园那样刺激，随之所有的味道同时向你袭来，胡椒、雪松、广藿香、西洋杉等。随后的一段时间里这些味道彼此融合，淡开去，带给你如化学反应之后的新的体验。植物、水、岩石、土壤的气息让你怡然地感受自然的拥抱，神奇的是你仔细感受会有一种淡淡的类似于烟火的气息，就是擦过火柴之后留下的让有的人使劲闻的味道。

爱马仕大地男香是为那种"脚踏实地而灵魂在高处的胸怀梦想的男士"设计的，它的味道既淳朴又轻盈，既丰富又清晰，且饱含力度。外形方方正正，质感很厚重。瓶盖设计独到，可以向上旋转打开，看上去很简单。瓶身底部是橘红色 H 形状，和瓶身上的"爱马仕大地"标志的颜色相呼应。整款设计简单却不失尊贵大气。这款香水的味道是木质的香调，没有那么多的棱棱角角，给人很厚实很安全的感觉，比较适合成熟的男士和有个性的女士使用。

HERMÈS
PARIS

大地男性淡香水

TERRE D'HERMÈS

香调：清新木质香调
前味：柑橘、葡萄柚
中味：玫瑰、广藿香、天竺葵
后味：香根、胡椒、安息香、西洋杉

不用任何的炫耀和夸张，就能抵挡一个世纪风雨的侵蚀，没有丝毫的累赘和诟病，依旧保持着一贯的华丽与尊贵，它就是让人喜爱，甚至令人尊敬的英伦风尚代表——巴宝莉。在当代人的时尚与生活方式不断变化的今天，它为世人呈现了一种真正的"英国式贵族生活艺术"，成为英伦贵族的时尚密码。

英伦贵族的格子风情

巴宝莉

在怀旧和创新兼具的今天，不管是正宗的巴宝莉品牌还是其他的潮流品牌，都乐意重新演绎这个古典优雅的格子，然而与众不同的是，巴宝莉还可以给你所希望的品位。

提起巴宝莉，人们首先想到的多半是英伦风格的风衣，它彰显了一个时代的时尚元素。人们很难将它那设计精良的风衣内衬忘掉。它的名片就是一种格子，这格子成了巴宝莉品牌的商标，在欧美和全世界都被奉为高质、耐用的标志。

作为英国资历最老的服装品牌之一，巴宝莉带有一股英国传统品牌的设计风格，以独家的布料、经典的格子图案、大方优雅的剪裁，赢取无数人的欢心。由于创始人托马斯·巴宝莉生于英国，受到英式教育的洗礼，有着典型的英国气质，因此巴宝莉品牌能够在继承英式传统设计理念的基础上，继续将其发扬光大。

一百多年前，年仅 21 岁的托马斯·巴宝莉在一次闲谈中，觉得应该制作一种可防风挡雨的雨衣，于是，他在 1879 年研制出了一种新型布料，正是凭借这种布料，巴宝莉赢得了大家的认可。此布料的研制成功纯属偶然：托马斯·巴宝莉发觉当时的牧羊人身上穿的麻质罩衫竟有冬暖夏凉的奇妙特性，便决定从中取经。经过几番研究，他以独特的手法，制成了一种防水、防皱、透气耐穿的布料。当时，托马斯·巴宝莉给这种布料起名为"Gabardine"，并以此作为巴宝莉的注册商标达 40 年之久。直到今天，巴宝莉制作轻便防水服装的方法仍是个秘密。1891 年，托马斯·巴宝莉在伦敦开设了一家分店，沿袭并巩固了他原有的风格，巴宝莉的传奇就此诞生。

巴宝莉的成功是从它那高贵、耐用的风衣起步的。托马斯·巴宝莉研制的防风雨质料，顺理成章地成为各种运动服新兴的用料，高尔夫球衣、滑雪服等，举凡和户外及天气有关的运动服，都会选择使用托马斯·巴宝莉发明的布料，就连众多探险家、航海家或飞行家都仗着以他这种布料制成的衣服到各处探险。同时他亦被委任负责以他的布料为英国军官设计新的制服，于是他设计了功能性极强的无纽束腰风衣，后来亦成了巴宝莉品牌最经典的"制服"。原为军用的"制服"被军官带到民间，迅速流行起来，托马斯·巴宝莉的"制服"顿时成为英国人防风挡雨的舒适"武器"。

在托马斯·巴宝莉的领导下，巴宝莉公司的发展一日千里，所生产的防风雨衣连皇室也乐于采用。即使到今天，巴宝莉品牌深入民心的形象，仍未改变。有人形容说："如果西方的天空被一块巨大的乌云笼罩，下起绵绵雨丝，那么，从总统、高级白领到新锐娱乐明星就有了一个共同特点：都穿巴宝莉的风雨衣。"巴宝莉的代表性甚至还表现在英国的字典中，"Gabardine"的释义就是一种雨衣。凭着传统、精致的设计风格和产品制作，1955年，巴宝莉公司获得了由伊丽莎白二世女王授予的"皇家御用保证"徽章。1967年，巴宝莉开始把它著名的格子图案用在了雨伞、箱包和围巾上，愈加彰显了巴宝莉产品的特征。后来在1989年，巴宝莉公司又获得了威尔士亲王授予的"皇家御用保证"徽章。

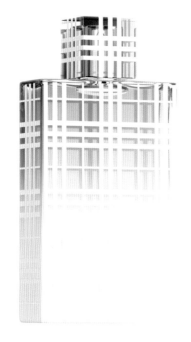

如今的巴宝莉涉足的并不只有服装业，它所创造的香水品牌在世界上更是首屈一指。这个极易引起人们浪漫遐想的品牌，有着100多年的历史，当众多高级香水回归奢华瑰丽的风尚时，年老一代只有从巴宝莉中才能寻回真正传统的香味。依旧是经典的格子标志，依旧是保守、传统、古典的设计风格，依旧是巴宝莉品牌给予人们的恒久印象。这种由浅驼色、黑色、红色、白色组成的三粗一细的交叉图纹，不张扬、不媚俗，自然散发出成熟理性的韵味，这些特点在巴宝莉香水中得到了完美的展现。

巴宝莉香水体现了巴宝莉的历史和品质，甚至象征了英国的民族和文化。

　　一切似乎都在围绕着格子图案展开，作为巴宝莉家族身份和地位的象征，这一格子图案自 20 世纪 20 年代起就成了巴宝莉的标志，故而巴宝莉香水的风格也是帅气而硬朗的。如果我们把巴宝莉香水具体化为巴宝莉的精神，那就是清爽和不矫饰，这种精神只来自贵族式的自信。巴宝莉总是自然流露出毫无节制的时髦，但除此以外，它所体现出的不可预料性、不平凡性又巧妙地表现出一种有意味的英式幽默感。巴宝莉香水既具体化了现代英国人的怀旧风格，又不乏现代的热情和活力，甚至还富有冒险精神。香水，吸引了我们的嗅觉，而瓶体的设计，延续了我们视觉的享受。巴宝莉的每一个香水瓶都是大师的经典杰作，融合了品牌本身的特色和气质。简约的瓶身是巴宝莉格子风格的继续，其硬朗的线条，于帅气方正中透露出温情脉脉。

　　巴宝莉香水代表一种崇尚品位的生活艺术，保持一贯优雅自然的韵味，传统的方格在新时代设计师的精雕细琢下，也呈现出透着时代气息的品牌新貌。这个典型的英国传统风格的品牌已在世界上家喻户晓，就像一个穿着盔甲的武士一样，保护着大不列颠的时尚文化。在格子的天空下，任何突破平凡的创意都值得实践，它将演绎出无限的英格伦风情。

裸纱女性淡香水（BODY）

提及裸纱女性香水，巴宝莉的调香师们总是争先恐后地发言，这是任何一款其他巴宝莉香水发布会所罕见的现象。"它是我们推出过的香水产品里，最让人惊喜的一款，富含巴宝莉的贵族精神，也是一场丰富的感官飨宴。为了创作裸纱女性香水，我们投注了大量时间与心力，它反映出所有构成巴宝莉品牌整体形象的要素。"

如此高调的赞美对于向来低调的巴宝莉品牌而言是反常的，却从另一个侧面说明了这款香水的独特。调香师们希望能创造出既具指标性，又独一无二的东西。他们以巴宝莉经典的风衣为灵感中心，再联结所有音乐、服装、香氛、门市、在线平台和社群网络。集结所有巴宝莉的爱好者，并提供给他们一个与众不同的切入角度。在此基础上，打造出了一个巴宝莉的华丽篇章——巴宝莉裸纱女性香水。

裸纱女性香水是以一个"品牌代言人"的形式出现的，因为它最能够代表巴宝莉香水的特质。透过裸纱女性香水，巴宝莉的世界被转化为香氛，体现这个摩登而国际化的英国品牌，更反映出巴宝莉女子的时尚态度和自信活力。诱惑而挑逗，优雅而永恒，富有强烈指标性且令人难忘。

裸纱女性淡香水
BODY

香调：木质花香调
前味：小苍兰、苦艾酒、蜜桃
中味：玫瑰、鸢尾花
后味：奶油香草、克什米尔木、
　　　琥珀、麝香

巴宝莉裸纱女性香水具有强烈的英式风格，是巴宝莉香水产品中最具女性魅力的产品，成熟、摩登而精致。调香师希望它既轻盈而女性化，同时又非常独特——适合所有年龄的女人。这种自然不矫作、同时极具魅力的香氛由玫瑰和鸢尾花所混合，并以木质香调创造出巴宝莉独有的英式风格。巴宝莉全球创意总监克里斯托弗·贝利激动地说："巴宝莉裸纱女性淡香是一款集优雅高贵于一身，自然散发女性魅力的香氛。"它的前味是清新的绿色苦艾酒、金色蜜桃及小苍兰，叫人"眼前"一亮，却分明是通过鼻子完成的；中味是以玫瑰与鸢尾花交织而成的柔和花香，将女性的温柔和典雅的一面展现无遗；后味则是克什米尔木、奶油香草、琥珀及麝香，宛如女子恬淡却高贵的回眸一笑，有着能打败一切偏见的亲和力，却又如此长久迷人。

该香水的瓶身设计也颇具个性。克里斯托弗·贝利自豪地说："我认为巴宝莉是个如同钻石一样拥有多重面貌的品牌，所以理所当然的，呈现这个品牌的香水要拥有如珠宝一样的精致瓶身。"裸色代表其香氛充满挑逗和官能性的本质，瓶身的设计师希望瓶身本身即是一个令人渴望的艺术品，而不单只是因为其中的香氛。设计师以建筑物为灵感来源，搭配玫瑰金刻印的经典格纹，采用与巴宝莉风衣同样的精致做工，结合都会摩登的包装，创造出纯净奢华的质感，反映出品牌全能的特质。设计师希望使用这支香水的全程，都是非常奢华且令人享受的，外盒的织纹图案呈现出巴宝莉经典风衣的纤维质感，让这支香水就如同巴宝莉风衣包围在身体上一样亲密。如珠宝般的精致多重切割，映照出如建筑物般的瓶身细节。全系列商品由以下色彩构成：玫瑰金、裸色、浅裸色、白色。

为了将该香水的特质和品牌特点完美而全面地展现给巴宝莉的"信徒"们，巴宝莉的营销官员们与摄影大师马里奥·特斯蒂诺合作出一个具有全方位感官性的美丽广告，展现出巴宝莉裸纱女性香水的众多面向。广告形象传递出香氛的温暖和感官性，和巴宝莉裸纱女性香水自然不矫作、美丽、具有浓浓英式风情的品牌精神。此广告活动由马里奥亲自掌镜拍摄，选择美丽且性感，有着"英国玫瑰"之称的英国女演员罗西·汉廷顿为该香水广告的首位代言人。

伦敦系列淡香水（LONDON）

自创立以来，巴宝莉就成为"质量"的同义词。在克里斯托弗·贝利的创意带领之下，"巴宝莉伦敦高级定制服饰"系列展现了"经典但舒适、高雅却不拘束"的新英式风格。于2007年问世的巴宝莉伦敦男性香氛，正是为了颂扬伦敦和捕捉这个城市无可取代的特殊风格。这瓶男香是献给懂得欣赏高级裁缝艺术的现代英国绅士的，从手工定制的西装，到永不退出流行的单排扣大衣，无不流露着英式的绅士情怀。就像调香师所说的那样："全新的巴宝莉伦敦男性香水，代表了巴宝莉裁缝的传统，更颂扬伦敦城市鲜明而独一无二的风格。"

巴宝莉伦敦男香是精致高雅的琥珀木质香调，由调香师安东尼在瑞士的奇华顿调制而成。前味混合了清新佛手柑、强烈的黑胡椒、薰衣草气息和辛香的肉桂叶。中味精致诱人的性感气息，包括了奢华的皮革、含羞草和独特的红葡萄酒。烟草叶、零陵香木、浓郁的橡木苔和刺激感官的甜没药树脂，则共同流露出最经典、最具代表性的后味。

English days

Rachel weisz in London

BURBERRY
LONDON

a new fragrance for women

　　调香师对伦敦男香的期望是，能够捕捉到一种精致高雅的特质，同时
又呈现阳刚的一面。这一特点被伦敦男性香水的形象广告成功地表达了出
来，这是一系列在伦敦各处拍摄的黑白照片，同样是由摄影大师马里奥掌
镜，英国演员尤恩·古菲德主演。正如同伦敦女香的广告，这些照片描写着
尤恩在伦敦的生活：去上班的路上，阅读报纸时，以及和瑞秋·怀兹相约在
公园里散步的身影。广告中只有瓶身和标志用色彩加以强调。对于伦敦男
香的形象广告，我们捕捉的风貌和感觉与伦敦女香的广告概念一致，只是
用更直接的方式表达。在影像中，尤恩和伦敦城市所表现出的真实感，会
引起观众的共鸣。

　　伦敦男香的瓶身和外盒设计也颇为经典。它忠于品牌的传统和创意精
神，将时尚和香水完美结合。瓶身来自于创意总监贝利的创意，并由比恩·
贝伦男爵设计而成。瓶身"穿着"一件放大尺寸的巴宝莉经典格纹布料，

伦敦系列淡香水

LONDON

·女性淡香水·

香调：花果香调

前味：克莱门氏小柑橘、忍冬、
英国蔷薇

中味：大溪地花朵、牡丹、茉莉

后味：广藿香、檀香、麝香

·男性淡香水·

香调：木质琥珀香调

前味：肉桂叶、佛手柑、黑胡椒、
薰衣草

中味：皮革、含羞草、红葡萄酒

后味：甜没药树脂、烟草叶、零
陵香木、橡木苔

外盒包装和瓶身花纹相呼应，布料材质的"巴宝莉伦敦"标志，更和"巴宝莉伦敦高级定制服系列"建立了最紧密的联结。

早在伦敦男香诞生的前一年，伦敦女香率先展开了伦敦系列香水的经典面貌。伦敦女香延续着巴宝莉百年的光鲜历史，淡雅而具现代感的花香调香氛，穿上象征英伦风格的格纹图案，更让巴宝莉伦敦女香在年轻的气息里带着一点尊贵。

巴宝莉伦敦女香是一支迷人的花香调女性香氛。这款堪称经典的香水，带有明显的清香淡雅的东方果实香调，清新中带点淡淡的甜味，既有女人的妩媚，又有女孩的可爱，展现女人的多种风格。前味清新可人，融入了克莱门氏小柑橘、英国蔷薇、忍冬的雅致气息；中味有娇弱鲜嫩的大溪地花朵、牡丹及茉莉，像是置身午后花园般的惬意；后味是性感诱人的檀香、麝香及广藿香，让你随时随地都怡然自得。

瓶身为经典的淡茶色方樽及方形瓶盖，以不同深浅的灰色来强化效果。外层包装呈现独特格纹设计，饰有纸制标志，如印于珍贵礼物上的蜡油封印。巴宝莉特别邀请电影《神鬼传奇》与《康斯坦丁：驱魔神探》的女主角——瑞秋·怀兹为代言人。她，代表着巴宝莉优雅与摩登兼具的品牌精神。她选择了世界之都——伦敦的生活方式，在精品店林立的庞德街逛街购物，在骑士桥商圈悠闲地享用午餐，再前往泰特现代美术馆欣赏最新的艺术展览。不论出席什么场合，她的英式风格——不落俗套而自然的迷人风采都能从容展现。

节奏女性淡香水 (THE BEAT FOR WOMAN)

年轻、现代感、活力、震撼、时髦、活泼、有趣、活力四射、富有灵魂……正是巴宝莉希望通过节奏女香所传达的时尚概念。

性感，有女人味，有活力和生气的……隐约的木质香味混合着的蓝铃花香，就如同迷雾森林般的神秘，而加上接下来的优雅锡兰茶香，为典雅的女人们带来了全新的香水体验。

节奏女性淡香水混合了巴宝莉女性的独特美、自然闪亮、狂野、时髦与性感。其前味以清新的佛手柑、豆蔻、粉红胡椒和柑橘类作为基调，带来清新愉悦的气息；中味以锡兰红茶和鸢尾花的结合，彰显高雅与活力，带来一种前所未有的全新感受。蓝铃以及其他花草香，带出如同光线般流畅的清新质感，更描绘出自然典雅的气息；搭配白麝香、香根草以及西洋杉等木质调作为后味，散发女性的性感魅力。整款香水充满活力与一股新鲜气，就像活泼好动的青年，快乐地生活着。

如同节奏女性淡香水的香味，它的瓶身设计希望展现"酷"的一面。经典的格纹和瓶身金属质感的设计，承袭了巴宝莉融合现代与传统的独特魅力，

节奏女性淡香水
THE BEAT FOR WOMAN

香调：木质花香调
前味：佛手柑、柑橘、粉红胡椒、豆蔻
中味：鸢尾花、锡兰红茶、蓝铃
后味：西洋杉、香根草、麝香

再搭配外盒崭新的创意，和延续相同设计的店内环境，为节奏女香带来前所未有的全新感受。节奏女香穿上了巴宝莉经典格纹，搭配金属和玻璃的光感，加上麂皮以及金属标志坠饰设计，让节奏女香成为巴宝莉最耀眼的时尚配件。纯白的外盒和银色的纹饰，重新演绎品牌的经典格纹，如火柴盒般打开的包装设计，更让我们对节奏女性淡香华丽的银色内盒设计及精致的瓶身爱不释手。

运动系列淡香水（SPORT）

一直以来，巴宝莉以制作功能性的实用风衣闻名，而沿袭着传统的 150 多年来，巴宝莉为世界各地的探险家、冒险家与运动员提供服饰。巴宝莉运动系列男女对香撷取了巴宝莉运动系列服饰所带来的能量、活力与生活态度，并深受英伦户外休闲气氛与巴宝莉品牌价值的启发。

巴宝莉的运动哲学是：运动是一种人性的延伸。它真切地想要发掘出巴宝莉兼具技术性、功能性以及与运动相关的一面并且吸收所有元素加入现代感及创新的设计。香水是极度感性的东西，调香师们希望提供一个能给予人们清新纯洁感受的全新香氛，让人们能唤起置身于海边或户外活动的真实感受的记忆。

巴宝莉运动系列香氛的瓶身与包装不同于以往的概念，设计灵感来自于巴宝莉运动系列，反映出巴宝莉创新与年轻化的运动精神。巴宝莉运动系列香氛时尚的橡胶外盒刻印着醒目标志，包覆着红色的瓶身，黑色的柱塞透过玻璃瓶身清晰可见。

巴宝莉运动男性淡香水散发充满能量的柑橘木质调，前味是精力充沛的冷姜、葡萄柚与麦草的自

运动系列淡香水
SPORT

· 女性淡香水 ·
香调：清新花香调
前味：柑橘、海盐、姜
中味：木兰花、忍冬、苦橙叶
后味：西洋杉、麝香

· 男性淡香水 ·
香调：木质柑橘香调
前味：冷姜、麦草、葡萄柚
中味：松果、红姜
后味：西洋杉、琥珀、麝香

然结合，接着海风融合了红姜及松果香调，最后是由感觉舒适而不带甜味的琥珀与木质调搭配着柔和的麝香来画下完美的句点。运动女性淡香属于清新的花香调，前味以柑橘和海盐为主，略带一些姜的味道，中味以木兰花、苦橙叶最为明显，后味同样是西洋杉和麝香。摩登、线条简约、原创以及充满现代贵族气息是巴宝莉运动系列最大的特点。

　　这是一款有关于活在当下的男人和女人的香水。它尊重英伦的传统、历史和现代文化，充满男性的活力和女人的魅力，展现了生活中的创新及创造性，诠释出充满个人自由的生活态度。

亚平宁半岛从不缺少传奇，希腊人与罗马人的战场上有说不完的故事。直到一百多年前，这里出现了一个名叫宝格丽的银匠，一切都显得不那么重要了，这个深受希腊圣贤和罗马英雄激励的品牌一步步地踏上了它的奢华之路，成就了一缕飘散在地中海北岸的迷香传奇。

BVLGARI

亚平宁的传奇迷香

宝格丽

一个享誉世界的奢侈品牌，一个以极强的现代感、优雅又不失奔放的别样气质著称的珠宝大师，一个凭借高雅、永不过时的独特芬芳赢得国际时尚界青睐的香水传奇，这便是无与伦比的宝格丽。它以不可抵挡的方式完成了对人类嗅觉的"侵占"，这便是兼具悠闲、激情、浪漫的意大利情调。

来自意大利的世界著名珠宝品牌——宝格丽，诞生140多年以来，以其大胆的设计、独特的风格而著称，得到世界各国社会名流的热烈追捧，备受皇室贵族、影视明星的青睐。宝格丽家族源自希腊，根深蒂固地受到了经典的希腊传统的影响，然而却又是在罗马文化的影响下得到了发扬光大。在古希腊和古罗马文明的灵感启发（例如在现代装潢图案中使用古希腊及古罗马的钱币图案作为装饰）下，宝格丽的设计出现了空前的繁荣。这已经成为宝格丽商标的一个最为显著也最为震撼人心的部分，它不仅仅充分体现出了宝格丽过去的显赫，也使得宝格丽要保持其文化遗产活力的雄心壮志得到了满足。

宝格丽的香水和它的每件珠宝作品一样，都渗透超卓的精神。细腻卓著，追求绝对高品质，是每件产品的特征。不断进取，超越自我的精神，让一个希腊银匠来到意大利创业，发展出一个独具特色的首饰王国，成就了一个兼具贵气和活力的顶级香水品牌。

　　罗马城非一日建成，宝格丽的品牌建立也经过了漫长的过程。最初罗马街头的一个银器小铺，发展到跨珠宝首饰、香水、配饰等一系列领域的奢侈品帝国，其中经历的波折谁人知晓？这不得不提及宝格丽家族永不褪色的家族化经营模式。一个家族的历史牵动着一个品牌，一个家族的历久弥新更是为品牌增添了高贵的色彩。人们下意识地认为，购买宝格丽，入手的同样是一份历史的厚重，时间的积淀，家族的信念。

　　"家族永远是面对激烈竞争时最好的武器。"人们通常会认为宝格丽集团有着太为明显的家族印记：集团主席保罗·宝格丽和副主席尼古拉·宝格丽是创立者索蒂里奥·宝格丽的孙辈，现任首席执行官是两兄弟的外甥弗兰西斯克·特帕尼，而尼古拉的女儿是宝格丽集团美国市场香水开发的总经理。

这位总经理的出现将宝格丽与香水王国的联系进一步拉近了，尤其是在 1984 年，年轻的特帕尼出任首席执行官，他的目标是彻底使品牌现代化。这看似是在进行一场不知结果的赌博，也许新的尝试会一手葬送积累起来的家族事业，质疑的声音不绝于耳，"为什么要冒这么多风险？""按部就班的不好吗？"在尼古拉的女儿的斡旋下，宝格丽逐渐从一个历史的承载者变成了时尚的引领者。

在随后的十几年的时间里，特帕尼实现着他的计划，逐步把一个单调经营模式的宝格丽的触角伸入了时尚的各个领域，包括香水、首饰配件等。事实证明，特帕尼带领的宝格丽家族又一次在风口浪尖上冒险成功。正如一个多世纪之前，索蒂里奥选择了家族世世代代相传的银匠手艺，靠家族手艺赚取了第一桶金。一个多世纪之后，他的后辈们也选择了进行再一次开拓，只是这一次他们的步伐迈得更大，更为大胆，把宝格丽家族的辉煌历史继续延续着。

自然，家族企业特有的血浓于水的亲情以及家族自豪感是宝格丽品牌绵延一个多世纪辉煌的原因，但是家族企业获取成功的诀窍也正是在于非纯家族化管理模式。在宝格丽集团的发展过程中，家族外投资者占有 45% 的集团股份，特帕尼认为虽然他是家族成员，但他也必须尊重家族外股东的意见，宝格丽的成功正是众多的专业人士群策群力的结果。当一个家族企业将独立的经理人引入董事会，那就意味着家族企业正在向着最好的目标前进，并不是家族内部的盲目前进，人们也会更加意识到这个企业的价值。

宝格丽品牌建立的过程中，香水扮演了重要的角色，虽不及银器那般持久流传和直观的精细，却凭借着细致而自然的特点成为香水界的骄傲。宝格丽的香水体现了浓厚的希腊与意大利古典风格，在瓶身构造、气味以及内涵上都能觉察到。罗马的贵族精神与意大利文艺复兴时期的自由主义造就了这种风格。每款香水在最初的灵感萌发之后，还要经过调香师与化学家的精心雕琢，由此产生了许多香水的经典之作，譬如以奢华和高雅著称的夜茉莉系列女士香水，还有创造性的以水为主题的水能量男士香水等。

值得炫耀的是，这个奢侈帝国的顾客中有皇室成员、政治家，也有影视明星。这些人中最有名气的也许就是意大利影星索菲亚·罗兰，她曾经是宝格丽珠宝的代言人——宝格丽因此得以确立它的精品形象而成为众多人梦寐以求的珍品。曾经有过近乎疯狂的例子——几位罗马的公主为了得到宝格丽，不惜用领地作为交换条件。如今，当宝格丽香水诞生后，它又再次引发了人类半个多世纪的疯狂，令世人不吝以传奇的称谓敬畏它。

亚洲典藏版女性淡香水（OMNIA CRYSTALLINE）

2004年，宝格丽延续OMNIA系列香水的迷人特质，推出首款与亚洲女性特质所吻合的香水——"亚洲典藏版"。此款只限定于亚洲发行的全新女性淡香水，结合了果香与莲花的幽香，仿若象征着天与地之间的完美融合。"亚洲典藏版"将女性独有的气质及微妙的感官享受重新诠释，就像一束清新的花朵，透过水晶的光芒恣意绽放。

设计师将"亚洲典藏版"的纯粹及撼动人心的精神反映于瓶身的设计上，延续了OMNIA独特的两个交接圆形的瓶身设计，"亚洲典藏版"以仿佛水晶般的透明调取代OMNIA的淡褐色，加上带点光泽的表面，呈现出令人难以抗拒的纯粹及清新，将"亚洲典藏版"完美诠释。

BVLGARI
亚洲典藏版 **女性淡香水**
OMNIA CRYSTALLINE

香调：水生花香调
前味：竹子、丰山水梨、佛手柑、
香柠、橙花醇、蜜柑
中味：莲花、白牡丹、山百合
后味：琥珀、热带伐木、檀香、
麝香

　　"亚洲典藏版"香水前味的特色就如清晨的露水般透明、闪耀及撼动人心，佛手柑、香柠、橙花醇及蜜柑的浓郁香味，与竹子及丰山水梨的果香相互融合，瞬间就能令人感受到愉悦的朝气。源自于中国的竹子，象征着喜悦、永恒及谦虚，高雅素洁的特性代表了典型的东方文化。而同样源自于中国的丰山水梨，是非常古老且具有代表性的东方水果，早在公元前，丰山水梨在中国就是非常受欢迎的水果，于19世纪淘金热潮时传入美洲，当时许多来自中国的矿工沿着内华达山脉的河流，种植着从家乡带来的水梨，丰山水梨因此便传入美洲。甜中带点辛辣感的水梨，与欧洲的品种有着非常不同的味道。

　　莲花的清香为中味的主要成分。在东方文化中代表了高雅、纯洁和完美的莲花，在水中生长，迎着湛蓝天空绽放美丽，好比是连接天与地的元素。莲花的优雅香气，另外混合了白牡丹及山百合的芳香，为该香水添加了几许柔媚韵味。后味香气来自于令人醉心的麝香，并混合了拥有木质气息的琥珀、热带伐木及檀香。麝香赋予了肌肤舒服的温暖感觉，而令人惊奇的饱和琥珀香味及醇厚的檀香则带来了珍贵的感官感受。源自于西岸及南美洲的热带伐木，是世界上香味最轻柔的木材香料之一，它独有的特质丰富了亚洲典藏版，带来了另外一种充满异国风味的触感。

夜茉莉女性香水 （JASMIN NOIR）

于 2009 年推出的宝格丽夜茉莉女香是宝格丽香水史上的一款珍贵、富有代表意义的杰作，它完美地传达了顶级意大利珠宝品牌固有的高雅与奢华感。夜茉莉女香是宝格丽经典花香系列的力作，是对珍贵的茉莉花进行的全新现代诠释，其细腻而迷人的香调独具魅力与创意。

这种魅力和创意是很直观的，通过眼睛和嗅觉都能很轻易地感受到，正如茉莉花般纯净的光泽与其强烈的花香形成对比，擦上夜茉莉女香的女性展现出内在细致又性感的灵魂。这款花香是她最珍贵的秘密：活力清新的前味慢慢融化成温暖缭绕的香气，展露出深沉而诱人的女性特质。夜茉莉属木质花香调香水，展现女人纤细又迷人的风情。

香水的创意配方融合绝妙的双重特质，既能尽情表现茉莉花的纯净与明亮，又能优雅突显最深刻神秘的一面。就这样，栀子花瓣的温柔及绿色树汁的明亮香气，融合成迷人的前味，接着甜香渐渐化为神秘性感的阿拉伯茉莉花香，并于配方中匠心独运地结合杏仁的丝绒香气，形成令人无法抗拒的动人香调。后味逐渐融入珍贵木材强烈深刻的香气以

BVLGARI
夜茉莉女性香水

JASMIN NOIR

香调：木质花香调
前味：栀子花瓣、绿色树汁
中味：杏仁、阿拉伯茉莉花
后味：甘草、顿加豆、珍贵
　　　木材

及顿加豆温煦四溢的幽香，呈现余韵不绝的微妙终曲，为女性的纯真性感画上完美的句点。

夜茉莉女香的瓶身设计展现了宝格丽香水一贯的美学特质，流线型的几何造型优雅无比，创新的色彩搭配使瓶身视觉效果更为丰富，诠释了独具特色的宝格丽风格。唯一不同的是水晶般的透明瓶盖，突显淡香氛纯净细致的特色。精致明亮的透明感与强烈的金色与黑色相互交织，再次呈现诱人的双重性格。温暖明亮的金色象征着尊贵与奢华，与优雅、充满神秘感的黑色形成强烈对比。这一款香水仿佛盛载着女性美的精华，兼具温柔脆弱的内在与性感前卫的外在。经典的宝格丽双标志也铭刻于瓶盖及外包装上。

蓝茶男性香水（BLV NOTTE）

紧随宝格丽亚洲典藏版香水之后，经典的男女对香——蓝茶香水于2004年冬面世了。调香师精心打造了一个幽深浪漫，专属于两个人的深蓝夜空。当夜幕低垂时，这款香水由冷色系的琉璃蓝幻化成绮丽、烂漫而迷情的气息，一步步地走向温暖的包围。蓝茶香水的瓶身重新诠释了蓝茶系列融合古典及当代的意图，一别以往方正的设计，带着如新月般的线条，柔美而婉转。银色镀铝瓶盖上篆刻着宝格丽的经典符号，搭配着尊贵高雅的琉璃蓝，更具深沉的质感。其中带有诱人的烟草花的蓝茶男性香水尤为出彩。

蓝茶男香带着香调诱人的烟草花，非洲乌木的浓郁木质调混合着深沉神秘的黑巧克力香味，流露出大胆的诱人气息。带着遥远而原始的情欲，潜藏着琉璃般的蓝月，弥漫着蓝茶男香的男人，绝对是最让女人动情的男人。象征湛蓝大海的蓝色瓶身，任由思绪随着怡人味道，遨游在充满愉悦与想象的世界里；在香味上突破性地以厚实的麝香，搭配姜根与小豆蔻，调和出一股既温暖又带辛辣的香味，就像海的包容多变，一切都是那么的迷人。

　　蓝茶男香以自我肯定，自制，充满自信及稳重的姿态展现在世人面前，然而，于内心深处，他又隐藏着澎拜的激情及深不可测的感性。这种强烈的对比正是他那不可抗拒的魅力所在之处。冷静而认真的他，拥有着向往自由的精神。他那永不减退的热情与诱惑力，令人难以自拔地追随着。他独特的袅袅芳香，彰显出多才多艺、热情、权威及激情的气质。

BVLGARI
蓝茶男性香水
BLV NOTTE

香调：木质辛香调
前味：姜、姜根、小豆蔻
中味：杜松、烟叶、银杏
后味：柚木、檀香、香柏、麝香

绅士男性香水（MAN）

宝格丽绅士男香是宝格丽男性香水系列中较为新潮的一款，作为2011年宝格丽香水的重头戏，该香水一经面市便引起了极大的轰动，对于绅士男香而言，成为经典只是时间问题。同时，它还将宝格丽对男性香水的理解的精髓和盘托出，即"未经修饰的自然优雅气质，男性阳刚之气与浑然天成的迷人魅力的完美化身，拥有坚毅个性却同时具备引人入胜的多变性的成熟精英男士"。

为了创造出焕然一新的嗅觉体验，绅士男香采用东方白木香调，珍贵而不失活力，全新诠释了阳刚的男士气概。强烈的木香调作为传统男士香水中不可或缺的元素，因加入了自然纯净的微妙光彩，而变得更加出众，给人脱颖而出的印象。绅士男香的前味极具现代特质，佛手柑、紫罗兰叶与盛放的莲花融于一体，一接触到皮肤便立即发散开来，令人振奋，香味中还带着些许果香。这初始的清新感一直持续到中味，展现了整款香水无与伦比的清透个性。充满迷人魅力的白木香揭开了绅士男香的中味。坚毅强烈的香根草与莎草的芳香，融合了白木的香甜，檀香木与克什米尔木的柔软，为此款香水增添了明亮、温暖的气质。层层的香气，透过香调层叠的变化，在后味展现了最令人惊喜的一面：由调香大师——阿尔伯特·莫里拉斯特别为宝格丽所创作的植物性琥珀香调，带出安息香的温暖、白蜂蜜与麝香精妙混合的细微触感，让此款香水散发大地般深沉的温暖及强烈东方气质的感性。

绅士男香的香水瓶身所呈现的设计理念，完美地体现了宝格丽男性的价值观：现代与优雅。设计

BVLGARI
绅士男性香水
MAN

香调：东方木质香调
前味：莲花、佛手柑、紫罗兰
中味：香根草、豆蔻
后味：克什米尔木、蜂蜜、龙涎香、麝香

灵感来自纯粹简朴的美学准则，瓶身表面所散发的光芒与优雅，让人第一眼就感受到这款香水的震撼与魅力！阿尔伯特·莫里拉斯在瓶身设计上的灵感取材于宝格丽的建筑美学风格，融合了未来主义的线条及形态，并由知名的设计工作室与宝格丽共同创作完成。"我们追求创造一种沉静，大气而庄重的强烈男性形式的世界。如同一块朝着光线升起的巨石，在直线条与动感曲线的交织中，延续着宝格丽的悠久传承，同时开创一种全新的当代人体工学美感。"瓶身借助迂回反射的光芒延伸，由下至上逐渐变深，最终光芒消散在瓶身上部较深的色调中，自然形成了宝格丽绅士男香令人称奇的动态光彩。

她是女性世界的精神领袖，一位主导爱情的天才女性，一位热爱自由的无畏女性，一位热忱大方的俏皮女性，一位性感美丽的时尚女性……诚如她所宣扬的那样，"流行瞬间即逝，而风格永存于世"，她和她的魅力成为了这个世界上最永恒的风格。

风格永存的优雅魅力

香奈儿

法国前文化部长马尔罗曾经这么说："20世纪的法国有三个名字可以永垂不朽：戴高乐、毕加索和香奈儿。"提起香奈儿，许多人会想起这些评语："冷酷的女商人"、"天才设计师"、"难相处"、"自私"、"独来独往"、"工作狂"、"贵妇人之最"、"钟爱高卢烟"……这些修饰词使得可可·香奈儿俨然成了千面女郎。作为"小黑裙"的设计师、香奈儿5号香水的缔造者、简约中透露出华贵的香奈儿风格的创始人，可可·香奈儿给时尚界留下的财富几乎无人能比。

1883年4月19日，香奈儿出生于法国南部小城桑睦尔，本名为加布莉埃·香奈儿。18岁时，她白天在一家针织店上班，晚上到一家酒吧去唱歌。刚开始，她只会唱两首歌，歌曲里面不断出现可可的声音，而"可可"是只小狗的名字。有些助兴的男客觉得香奈儿唱歌的样子特别可爱，因此就戏称她为"可可"，香奈儿接受了这个昵称，后来"可可"就成了她的代名词以及她所设计的商品的品牌。

香奈儿女士一生都没有结婚，她创造了伟大的时尚帝国，追求自己想要的生活，这本身就是女性自主的最佳典范，也是最懂得感情乐趣的新时代女性。她和英国贵族艾提安·巴勒松来往，对方资助她开第一家女帽店，而另一位阿瑟·卡佩尔则出资帮她开时装店；她与西敏公爵一同出游，受到启发设计出第一款斜纹软呢料套装……她常说，生命中每一个男性都能成为她创意的源泉。

"香奈儿代表的是一种风格，一种历久弥新的独特风格"，香奈儿女士如此形容自己的设计。热情自信的香奈儿女士将这股精神融入了她的每一件设计，使香奈儿成为相当具有个人风格的品牌。这种强烈的个人风格给外界留下十分深刻的印象，一些专家评价香奈儿香水时说："香奈儿生产的香水并不是缤纷多彩的，事实上，它只有一种风格，那就是华贵的清纯。"

　　香奈儿女士认为香水是女性整体装扮中最后一道画龙点睛的重要步骤。"嗅觉是最神秘的，最人性化的要素之一"，这是香奈儿曾经说过的一句话。因此，即使在当时只有香水世家才会推出香水，以服装设计师出身的香奈儿女士却坚持要以香奈儿的品牌推出香水，并要使香奈儿香水完全独立于高档香水之林。正如香奈儿公司调香师雅克·波热所说："如果与其他所有香水比较，香奈儿的香料一直是不可替代的。" 香奈儿公司一直坚持其一贯的独特配料，比如使用在格拉斯出产的茉莉花和五月玫瑰。这也为香奈儿香水特有的高品质和馥郁的香味奠定了坚实的基础。

　　除了在香氛上下功夫，香奈儿女士认为还需要在瓶形方面再一次提升香奈儿香水。香奈儿的每一款香水，瓶形设计都与众不同，散发出强烈耀眼而桀骜不驯的光芒，香奈儿女士对此有着自己卓越的见解："我的美学观点跟别人不同：别人唯恐不足地往上加，而我一项项地减除。"

　　香奈儿女士的力量不止体现在她的服饰、香水和故事里，她一直在鼓励每一个女性解放自己的身心，独立和自信地寻找生活的乐趣，做一个无畏而快乐的人。一身简洁的黑衣造就从慵懒中超脱的解放，一顶率性的斜扣黑帽改变低眉顺眼的盲从，一朵山茶花绽放高贵的内蕴气质，一滴 5 号香水散发迷醉的性感魅力……香奈儿在 1922 年推出她的第一款香水——5 号香水，并在恒远的时光长廊上畅销不衰，从此打破当时只有香水世家才会推出香水的单一局面。

在香奈儿的各种产品上，如女装、香水、护肤品、胸针、手表、手袋、鞋履、眼镜等，处处可见黑白交叉的双 C 图案——令人向往的香奈儿的标志。可可（COCO）是香奈儿女士的名字，双 C 也因此而来。黑与白的对比，恰恰和香奈儿女士特立独行的个性完美结合。她最钟爱用黑色与白色进行美丽的幻化，实现一种绝对的美感以及完美的和谐。她留下许多对流行的看法，成为引导这个时代流行风尚的直接心灵导师。双 C 已经成为一种时尚界的骄傲，也是这个地球上的女人们最想拥有的品牌。

白色山茶花也已经成为香奈儿的象征。绝对的纯粹洁白、动人的女性特质，永恒的香奈儿花朵传递着不朽的灵感。借由这朵花，香奈儿女士让自己显得与众不同，同时也点出了她的独特。香奈儿香水的神秘也经由山茶花神奇地展现出来。在香奈儿公司，所有的香水都不是按部就班地依循生产程序进行调制的，而是充分调动香水调配师的嗅、视、触、听、味觉等神经，用身、心、灵去感受、体验产品，用全部心智去创造产品。

5 号香水（CHANEL N° 5）

从玛丽莲·梦露那件著名的"睡衣"——香奈儿 5 号香水诞生以来，香奈儿的香水始终以高贵优雅的形象深入人心。1956 年，这款香水还成为纽约大都会博物馆的收藏。直到今天，香奈儿 5 号香水依然稳坐世界销售冠军的宝座。

格拉斯的茉莉及玫瑰，透过乙醛丰富的变化，成为最具女性魅力的化身，精致地诠释了经典永恒的女性柔美，展现了独一无二的女性风味。1921 年

5号香水

CHANEL N°5

香调：乙醛花香调

前味：格拉斯橙花、乙醛、香水树花

中味：格拉斯茉莉、五月玫瑰

后味：麦索尔檀木香、波旁香根草

5月，当香水创作师欧内斯特·博瓦呈现给香奈儿夫人多重香水选择时，香奈儿夫人几乎毫不犹豫地选出了第五款，即现在誉满全球的香奈儿5号香水。

早1921年之前，香奈儿就以"抽象"为目的，回避了纯粹花朵的芳香，在苔藓与其他植物之中，利用乙醛可以萃取植物精华的特性，发现了植物另一种不为人知的气味，并让这些气味千变万化。她运用这一种概念，将乙醛、植物与多种鲜花结合，创造出来一种前所未有的香味。这款香水的发表日，恰好在5月25日，与香奈儿第5场的时装发布会同时举行，而"5"又是香奈儿女士的幸运数字，因此，香奈儿女士将香奈儿的第一款香水命名为香奈儿5号香水。

这一款香水果然为香奈儿打了十分漂亮的一仗。5号香水是第一款合成花香调香水，灵感来自花束，融合了奢华与优雅，且表现出女性的勇敢与大胆，完全打破了当时香水的传统精神。当其他高档香水品牌都在追求真实鲜花香味的时候，香奈儿5号香水反其道而行之，它在不试图重现鲜花香味的同时又使香味变得美轮美奂、魔幻诱人，从而轻而易举地击中了人们求异的心理。可以说，香奈儿5号香水是由调制师用自己的鼻子调制出来的，从而保证了香奈儿5号香水既与人们的嗅觉习惯相吻合，又具独特的品位与情调。正如香奈儿夫人自己所形容的："这就是我要的。一种截然不同于以往的香水，一种女人的香水，一种气味香浓、令人难忘的香水。"

如今，香奈儿5号香水既被米兰和纽约的时尚尖端人士品头论足，也可以满足不发达国家年轻人

对时髦和对名牌的追逐，不由让人感叹它久远的神奇魅力。香奈儿5号香水就是这样一款永远被成功女性所向往的"不老传奇"，一款始终让人难以捉摸的"简单奢侈品"。追逐其90年的品牌成长之路，我们似乎能够从中探寻到香奈儿5号香水品牌生命力的精髓所在。与其他所有香水相比，香奈儿的香料一直是不可取代的。它的香料由法国南部格拉斯地区的五月玫瑰、茉莉花、乙醛等几十种成分组合而成，清幽的繁花香气凸现女性的娇柔妩媚。为避免损坏花瓣和香气，必须采用人工采摘，从7月一直持续到10月。

　　香奈儿女士崇尚简洁之美，她希望以简单而不花哨的设计为最初诞生的香水做包装。香奈儿5号香水瓶有着状如宝石切割般形态的瓶盖，透明水晶般的方形瓶身造型线条利落，"香奈儿"和"5号"的黑色字体呈现于白底之上，令人印象深刻。但这一造型，也使香奈儿5号香水瓶成为同一个时期的香水作品里面看起来最奇怪的一支，因为在所有极尽繁复华美之能事的香水瓶里面，唯有香奈儿5号香水像一个光溜溜的药瓶。

在崇尚富丽繁华的当时，许多人都不看好这支看起来活像一瓶药罐子的香水，甚至有一些见过香奈儿5号香水的时尚专家，都认为香奈儿女士一生的美名就要葬送在这一瓶"简陋"的瓶子上。结果他们没有想到，这一瓶当初他们不看好的香水，在世界上当红的时间，竟比他们的寿命还要长久。在当时，这种简单的美感，形成了一股新的美学力量，成功地打进了名媛淑女们高雅的心房，她们终于不必耽溺于浮华的富贵，而可以在简洁有力的设计中，找到可贵的质感。

香奈儿5号香水瓶的现代美感也令它在1959年获选为当代杰出艺术品，跻身于纽约现代艺术博物馆的展品行列。香奈儿5号香水始终以高贵优雅的形象深入人心，直到今天，在香奈儿的官方网站上，香奈儿5号香水依然是重点推介产品，它依然稳坐世界销售冠军的宝座，数位大明星为香奈儿5号香水代言的广告更是传为经典中的经典。

值得一提的是，香奈儿5号的成功也让香奈儿在品牌建设方面成为流行典范。如广告设计效果方面，香奈儿5号香水的广告一方面有着惊人的视觉表现，如黑色、红色等纯色背景上耸立着一个硕大的"5"字，一个极品美女站在正中央，香奈儿5号香水已从美女的手中飞了起来，香水浪漫地在空中飘洒，给人一种强烈的视觉美感；另一方面又与其品牌内涵紧密地结合在一起，传达的是一种高尚、飘逸和典雅，让消费者可以去欣赏，更可以去品味和回忆——这种设计表达与广告诉求，无疑把香奈儿5号香水品牌所要告知、传达给目标消费者的东西都融于其中了。

香奈儿5号香水拥有多个"第一"的头衔：它是香奈儿的第一支香水作品，第一支以号码命名的香水，第一支由服装设计师设计的香水产品，第一支不试图重现花香的香水，第一支使用电视打广告的香水……香奈儿5号香水，让5成为香水界的一个魔术数字，代表一则美丽的传奇。

邂逅淡香水（CHANCE）

　　香奈儿女士相信机会。她的一生充满着传奇，伴随着不期而遇的邂逅与机会。她将恒久的友谊、浪漫的爱情以及她那敏锐的直觉融入设计与创作，为时尚界与香水领域都带来了崭新的变革。没有任何人像她这样，拥有如此精神，满怀热忱，勇于掌控自己的机会。"机会是一种存在的方式。机会是我的灵魂。"香奈儿女士如是说。

　　香奈儿的香氛大师雅克·波热根据香奈儿女士的这一宗旨，特别针对年轻勇于尝试、爱好幻想、热情活力、狂野却又纤细的年轻女性，以三年时间调制出了邂逅香水。邂逅一经推出，即在美国造成轰动，它以清新花香为主调，动态香味层融合风信子、白麝香、粉红胡椒、茉莉、香根草、柑橘、鸢尾花、琥珀和广藿香，散发甜美的感觉之余，也带有感性及热情的气息，甜美与辛辣交织的嗅觉体验，充分表现时代女性朝气蓬勃及勇敢果断的一面。邂逅是一款星群香调结构的香水创作，它创新的行星式香味结构，摆脱了一般香水前、中、后味的固定形式，各种香氛元素环绕着球形的轨迹，周而复始、永不停歇地相互碰撞。在这个结构的中心，神秘的香调和谐剂持续释放出千变万化的芳香气息，让女性的甜美气质充满无限惊喜。

CHANEL
邂逅淡香水
CHANCE

香调：清新花香调
前味：风信子、白麝香
中味：粉红胡椒、茉莉、香根草、柑橘
后味：鸢尾花、琥珀、广藿香

　　邂逅香水是香奈儿最令人惊喜的香水创作，它的外包装和瓶身也摆脱了以往的设计，创造了令人难忘的印象。它是香奈儿第一款圆形瓶身的香水。圆，象征着命运之轮，引领我们进入那旋转不息的世界。它以崭新的浑圆瓶身愉悦视觉，以多彩的包装来挑逗感官，成为香水界的新经典，明日世界的新典范，正式为香奈儿揭开了新纪元的序幕。在浑圆之内，注满的是狂野的动力、性感的魅力及澎湃的创造力，亦蕴含着宇宙无限的意义，成功地为香奈儿香水写下历史的新一页。

　　对香奈儿来说，机遇是柔软的、热烈的、乐观的，唯有淡黄、嫩绿、粉色才能将柔和、眩目、耀眼与幸福完美地融合在一起。带着些许珍珠光彩的颜色，巧妙融合银色和金色的衬托，这是汇集了上乘材质、精致色彩与完美线条的经典创作。钟爱邂逅香水的女性是对生命充满激情与热忱的年轻女子，她有点小迷信（相信自己的幸运符），并追求快乐、勇于冒险。她纯真而执着、勇敢、有梦想，她特立独行、不按常理出牌但也并不会做事毫无根据，她难以捉摸而又十足浪漫。机会与香奈儿，冥冥之中的邂逅。

这是一款非常适合年轻的上班族使用的香水，因为它的香味并不像可可小姐香水那样容易识别，也不会感觉太俗气。它的香气敏锐直接，却又蕴藏无限惊喜在这圆形的瓶身里。这香气让你独一无二，就像你第一次拥抱爱人一样无法压抑。充满诗意的纯然嗅觉感受，提醒人们机会的稀有与珍贵。机会为年轻而存在，献给知道如何梦想，勇敢与相信未知的人。

可可小姐香水（COCO MADEMOISELLE）

1984 年，在香奈儿辞世 13 年后，香奈儿公司推出以香奈儿女士的名字"可可"来命名的一系列香水，重现香奈儿女士的绝代风华，以纪念她为香水事业所作出的杰出贡献。可以说，可可系列香水的诞生宣告了一场嗅觉革命的开始。

可可小姐香水深深植根于富丽的 20 世纪八九十时代，成为纯粹感官的绝对象征，30 年来享有无数赞誉，直至今日仍有女性称之为永恒最爱。20 世纪 90 年代，新成分的诞生改写了香水版图。前所未有的新技术令香水更加轻盈，分馏出看似不能分割的物质，展现天然成分的真实原貌。这一广大而尚未完全发掘的技术领域，启发了雅克·波热重新思考可可香水的配方。并非简单的改变，也不是完全的改造，而是香奈儿女士的另一个面貌，这一理念奠定了他所创造的配方：泰然自若、不受拘束、自由奔放，全新的可可小姐香水由此诞生。

可可香水蕴含着依兰的浓郁气息，灵感来自香奈儿女士对巴洛克和东方风格的独到品位。如同她所收藏的东方乌木漆面屏风抑或是为她带来好运的闪耀金色，可可小姐香水汲取如此华丽璀璨的元素，并将之幻化为极致优雅。幻妙甜蜜的东方调融入些

CHANEL
可可小姐香水
COCO MADEMOISELLE

香调：东方清新香调
前味：柑橘、佛手柑
中味：玫瑰、茉莉
后味：广藿香、香草、白麝香

许柑苔香调。贾克·波巨在果香脂调中，又出其不意地融入些许广藿香。香奈儿女士总是将时代风尚融入其创作之中，贾克·波巨追随她的脚步，采用当时首见的新成分，开启可可香水故事的崭新篇章。他以特别为香奈儿创造的分馏版广藿香替代原先的传统广藿香。这一量身定制、独一无二的创新，至今仍被人津津乐道。

分馏版广藿香的香气更柔顺如丝，更细腻精致，更具辨识度，象征着香奈儿香水中美丽的基因密码。接着，贾克·波巨又加入精炼的香根草。在可可香水具有代表性的香料中，他仅保留了一抹冷峻的粉红胡椒。果香调被更加摩登的气息取代。他偏爱玫瑰和茉莉远胜于其他华丽的花朵，仿若

采拾晨露中的花瓣般细心呵护着。最后，他调整香脂的比例，减少香草，增添柑橘并融合白麝香。让人在触碰肌肤的瞬间，即刻感受清新的潮涌，香气四溢。木质精髓以隽永的姿态舒展散发。

在鲜明的清爽柑橘和花香背后，大胆设计的分馏木香精华，在沁心果香和纯粹的优雅中取得完美平衡。虽并非传统的柑苔调，但可可小姐香水非凡的成功让广藿香重获众人注目。今天，我们称之为摩登柑苔调。在推出十年后的今天，可可小姐香水似乎已经成为一种象征，仿佛可预知女性的渴求，仿佛她们已为此守候许久。经常被模仿，却从未可与之相比，这也昭示着香奈儿香水严苛的标准难以被超越。

19 号香水（CHANEL N° 19）

8 月 19 日，19 号香水。这是一个诞生日，既是香奈儿女士的生日，也是一款香水的诞生之日。虽然没有人期待另一款用号码标示的香水可以超越 5 号香水，但是香奈儿女士仍然坚持推出香奈儿 19 号香水，沿袭香奈儿 5 号香水以简洁易记的数字命名的方式。香奈儿女士的坚持又一次被事实证明是正确的，作为香奈儿女士最后一支亲自推荐的香水，19 号香水成了另一款永恒的经典。

香奈儿 19 号香水本品为香奈儿 19 号系列的身体润肤露，润肤同时散发迷人芬芳。这款香水诞生于 1970 年，专为年轻、自主、思想前卫的都会女子所设计。20 世纪 70 年代的女性与以往的女性比较不一样。她们活跃，却仍然保有女人味，同时更大胆创新，也愿意表达自己的个性特质，这是一种既独特又无法取代的特质，由香奈儿第二位"鼻子"亨利·罗伯创作的这一款香水就是为了庆祝这一时代的变革。

　　有趣的是，关于这一支香水，香奈儿化妆品公司后来特意赋予它一个浪漫的故事——"公主与丑角"。很久以前在一个遥远的国度，有一对深受爱戴的国王与王后，他们仅有一个失明的女儿，当她到了适婚年龄，王后为了女儿的婚事拜访一位具有巫术的隐士。巫师张开暗淡的眼睛，说："你可以放心，因为你的女儿懂得真爱，虽然它将出自与众不同的方式。"国王和王后带着疑惑回到宫里，开始接见公主的求婚者。一位合格的王子从邻国前来，他穿着华丽的服饰，用宝石和赞美追求公主，但是她看不见他们发光的黄金，也看不到他们华丽的服饰，对于他们中的任何一位都没有感觉。

第 19 位追求者，是一个小丑。小丑拿着一个瓶子，虽然忐忑不安，但仍坚定地走到公主面前。他小心翼翼地打开这个瓶子，将它贴近公主脸颊。一时间，公主立刻因为感觉到一股喜悦的激动而端坐起来，这神奇的魔力使她脸上绽放出灿烂的笑容。在场的追求者忍不住赞叹。年轻的公主站起来，慎重而庄严地宣称她想要和这第 19 位追求者结婚，因为他是唯一知道如何和她的灵魂交谈的人。这时她的父母明白了隐士的预言，他们的女儿并非倾心于外表的俊俏。外表可能骗人，但是在香味中形成的爱意，打开了一个无限宽广的世界，使两人拥有同样的想象空间。当公主发现爱的真意时，婚礼就是充满欢乐的盛宴。

白色与绿色花朵的香味清香、迷人、经典，激发女人向前。亨利·罗伯为了创作这款香水，也展开了一段从世界香水之都格拉斯，到托斯卡纳、佳朋半岛、突尼斯东北部的旅程，他从这些地方寻找到三种不同的花朵精华——五月玫瑰、鸢尾花、橙花。花朵绽放，将香味锁在瓶内。其中最珍贵的是鸢尾花，低产量和独特的香味，让鸢尾花成为世界上最昂贵的天然原料之一。

19 号香水的瓶身设计一如香奈儿 5 号，简单流畅的线条，优雅中不失大方。这款传世名香味道清新自然，结合轻盈与优雅世故的特质，主要香气混合轻盈的气味和地中海的香味，予人春回大地的感觉，属于那些行动力强、处事态度独立的女子，带领喷上香水的女性到另一个全新的境界。这也是香奈儿女士最常用的香水，轻淡自然的香味，让别人无法抗拒她自信迷人的风采。

CHANEL

19号香水

CHANEL Nº 19

香调：苔藓花香调

前味：白松香、橙花

中味：橙花油、鸢尾花、皮革香、五月玫瑰

后味：西洋杉、橡树苔

时尚之门对每一个品牌、每一个个体而言都是敞开的，有人简约、有人奢华，还有人偏爱单纯的手工工艺，而安娜苏就像一个小仙女，用她的梦幻、复古的魔法，去成就自信女孩的梦想。在崇尚简约自然风格的今天，有着浓郁复古气息和奢华美感的安娜苏无时无刻不在展现着它的梦幻气质。

ANNA
SUI

女香梦境里的魔幻大师

安娜苏

安娜·苏一定是个魔法家族的长女，要不怎么会出现如此魔幻的香水品牌呢？如果说阿拉丁的神灯是给那些上帝认为值得信赖、需要帮助的人们的，哈利·波特的魔法是赐给勇敢而又有梦想的少年的，那么安娜苏的香水就是献给世间那些美丽如精灵般的女孩儿们的。

打开一瓶安娜苏香水，你就开启了童话故事里的神秘宝盒，所有绮丽的、缤纷的、华丽的珠玉宝石，都变成春天里最时尚的色彩，闪耀着令人惊喜的容颜。那些曾经梦境里幻想的丰富宝藏又回到自己的身边，这些华丽的宝石闪烁出绮丽的色彩，让人感受到春光乍泄般的缤纷，更使人沉醉在其动人的华丽色彩中，体验精灵般的魔幻美丽。

安娜·苏从涉足服装界开始，出道短短几年便立于时尚界的不败之地，之后她凭借着绝佳的流行感与色彩触觉，创造出极富冒险气息、与众不同的香水品牌：安娜苏，让那些向往原创流行的女孩们在充满惊奇的心情中，找出专属于自我风格的香水。

十几年前的一天，挥舞着魔术棒的安娜·苏迈进了影视王国——好莱坞的大门，她首先瞄准的是服装行业。同年，安娜·苏发布了她的香水和化妆品系列。她推出的第一款香水是以品牌命名的"安娜苏"女士香水。这款香水的瓶身设计摆脱了传统的模式，独创了别具时尚气息的瓶身，像一面镜子般透露着神秘的古色古香，又像是一个窗口充满着对窗外世界的幻想。只要坚持，女性柔美的创造力量，将为你完成最不可能的梦想。安娜·苏继1999年9月推出第一瓶香水后，在2001年再度推出第二款女性香水"甜蜜梦境"。因为手提袋是女人性感的配件，最能反映女人潜藏的个性，所以安娜·苏再度发挥她让梦想成真的力量，将香水瓶活生生地变成一个珍贵的手提袋配件，从而铸就了这款梦幻香水的最引人注目之处。

　　仅仅过了两年光阴，安娜苏的魔术就产生了奇幻的效果，其的多款香水也被当时的香水学会评为最受欢迎的香水。到 2002 年，安娜苏推出全新的"蝶恋"香水，其瓶身别具一格，淡淡甜甜的橙橘色，渐渐向上反射动人的粉桃红色，犹如一只婀娜多姿的红蝴蝶在花间嬉戏。它包含橘子花、茂盛的佛手柑和热情水果的灵感混合，加上香草和麝香，合成了超俗的香味，为爱情注入了一种和谐的甜蜜。"蝶恋"香水是一只令人瞩目的玻璃蝴蝶，它带着爱的故事，从古飞到今。它代表着爱的承诺，它就是爱、欢愉和幸福的告白。

　　2003 年夏天，安娜苏推出了第四款香水——"洋娃娃"香水，复古的娃娃头瓶身引来无数艳羡的目光。拥有中国血统但成长并成功于西方的安娜·苏格外重视这款香水的推出，她说："洋娃娃是我一直想要创造的香水！"安娜·苏从小就喜欢为心爱的洋娃娃和哥哥的玩具兵着装打扮，如今她不断地收集具有童真无邪脸孔的古董"娃娃头"并把它们展示在世界各地的安娜苏精品店与专柜里，从此，娃娃头就成为安娜苏特有的形象。安娜·苏幸福地说："洋娃娃真正反映出我的精神与敏锐的感觉，充满了无穷的乐趣与魅力，而且它如此可爱！"

魔法长女安娜苏开启了她的魔法之旅，魔幻的热潮逐渐从《魔戒》、《哈利·波特》等奇妙的故事中蔓延开来，因为创意与品质而充满魔法能量的安娜苏在 2005 年再次发力，为我们创造了散发着甜美香味的"许愿精灵"香水。"许愿精灵"香水那半透明的香水宛如精灵的翅膀，迷幻的香气宛如身在月光照耀的森林中，它让女孩在拥有香水的同时，许下最美丽的愿望，一边期待愿望实现，一边享受着精灵们带来的芬芳气息与幸福感！

这个有着紫色气场的魔幻品牌，如同一位披着神秘面纱的公主，她轻舞着裙裳和魔法棒，她骄傲、冷艳、华丽。在安娜·苏的世界里，香气结合了幻想和昔日的浪漫，一切就如冰蓝的湖水那么潇洒、简单、直接。追求自我，享受生活，是新生活的潮流格言，也是安娜苏香水的象征。安娜苏香水总是令人心情愉快，它的颜色，它的芳香，都是无法抗拒的诱惑。你一旦触及，整个人就会渐渐地飞升，承接巨大的快感。安娜·苏借香水道出她的人生哲学："让梦想活着，人们一定要努力尝试。对我来说，不去尝试比尝试后不能成功更为可怕。"其实每个人内心都有一个安娜苏，一个曾经年少纯真的自己。因此可以说，选择安娜苏香水，就是选择了让美梦成真。

许愿精灵女性淡香水（SECRET WISH）

2005 年夏天推出的限量版时尚香氛——许愿精灵女性淡香水，是献给我们每个人心中那个对于魔幻力量深信不疑的小女孩，更是献给那些经过世俗洗练后，仍对世事充满信心的大女孩的。在你转开"许愿精灵"的瞬间，也同时释放了它最神奇的力量，这时，小精灵已在你周围轻拍双翅，洒下闪亮的金粉，此刻你一定要敞开最纯净的心，并许下内心的愿望，不要怀疑，一切梦想都是有可能成真的。

"许愿精灵"神奇的魔力，就像精灵的一个吻般让人陶醉，它是花香与果香最完美、最优雅的结合。一滴水绿色的香氛露珠实现了你幻想与情感的愿望。它是一位具有幻想魔力的精灵，能够将你脑海中的思绪幻化为天真的美丽、轻松的欢愉和魔幻的乐趣。

在香氛的调配表现上，魔幻的大门开启了，充满神奇魔力的香水散发出令人着迷的花果香：新鲜清凉的柠檬，夏季成熟的哈密瓜以及如丝锻般柔软的金盏花散发出诱人的杏桃花香。

香氛的蔓延就像精灵们快速地拍动翅膀，飞向这儿，飞向那儿；令人惊奇的转眼间，世界已充满芬芳。接着，幽幽传出一股令人陶醉，又似乎在与人调情般的菠萝香，融合着黑醋栗的果香，使得香气带着一丝神秘感。香味在后段以温暖的白雪松以及诱发欲望的琥珀，加强热情和魔力诱惑的特质；最后以轻抚似的、犹如掉落的星尘的白麝香作为结尾，留下令人依依不舍的回忆。

在瓶身与包装设计上，晶莹剔透、特殊三面体的水晶瓶顶端，有一位姿态娇美、闪烁着梦幻般微光的精灵温柔地坐在精巧的雾面水晶球上。这位守护天使就是许愿精灵，她甜美的诱惑力吸引着人们打开水晶瓶，释放其中神秘的魔力。许愿精灵是小仙女的化身，象征着自信、魔力、女性化的温柔魅力以及力量。

ANNA
SUI

许愿精灵女性淡香水
SECRET WISH

香调：清新花果香调
前味：金盏花、哈密瓜、柠檬
中味：黑醋栗、菠萝
后味：白雪松、白麝香、琥珀

神秘面纱般的雾面水晶与纯真清透的亮面水晶相结合的设计灵感，让瓶身宛如一座精致的雕刻艺术，可以放置在梳妆台上细细品味。这座充满巧思的水晶瓶可聚集光线，再温柔地折射散发，就像从一座神秘森林错落的树叶间缝，阳光窜入晶莹露珠所透露出的微光。水晶瓶瓶身切割成三个面。它是否暗示着三个愿望？故事里的精灵拥有实现你三个愿望的法力；又或者每每打开许愿精灵时，安娜苏女孩的愿望都将被实现？许愿的魔力总是扑朔迷离又让人充满期待。

魔恋精灵女性淡香水
(SECRET WISH MAGIC ROMANCE)

如果说 2005 年的许愿精灵女香是安娜苏献给每个人心中那个对于魔幻力量深信不疑的小女孩，愉悦且纯真地相信所有的好事都可能发生，那么 2006 年恋爱版的魔恋精灵女性淡香水则是为了庆祝深信真爱魔力的女性而设计的。她依然天真烂漫，甚爱玩耍嬉戏，却又向往美丽浪漫的爱情。她还是愿意相信美丽的童话故事，积极寻求那幸福快乐的浪漫结局。安娜苏魔恋精灵女性淡香水仍然保持着愉悦与纯真的特点，并将乐观的梦想转化成爱情的愿望。与许愿精灵女香相比，安娜苏魔恋精灵女性淡香水是奇妙的精灵国度中最新的神秘魔法。瓶中盛装着比许愿精灵女香更甜美梦幻、更性感魅惑的诱人香氛，深深牵引着爱情的丰富恩多酚，沁入心中，满足女性的渴望，让爱情的美梦成真。她正追随着香氛的直觉奔向她命运中的真爱，再一次，安娜苏展现神奇迷人的迷惑魔法。这在月光下含苞待放的香氛，带着一种情怀，让全心全意向往柔情蜜意的女孩瞬间回到最甜蜜的初恋感觉。

ANNA SUI

魔恋精灵女性淡香水

SECRET WISH MAGIC ROMANCE

香调：清新花果香调
前味：西西里柠檬、佛手柑、
　　　哈密瓜檬
中味：夜丁香、晚香玉、莲
　　　花、橙花
后味：印度紫檀、琥珀、椰
　　　子、麝香

魔恋精灵香水的香氛如爱情魔法般令人无法抗拒，它清新明亮，性感魅惑，活泼天真。爱情随着佛手柑、西西里柠檬和哈密瓜孕育而生，释放令人目眩神迷的激情冲动，释放出一波接着一波的香味感官刺激。佛手柑平静心灵，明亮耀眼的西西里柠檬像一抹无法忽视的光影，直闯入你的心中释放无尽情感，哈密瓜带来心旷神怡的自在，带你进入恋爱情境中心灵的悸动时刻。中味的橙花亮丽活泼，带你直达快乐的顶点，晚香玉为浪漫加温，月光下的魅惑女王——夜丁香让梦幻彻底蔓延在魔法国度中，莲花唤醒你的心灵对爱的渴望。在夜幕下，魔恋精灵的后味缓缓吹拂，慢慢回归恬静。印度紫檀让你重温恋爱时的感受，椰子增强爱的能量，琥珀舒缓心神，解放自由率直的心灵，最后麝香散发诱人魅力，施展迷人魔法力量，有如被温柔的双臂拥入怀中的奇妙感受。

魔恋精灵的外盒包装上被无数的星星及爱心包围，邀请被它爱情魔法吸引而渴望一吻的你实现梦想。魔恋精灵选择了闪烁浪漫银色魔法的亮粉，像是闪烁珍贵的钻石或是朝阳下闪闪发光的露珠，为水晶球加持爱情魔力，实现你内心所有的爱情渴望。它会令你美梦成真，你唯一需要做的就是唤醒可爱的小精灵，让魔恋精灵为你施展魔法！

摇滚天后女性淡香水（ROCK ME）

野性、张扬、不羁、活力四射、充满主张……这些都是摇滚的元素，安娜·苏的生活中早已充满摇滚的氛围，她也不知不觉中开始迷恋这种特别的音乐方式。从她开始涉猎音乐事业，就不难看出，安娜·苏不仅爱上摇滚，她更是生活得很"摇滚"。从米克·贾格尔到科特妮·洛芙，安娜·苏的作品，呈现在这些摇滚乐手身上的，是一页页设计师融合摇滚乐的传奇。这也是为何摇滚早已成为安娜·苏设计的一部分，也是她的灵感，更是她的生活组成部分。因为传奇将一直传唱下去，这便有了让人惊艳难忘

ANNA SUI

摇滚天后女性淡香水

ROCK ME

香调：清新花果香调
前味：洋梨、香橙幼橘、甜桃皮
中味：忍冬植物、茉莉、荷花
后味：香草、雪松木、琥珀

的"摇滚天后女性淡香水"。

　　安娜·苏用香水来诠释狂野的女孩，这类女孩身上天生就有一种强烈的自负感，在生活中却拥有朋友与许多乐趣，夜晚喜欢在歌厅酒吧里听着不同节奏的音乐，而当中最喜欢的就是热闹的电音。以黑色皮衣、数条不同的金属链，或是黑色烟熏妆，外显她的自由自在，同时内心里却带有一丝丝神秘感，在她的内心，有首狂野的歌在唱着。她想大声地唱出这首歌，也许有一天她会站上舞台，发表她的创作，我们永远不知道，这种狂野的背后，竟然是一款活力无限的香水在"作祟"。

　　作为典型的清新花果香调香水，摇滚天后女性淡香水以甜桃皮和香橙幼橘为前味；中味则是熟悉的荷花与茉莉的淡雅，本来以为就此不算疯狂，可谁说摇滚没有温柔细腻的一面；后味是刺激的雪松木、琥珀以及香草的味道。

　　摇滚天后女性淡香水外盒包装以图样绘制而成，象征和平的爱心，以银边洒满盒身；安娜苏特有的蝴蝶图样，则如同跳上舞台般地展现自我。

同样的设计灵感延伸至瓶身，吉他造型集合玩乐、华丽概念，让瓶身本身诉说安娜·苏的玩乐主义。利用细长的吉他琴弦、性感的吉他圆弧曲线，吟唱出小魔女们狂野的旋律；再辅以浮雕的蝴蝶、星星、爱心与花朵，化身每位小魔女内心的音符，在五线谱上跳动着；最后吉他弦与琴格变化为深紫色的瓶盖，传递着这首曲子等待被拨弄、这瓶香水等待被开启的讯息。

值得一提的是，这款于 2009 年上市的摇滚天后女香是安娜苏品牌史上的第 10 款香水，也是最为外放、狂野的一支香水。安娜苏主张魔女们可以借由这瓶香水，展现热情奔放、自由自在的玩乐摇滚心情，并向全世界绽放属于自己的摇滚风格。

逐梦翎雀女性香水（FLIGHT OF FANCY）

每个有思想的女人都有一个不为人知的梦想，而梦想，就是一把通往灵魂深处的钥匙。在梦想之中，思维和情绪、感官与视觉随着梦想不断延伸，产生了无限的可能性。在梦想之旅中，更能深层地体验生命中值得探索的人、事、物，任何天马行空的想法，都有可能在梦想中实现，使心灵得到满足。安娜苏是最接近梦想的香水，而这款于 2007 年问世的逐梦翎雀女香，更是在邀请每一位女性勇敢地探索未来无限的可能性，就像翎雀展开七彩羽翼般绚丽，直到蜕变为美丽、自信、坚持梦想的女人。

有人说，女人也懂得七十二变。每位女性都有属于自己的"变身魔法"，总有一天她们会勇敢地展开一场场华丽冒险，体验一个个发掘自我的转折点。只要凭着本能与直觉大胆逐梦，每位女性都能体验到自我的蜕变与成长。安娜·苏女士本人就是最好的典范，不论何时，她都以一颗开阔的心胸去接受不同的可能性，体验新的人、事、物，即使是再不切

ANNA SUI

逐梦翎雀女性香水

FLIGHT OF FANCY

香调： 清新花果香调
前味： 日本蜜柚、爪哇柠檬、荔枝
中味： 忍冬植物、茉莉、荷花
后味： 白麝香、安息香、云杉

实际的梦想，她仍鼓励每位女性勇敢地逐梦。她好比是佩戴魔法帽子的魔法师，轻轻念动魔咒，让每位女性的绮丽梦想，从这一刻起开始成真。

本着这样的心境，安娜·苏对于这款香水也有独特的表述："我是一个天生的探险家，时常在接触到美好的异国文化时，获得灵感。这支香水，便是我在新加坡之旅中，所得到的启发。翎雀的自在翱翔，让我联想到另一种探索，'心'的旅程——真正发现你是谁，并且绽放成长变成真实自我。这对女性来说，更像是一项冒险，一种强而有力的心灵觉醒。我的最爱香水——逐梦翎雀女香，就是在诉说这个神奇旅程。"所以在香水颜色呈现上，由最底层浅浅发亮的粉红色，逐渐蜕变至最顶端的浓郁黄金色，与瓶口完美结合的一致奢华感，更是不同层次的视觉享受，满足你所有感官上的幻想，仿佛允诺着你，即将展开一段无限华丽的魔幻探险之旅。

2008年另一款名为"迷夜翎雀"的同系列香水就是建立在"逐梦翎雀"的基础上，新款香水希望借由塑造日与夜、知性幻想与摇滚狂想两种相异又互补的特质，诉说一种更完整的梦想精神，鼓励年轻女性勇敢冒险、展现狂放、完成自我探索的神奇魔法旅程，同时也给予消费者一个更全面的香氛体验。而这种体验的起点无疑是"逐梦翎雀"。

进入"逐梦翎雀"的魔幻香氛之旅，首先感受到的是以清新的荔枝、香柚以及爪哇柠檬为主调的清新果香味，唤醒沉睡的心灵，迎向未知的未来。随之而来的宜人香氛，则是以浪漫花香为主调，唤醒心灵深处的愉悦，最后沉淀于诱惑、性感的浓郁麝香气味，在魔幻的香氛里，找到隐藏已久的自我，感受前所未有的自在，让每一天都是一趟自我蜕变之旅！想要逐梦飞翔吗？开展着七彩羽翼的翎雀，将带你体验充满香氛的魔幻梦境之旅，完成每位女性心中的梦想。

这种梦想有着天生的吸引力，一如逐梦翎雀女香的瓶身，瓶盖上栖息着一只华丽的翎雀，开展华丽羽翅的翎雀象征着"蜕变"，引领着每位女性乘着翎雀的羽翅，逐梦前进。搭配着难以抗拒的产品包装，光芒四射的表面上，闪烁着盛开的花纹以及银色的线条，带领你进入魔幻梦境之旅。产品瓶身的设计风格，宛如一件精致的雕刻作品，可以放置在梳妆台上细细地品味，展现十足华丽、优雅的视觉飨宴。瓶盖上耀眼的孔雀身形，搭配华美羽翼，完美呈现安娜苏魔幻、华丽风格，带领人们恣意地翱翔在梦想之中。

紫境魔钥女性淡香水（FORBIDDEN AFFAIR）

2010 年，安娜·苏继续着她的魔法之旅，一款名为"紫境魔钥"的女性淡香水正式发布，它持续演绎着品牌的香氛设计的浪漫理念，引领女孩们开启华丽皇宫的大门，进入魔幻浪漫的绮丽童话。设计灵感源自于经典童话《白雪公主》和《睡美人》等，引领女孩们进入浪漫绮丽的幻想世界。"紫境"意味着公主与王子相遇的花园，花儿鸟儿环绕在四周，歌颂他们的爱情，握有"魔钥"的女性也不再被动等爱，而是主动追求爱情。"紫境魔钥"也摇身一变，成为现代公主追逐完美童话的爱情魔药！

爱情是一段曼妙的过程，魔术的呈现方式也是如此。这种爱情魔术是通过分时释放技术完成的，以期让香氛持久释香。"紫境魔钥"也是安娜苏首次利用分时释放技术制作的香水，以清新果香的前味搭配娇媚诱人的麝香后味，让香氛气息较以往的

ANNA
SUI

紫境魔钥女性淡香水
FORBIDDEN AFFAIR

香调：花果木香调
前味：柠檬、红醋栗
中味：树莓、玫瑰、石榴
后味：紫罗兰、麝香、杉木

系列能维持更久。这技术使得混有柠檬、红醋栗及黑醋栗的前味，能不断"重新爆发"，持续清新，犹如唤起使用者感性的问候。融入树莓、玫瑰花瓣及石榴的中味，则散发出甜美诱人的气息，带点神秘。充满魅力的紫罗兰、麝香及杉木基调香氛，让性感娇柔在身上恒久萦绕。

惊艳的魔术总是少不了绝妙的道具，对于这款香水而言，浪漫满怀的巴洛克瓶身设计就是最美好的道具。"紫境魔钥"的灵感源起于德国的古老童话：结合巴洛克式皇宫、洛可可花园、法式闺房和皇室华丽生活等元素，设计出被玫瑰环绕点缀的"紫境魔钥"香水瓶身。

透过瓶身正面的玫瑰花环，可以窥见公主与王子在渲染着淡紫色的大门背后，进行一场浪漫的约会。瓶身的形状与装饰设计则是由法式闺房中充满巴洛克风格的镜子延伸而来。雕刻着小玫瑰花的瓶环、犹如玫瑰含苞待放的瓶盖，每一处小细节都让人联想起公主闺房那些浪漫美丽的饰品。

ANNA
SUI

梦境成真女性淡香水

LIVE YOUR DREAM

香调：木质花香调
前味：铃兰、水漾花瓣、白胡椒
中味：保加利亚玫瑰、茉莉花
后味：柚木、杉木、檀香木、麝香、顿加豆

梦境成真女性淡香水（LIVE YOUR DREAM）

　　安娜·苏最常鼓励魔女们的话就是"实现你的梦想"，传达安娜苏活在当下，同时勇敢追梦的人生态度。借由这个振奋人心的口号，安娜苏顺势推出了梦境成真女性淡香水，同时也是在安娜苏10周年纪念日上特别推出的纪念香水。

　　与安娜苏同名香水一样的瓶身，加入吸引魔女们的粉色基调，再以阿尔丰斯·穆卡的图框设计，呈现出缀满蔷薇的炫丽盒装。梦境成真女香有别于安娜苏其他的香水，整体为木质调，融合花香，产生自信、浪漫的女人味，复古经典魅力的迷人香氛，真实感受活在当下的幸福感，并且自信未来的梦想可以实现，一切掌握在手中。香水的前味以铃兰花融合水漾花瓣诠释女性的活力，白胡椒则为前味添加了十足的自信气息，让香氛一开始就展现出女性特有的鲜活生命力；接着中味里具有浪漫女人味的保加利亚玫瑰则因为有了清新甜美的茉莉花搭配，让浪漫女人味的香氛散发着耐人寻味的层次感；柚木、杉木、檀香木的淡淡木质香氛，环绕着麝香、顿加豆，让女性欢愉的享受优雅兼具性感，进而领悟到复古经典魅力的精髓。

　　和大多数安娜苏香水一样，梦境成真女香的瓶身与盒装的设计同样出色，既传达了女性的自信活力，又表达了女人们浪漫感性、追求梦想的精神。瓶身透过魔镜与浪漫的粉红色香水带领魔女们进入安娜苏的魔幻国度，同时根据安娜苏的同名香水去延伸，以黑色的镜缘装饰围绕瓶身四周，创造出如镜子般的设计，瓶盖下的粉色颈圈与香水本身颜色相呼应，柔化黑色瓶盖瓶身，呈现女性优雅的身段，深深吸引着魔女们的目光。

每当喊出"恺撒"的名字时，总会凭空从心里多出一份激昂的情愫，对于香水迷而言，范思哲具有同样的效果，古典与现代、性感与内敛的完美结合、让它以领导者的气势冲破了传统的桎梏，又以一个先锋者的角色成为"年轻的暴君"，久而久之，范思哲香水成为了香水世界里的恺撒大帝。

迷香恺撒

范思哲

意大利，这个美丽的国度总是散发着迷人的香味，这些足以让意大利的香水设计师们汲汲于捕捉那些味道，然后把香味装进象征这个世界天空的小瓶子里。意大利迷惑人心，激发幻想，这正是詹尼·范思哲赋予香水的精神。鲜艳斑斓的色彩，大胆奔放的设计风格，范思哲品牌的血液中流淌着贵族式的优雅华丽，尽显奢华。

詹尼·范思哲 1946 年生于意大利南部的一个贫穷的小城。母亲费兰卡开了一家名叫"巴黎淑女"的裁缝铺，这深深地影响了詹尼·范思哲兄妹一生的命运。从跟母亲学艺开始，詹尼·范思哲就踏上了时装设计的道路，去巴黎成了他少年时的梦想。1978

年，他创立了范思哲女装品牌，到 1981 年，詹尼·范思哲的第一款香水问世，他也很快在米兰时尚界脱颖而出。1989 年，他把意大利风格引入巴黎，向法国人展示了一种另类的写意奔放的设计风格：崇尚的是积极进取，宁可因过激而表现出唐突、莽撞，也绝不落入平庸。很多演艺界人士也因此而喜欢他，因为是他把设计升华为艺术。

自 1978 年创立以来，范思哲品牌以其独特的风格迅速成为国际品牌，这一卓越成就得益于两个方面：一是詹尼·范思哲独到的艺术眼光，二是他一丝不苟的创作精神。他对设计倾注了大量心血，寻找新型材料，力求"衣不惊人死不休"。詹尼·范思哲的设计，把古典、传统的风格融于现代风格之中，在视觉上给人们带来超时代的、引人瞩目的新鲜感。他擅长对色彩的运用，如用黑色来协调红、黄、蓝、绿等鲜艳的亮色，使他的作品色彩亮丽、动人。同时，他也不放弃对灰色的运用，因为优雅的灰色可以显示出高雅宜人的格调，简练的外形轮廓、准确的比例感觉、富于灵感的梦幻般的色彩及精美的包装，使他的设计从头至脚组成了一个和谐的整体。

家乡的山山水水和文化传统为詹尼·范思哲成长为设计大师提供了坚实的基础，他的故乡有古罗马、古希腊文化的遗址，而社会风气中古典文化的影响很深，这对詹尼·范思哲个人风格的形成无疑具有决定性的作用，从范思哲的作品中可以看出这种社会风气对他青少年时代的艺术熏陶。在这种良好的文化背景下，经过 20 多年的努力，詹尼·范思哲终于成为可与意大利另外三位时装大师乔治·阿玛尼、古驰和瓦伦蒂诺比肩的伟大人物。

范思哲香水一如艺术品，给不同的人在不同的时间、场合与情绪下带来不同的感受。更重要的是，这些艺术品不仅是单纯的艺术品，也同时成为范思哲世界的象征物。范思哲一向热衷于中古时代的风格，偏爱浓郁艳丽的色彩，细密华贵的图案，同时不经意地流露出强烈的现代感。无论是女性妖娆婀娜的阴柔美，还是男性强健硬朗的阳刚美，都被毫不掩饰地尽情加以表现，洋溢着一种纯粹的享乐主义的气息，深受人们的欢迎。

无论是艳丽性感，还是典雅端庄，范思哲的作品中总是蕴藏着极致的完美，充满着濒临毁灭般的强烈张力。这个享誉全球的时尚品牌，是意大利古典文化与现代精神的完美结合，它如一股来势凶猛的飓风，席卷和摇撼了时尚界的旧秩序，赋予时尚以崭新的概念。范思哲香水秉承了范思哲品牌一贯的艳丽、性感和奢华的风格，兼具古典与流行气质，并游走于高雅和大众的艺术之间。

奢华是这一品牌的设计特点，那些宝石般的色彩，流畅的线条和独具魅力的不对称瓶身，使范思哲香水总是大放异彩。此外，它在注重艺术感表达的同时，更加注重浪漫愉悦的情调。范思哲香水洋溢着幽幽花香，气味清新高雅，简单而纯粹，令人时刻精神饱满、干净而清爽，它充分体现了生活在大都市的人们匆忙而自信的特点，以及那股奋发向上的力量。

奢华和荣誉始终在他临终之前的 20 年伴随着他，詹尼·范思哲创造的无数个奇迹无疑使他成为 20 世纪末时尚界最炙手可热的设计师之一。在人们的心目中，范思哲品牌是意大利时尚的标志，而詹尼·范思哲本人则是当之无愧的大师。詹尼·范思哲善于结交社会各界名流，在他的豪宅里经常举办各种大型聚会，许多名人都是他的座上宾，他很善于利用名人来为自己制造商业奇迹，在这方面，他可谓不惜重金，而范思哲无疑也为这些人创造了最时髦的一种生活方式。不幸的是，1997年7月15日，范思哲遭枪击，猝然死亡，这一天也因此成了世界时尚史上最为黑暗的一天。

正像詹尼·范思哲所说，他的生活中不可缺少的是梦想和创造梦想，他创造的香水王国仍在不断地为人们实现梦想。天桥上，橱窗中，范思哲香水，无不极尽张扬优雅华丽之能事，这就是一个典型得让人着迷的奢华品牌——范思哲。今天，范思哲的名字代表着一种品位，一种时尚潮流，他已成为一个香水界声名远播的"恺撒大帝"。

范思哲经典女性淡香水
(VERSACE POUR FEMME)

范思哲之所以经典，就是因为无论时尚界如何改朝换代，它仍然屹立在时尚殿堂顶端供世人瞻仰。纵使趋势如何无情地汰旧换新，范思哲依然坚守经典金色蛇发女神梅杜莎的圆形标志，以摄人眼神凝视着她的拥护者，也守护着她跨越香氛、彩妆、服装、眼镜、手表与家居的时尚王国。

历史的时间轴推到了2008年，多纳泰拉·范思哲骄傲地向香水帝国的"臣民们"宣布："我想要创造一种融合所有女性喜爱的香水味道，犹如被多样新鲜花香包裹着身体般的美好，也正是现代女性不可或缺的香氛。而创作主轴是缔造'经典'，一种能永世流传的香味。这瓶香水更跨越风格场合烦琐限制，无关乎今天是什么日子、哪个时间，都能在瞬间为女性增添完美的华丽感，更能显现出独一无二的个人风范。"不久之后，范思哲便推出了范思哲经典女性淡香。

　　当轻按压下范思哲经典女香的喷头，浅黄金色的香氛释放出的瞬间，仿佛无数花朵同时在你面前绽放，恣意挥发高雅独特的香调，流转于全身，化为透明的性感魅力。清爽的前味由番石榴与历经冰雪冻过的黑醋栗中萃取出，这两种截然不同的清爽与甜郁，却都在紫藤花的纤柔花香中和谐地融化。随之而来的，是毫不保留的华丽花卉飨宴，也是贯穿全香调的经典元素。这些美妙的花朵不分品种，都是高雅纯洁的纯白色。譬如兰花、睡莲、莲花、杜鹃花，以及也被称为"天使翅膀"的茉莉花。最终，森林香调在花果飨宴曲终人散之时，适时作为巧妙委婉的后味加入。麝香像是丝绸般舒适凝神，克什米尔木与雪松柏木则以木质香调温暖稳定身心，呈现独特的知性美。

范思哲经典女性淡香水

VERSACE POUR FEMME

香调：馥郁花香调
前味：番石榴、紫藤花、黑醋栗
中味：雪松柏木、克什米尔木、
　　　麝香
后味：海地岛香根草根、雪松木、
　　　顿加豆

精致而优雅的设计，是范思哲一贯的风格，因此范思哲经典女香系列承袭优点，展现在瓶身与外包装设计，也以视觉为这款感性香水作了最佳诠释。摩登、典雅的质感瓶身，利落笔直的线条刻画，将时尚与隽永巧妙结合，打造出毫无年代分界的独到美感。瓶盖周围刻上希腊花纹再次点出经典精髓，而范思哲著名的经典圆形梅杜莎图像，不偏不倚地镶嵌在瓶身，冷峻的目光直接穿透人心，她守护着香水，同时肆无忌惮地释放性感！

全新范思哲经典女用淡香水系列，呼应着范思哲年轻奢华的主题，以至于就连香水的广告代言人，也是选择时尚、年轻的安吉拉·林德沃，花样年华的她曾主演数部好莱坞电影。如今，"穿上"了范思哲这款经典女香，一道迷人的光彩弥漫在她四周，美丽的双眸凝视远方时，仿佛令世界都静止下来，只嗅到飘忽在你与她之间令人神魂颠倒的范思哲经典淡香。

星夜水晶女性淡香水（CRYSTAL NOIR）

自从范思哲香水的现任掌门人多纳泰拉·范思哲掌管范思哲品牌以来，对她而言，女人的香水必须像是花。于是她特别挑选了栀子花，搭配上微妙的香味，混合温暖、浓烈的琥珀，营造出强烈的矛盾对比。就像每个女人都有两面：甜美和性感，或是粗俗和精致，便是堪称经典的星夜水晶女性淡香水。

范思哲星夜水晶淡香奢华的香气如同一件令人惊艳的晚宴服。这瓶步上红地毯的香水，就像钻石般拥有不同的面向：兼具性感迷人，又代表着勇敢和坚强。作为一瓶具有魔力的香水，它精致性感、纤细娇贵，但勇敢而坚持，拥有极度女人味的东方花香，主张极简艺术，香气中蕴含优雅，让使用过它的人举手投足间散发着迷人的风采！

作为馥郁花香调的代表作品之一，"星夜水晶"的香调简单而浓郁，就像一位着装淡雅的女子，高

香调：馥郁花香调
前味：栀子花瓣
中味：栀子花
后味：琥珀

贵的气质是自内而外的。前味和中味都是浅浅深深的栀子花，蕴藏精心的迷惑技巧，清新而性感，如牛奶般的绵密丰富。后味则是厚重的琥珀香味，它拥有纯净到几近透明的清澈特质，深具轻盈、优美、时尚的感官魅力。

　　引人关注的还有它的瓶身设计，星夜水晶女性淡香的瓶身设计宛如华丽的宝石，创意灵感源自于钻石的琢面，深红色的玻璃瓶身，低调而奢华。瓶盖有如一颗高贵的黑钻，完美反射出范思哲高级时装的"摩登王妃"尊贵气派。

纬尚时女性淡香水（VERSUS)

　　范思哲纬尚时女性淡香水是一股纯粹的能量，展现浪漫至极却又有强势姿态的女人味，这款极度震撼的女香谨献给奋不顾身勇敢去爱的女性。超乎想象的纬尚时女性淡香水将多种鲜明对比特质融合在一起，在这场挑逗感官的嗅觉游戏中，出发点是时尚品牌核心价值的延伸，转为带点侵略性的浪漫元素，坠入叛逆的美妙旋律中，瞬间又表现出强硬的都会帅气女子的姿态。

纬尚时女性淡香水
VERSUS

香调：清新花果香调
前味：金星果、金柑、柠檬
中味：千金子藤、茶玫瑰、橙花
后味：黄葵籽、广藿香、麝香

纬尚时女性淡香水是一款充满活力与能量的香氛，代表了当代个性女子的独立情怀。前味是活泼生气的金柑，随之而来的独特果香是金星果，而像繁星般闪烁的清新调则来自柠檬，一连串鲜果清香的快节奏，燃起鲜明个性的独特能量；中味也略显独特，千金子藤、茶玫瑰以及绚烂的橙花，尽显前卫的潮流；后味本来应该"通俗"一些，例如广藿香以及麝香，可是不安分的纬尚时又添加了一点点黄葵籽的香氛，硬是要将打破传统的观念坚持到底。

纬尚时女性淡香水宝石般通透流动在紫水晶的瓶身中，充满动感能量的时尚特质，在深浅不一的紫色渐层香水瓶身上变幻着，神秘华丽的紫色展现轻快时髦的别样面貌。经典标志位于香水瓶正中，宛如曙光的金色光泽，带领你进入一场毫无预警的冒险，享受多重香氛赋予的未知的转变：从无到有，由冷变热，和谐平缓乃至兴奋澎湃，传统到颠覆，至高无上的女伶与摇滚乐的冲突……这一切尽在 2011 年推出的纬尚时女性淡香水。

云淡风轻男性淡香水（EAU FRAICHE）

早在范思哲经典女性淡香水诞生的前两年，多纳泰拉·范思哲就已经接下了范思哲香水设计的衣钵，她宣称："淡香水应该与优雅、自信、魅力和性感画上等号。这样才是献给新时尚风雅人士最好的赞礼。"于是，2006 年，一款名为"云淡风轻"的男性香水诞生了。因为它的香味、瓶身和包装设计是如此的卓然超凡，内敛的低调奢华感，展现独树一帜、悠然而不矫饰的高雅品位，所以它又被许多香水专家评为 2006 年度最佳香水。

香气中首先袭来的是酸甜果香，接着谱出清新青草香，最后则承续着若有似无的木质琥珀，香味不只衬托出品位，更透露出云淡风轻的心情写照。一派从容、自信，含蓄温雅中流露出贵气，正是新

云淡风轻男性淡香水
EAU FRAICHE

香调：清新花果香调
前味：白柠檬、玫瑰木、杨桃
中味：西洋杉针叶、鼠尾草、龙蒿
后味：天然琥珀结晶、白麝香、美国梧桐木

一代雅痞贵族典范。轻压喷嘴的瞬间，清甜的杨桃芳香，犹如千百个泡泡在身边绽开，不墨守成规的果香嗅觉刺激感官。与杨桃相异的白柠檬，以其独特提振精神，引领出甜酸对立的趣味性。此时，有贵族香气之名的玫瑰木，浑厚大气地将杨桃和白柠檬融为一体，果木调性的前味浑然天成。接着，一股相当独特的香味袭来，西洋杉针叶的味道，让你犹如步行在山中享受森林浴般健康畅快。为增加香调的互动，更添加向来是法国香料食材的龙蒿，增添香味的滑顺感。最后，再以沉稳的鼠尾草增添层次感，层层释放出刚中带柔的青草香调。最终，所有美好的香味都会在此聚集留下印记，这些令人无法抵抗的香味轨迹，有美国梧桐木的清香稳重、天然琥珀结晶的温暖甘甜，以及白麝香的诡秘香气，于肌肤间交织出无可取代的香调，带来感官的新体验。

　　与众不同的长方形瓶身，微妙的完美比例结合阳刚线条与精致美感，于冰透光亮的水蓝色玻璃中绽放光芒，精雕细琢的侧面花纹，不仅大方典雅，更易于掌握。大胆的外形，不禁令人联想到盛夏夜晚中那令人着迷的白兰地酒瓶，以冰雕般优雅、经典的姿态迷惑世人。但若是换个不寻常的白昼场景，光线洒落在香水瓶身的瞬间就是奇迹，渐层水蓝色的玻璃瓶身是最完美的发光体，任凭光线流转而折射出曼妙光谱，倒映在墙帷和布幔上，香水瓶也可以是室内最炫目的艺术品。

"云淡风轻"耀眼的香水瓶部分还有它湛蓝色的外盒包装，都延续了范思哲一贯的优渥风格。近年来高居皮件顶级质材的鳄鱼皮纹理，转换为包装花纹灵感，精致压制为光滑亮面纹路，倍增细腻触感，精湛的盒装完美地诠释出范思哲引以为傲的经典华丽。经典的范思哲风格就是能毫无顾忌地挑动感官的全部：瓶身触感，水蓝色晶透玻璃的视觉，水果、草木与香料层叠出的味觉与嗅觉……一抹香水也是无限大的心灵触动。

香恋水晶女性淡香水（BRIGHT CRYSTAL）

调香师本身就是一个艺术家，对于美的追求永远是无限的。诚如多纳泰拉·范思哲所言："我想要把我所钟爱的香氛气味献给世上所有的美丽女人，因此创造出这款超越时空的经典香水，除了带来一种清新、诱人的气味，并包含了所有我最爱的花香香氛，在瓶身设计上，此款香水也透露出它超时代感的经典优雅，散发出清新、性感、充满女人味的绚丽光芒。"

继"星夜水晶"和云淡风轻男性淡香水成功地在香水时尚产业带起范思哲品牌风潮之后，2006年12月，范思哲再次突破，推出香恋水晶女性淡香水。清新独特的性感香调突显着范思哲女人新定义：独立、坚强、自主，隐隐中又带着娇媚性感，能让男人心甘情愿地臣服。

"香恋水晶"如同一件清新、丰富、花朵装饰的珍贵珠宝，充满迷人、性感的香味，献给性感的范思哲女人。该香水除了拥有坚毅、自信的个性外，还散发着女性性感魅力，永远充满诱惑女人味。这些女性代表着范思哲品牌风格，她们喜爱沉浸在这款香水的清新花香之中。

精致典雅却又不失生动有趣的石榴香氛，伴随新鲜清新又饱满圆润的柚子清香，从时尚精致的水晶瓶身中流泄出来，同时，一股冰晶般的清新沁凉香味轻轻散出，巧妙融合了石榴及柚子的香氛气味。丰富的浪漫香氛迷雾中，又逐渐传来浓郁的木兰花、牡丹以及清新淡雅的莲花花香，再一次在性感、澄澈透净的时尚水晶瓶衬托之下展现优雅妩媚的女性魅力。最后，以极致魅力的琥珀、桃花心木、麝香等木质清香延续永恒的"香恋水晶"香氛经典之旅。

香恋水晶女性淡香水精致的瓶身就如细致雕琢的透明水晶，拥有纯粹精致的质感，象征此款香水的香调能带来纯净、清新味觉以及视觉的双重享受；瓶身散发明亮辉煌的光泽，突显出"香恋水晶"高贵、典雅、性感的精品时尚风格。粉红水晶又称芙蓉晶、玫瑰水晶。相传，粉红水晶是爱与美之女神的化身，又被称为"爱情的能量石"，能增加女性魅力，提高气质和品位。香恋水晶瓶身以粉红水晶为主要色调，既是瓶身造型元素，又是香氛中性感能量来源。高贵无瑕的水晶盖恒久地封存着"香恋水晶"的爱情气息，温和的粉嫩色调、银质时尚触感以及典雅细致的包装，承袭着范思哲一贯的时尚风格，完美呈现"香恋水晶"优雅、脱俗与柔美的魅力。

香恋水晶女性淡香水
BRIGHT CRYSTAL

香调：清新花果香调
前味：石榴、柚子
中味：木兰、莲花、牡丹
后味：琥珀、麝香、桃花心木

VERSACE
BRIGHT CRYSTAL

香恋水晶淡香水味道以亚洲地区年轻女性消费者最喜欢的清新花果香调为主轴。粉色水晶不断散发出爱与美的能量和气息，典雅、性感、温柔的粉色基调，代表这瓶带来爱情好运的香氛气息能将每一位范思哲女人用香氛包围，挡不住的香氛魅力将迷惑众人的感官，惊艳众人的视线，爱情，则在下一次回眸时不期而遇。

香遇浮华女性香水（VANITAS）

2011年范思哲注定会振奋人心，这在很大程度上要归功于香遇浮华女性香水的问世，"VANITAS"一词代表了女性极致柔美的意象。范思哲与VANITAS，会是一段永远流传的故事，诉说着成就范思哲的基本要素：手绘稿、缤纷的用色、精美的形象图。瓶身柔美的曲线强化了如艺术作品般被烙印在瓶身上的精致字样，这些都是范思哲历久不衰的时尚元素。

香遇浮华女性香水是集众多精粹元素的大作，融合了各种精心挑选的物质，谱出一段和谐的香气乐章。柠檬及小苍兰将散发着浓郁魅惑香气的大溪地提亚蕾花香升华，最后由雪松及顿加豆将这性感的香调封存。"想象那被晨雾轻吻过的湿漉花瓣，有朵无形的花，绽放着。透过触觉的感官，交织的情感慢慢被释放。意大利地中海的元素与热带大溪地提亚蕾花的结合，将以前所未有的温暖调香氛，赢得女人深深的依恋与信赖。"

瓶身设计如同一件范思哲高级定制礼服，在那闪耀金色光泽的金属饰片之下是女性赤裸的肩部曲线，它轻轻覆盖在半透明的玻璃瓶身之上，软化了原本单调的线条，也突显了柔美性感的女性特质。

轻巧透明的瓶盖上嵌入了一片闪亮的金属饰板，并刻上常春藤蔓作为装饰，十足展现奢华的范思哲风格。

此外，在外包装上也承袭了瓶身独特的设计风格，金色的外盒上也印有常春藤蔓，象征女性在爱情中的坚贞；闪耀的金色光泽，将古典与现代两种不同的风格作了完美的诠释。烙印在中央的黑色亮面品牌字样，以沉稳的色彩将香遇浮华女性香水优雅而性感的灵魂封存。

香遇浮华女性香水
VANITAS

香调：清新花香调
前味：小苍兰、柠檬
中味：大溪地堤亚蕾花
后味：雪松、顿加豆

一丝一缕的芬芳悄然弥漫，叫心花怒放，纵然冷若冰霜，却惹人沉醉其中；一生一世的情缘早已注定，叫人心驰神往，纵然桀骜不驯，却被认定是经典传奇。这便是大卫杜夫香水，不去模仿，也不奢求"名门望族"的背景，只是真实，为了那"闻香逐心"的高雅与随性。

闻香逐我心

大卫杜夫

　　提起大卫杜夫，人们脑海中马上会出现一幅精致而高贵的画面：或是一位正在端着红酒，享受雪茄的优雅男人，又或是一个叼着烟斗，端详油画的品位男人……于是，当香水与大卫杜夫有了交集的时候，它也注定是优雅与高贵的代表。

　　以雪茄、香烟和香水闻名于世的大卫杜夫品牌，自创立至今，一直崇尚着"让欢愉充实自己的人生，让高品质环绕在自身周围，以及偶尔用纯粹的奢华来纵容自己，这些是美好生活的化身"的品牌精神，而最早于20世纪80年代问世的大卫杜夫香水已然成为世界上最受欢迎的顶级香水之一。它使优雅的人们在芬芳的环绕中尽情散发自己独有的魅力，演绎着一份含蓄的诱惑，令人赞叹不已。

男性香水，只要不是很艳丽、很浓烈，不给人以惊鸿一瞥的感受，大多是受人默许的。一位深沉、冷峻的男子身上飘来的一股淡香，远比一位浓艳女子身上所散发出的霸道香气更容易让人接受。作为世界上最著名的男用香水品牌之一，大卫杜夫香水给人的第一感觉像一杯红酒，那一刻我们似乎忘却了整个世界，淡淡的木香味，醇醇的，骨子里透露着时尚生活的精致与优雅，充满着智慧与感性的味道，略带着浓浓的思念。风吹过，手中的香味优雅而含蓄地散发着，令人迷醉。大卫杜夫是潜入男人内心的深泉，是从自由、协调与掌握中获得的力量，是静静的海洋上层层微波所带来的畅快清新。

悉心选择的优质香料，只为带来更高一级的享受。本质，向来都是最重要的。季诺·大卫杜夫深明此道，所以他在挑选香料时，分外严谨，加倍小心。季诺·大卫杜夫曾说："我们每次在市场上推出大卫杜夫香水之所以相隔这么长时间，是因为香水需要时间去沉淀。配制香水是一种不同凡响的体验，因为你需要把产自不同年份、不同农场、不同土质的香料混合在一起，这样才可以做出希望的味道。"对于鉴赏家们来说，大卫杜夫香水是一种高雅文化的典型代表，所有的大卫杜夫香水都有着卓越的品质。

大卫杜夫香水诉诸内，也形诸外。卓越之处，有目共睹。典雅外形，看起来充满艺术感，用起来更充满优越感，这正是大卫杜夫给懂得艺术的人们带来的独一无二的满足感。在它所开拓的一个独立的香水王国里，人们盘旋于过去与未来、影像以及香味的万花筒之中。难以言喻的融合激起无尽的惊奇，这时需要做的只是去全心诠释它的激情带给你的无限魅力。

也许今天的潮男潮女对于大卫杜夫最初的了解始于这个品牌在雪茄界的崇高地位，其创立的精品生活哲学已经成为当代奢侈品世界的圣经。大卫杜夫创始人季诺·大卫杜夫先生出生于一个当时赫赫有名的烟叶家族。尽管大卫杜夫的品牌是季诺·大卫杜夫创立，但是大卫杜夫家族的烟草店却是季诺·大卫杜夫的父亲创建的。而这家烟草店的第一批顾客名单里有一个大家非常熟悉的名字——列宁。

季诺·大卫杜夫理所当然地承袭祖业，并且凭着自己的经商天赋将家族事业推向了新的高度。1970年，大卫杜夫公司被奥丁格集团购入，从此大卫杜夫成为世界上最著名的品牌之一。直到1984年，季诺·大卫杜夫创作出以自己的名字命名的第一款香水。之后他推出的"神秘水"又成为欧美香水界的主流产品。大概是自此开始，大卫杜夫的香水似乎与"水"结下了不解之缘。这款被称为"来自肌肤之下"的香水，为男性捕捉到了水的神秘和精髓。

让大卫杜夫品牌功成名就的第一款香水正是诞生于1988年的冷水男士香水。这款香水以海洋为创意蓝本，设计出清新、蔚蓝、自然的风格，极简主义的个性，完美呈现都会男子内心的自然与浩瀚。对中国的女性香迷而言，最熟悉的冷水女香是由大卫杜夫于男款冷水推出8年之后出品的。对水的西方式礼赞与"女人是水做的"中国传统理念在冷水女香中偶然而美好地邂逅。

进入21世纪以后，大卫杜夫"攻陷世人的战役"越演越烈，2003年夏天，大卫杜夫推出新款男士香水"回声"，次年圣诞节又推出该款香水的女版，瞬间成为时尚的先锋。回声系列对香之后，大卫杜夫又推出了经典冷水香水的夏日限量版，不过新款限量比之原版还是稍嫌逊色一些，引起的反响一般。2007年大卫杜夫再度推出冷水香水的姊妹版香水水精灵女香，同样适合在夏季使用。近两年大卫杜夫陆续推出了两款全新男士飞行者香水和追风骑士香水，愈发强调和重视男性香水，使得大卫杜夫一贯坚持的"精致、典雅"的生活方式在香水领域得到了进一步的表现，正应了那句"男人对大卫杜夫香水心动，女人对使用了大卫杜夫香水的男人心动"。

冷水男性香水（COOL WATER）

一位哲人曾说："水与人的关系，源于生存的需求，所以在人类的潜意识里，水的亲切是永远不能被替代的。"直到1988年，当大卫杜夫冷水男士香水横空出世时，事情变得不那么绝对了。可以说，在1988年之前，从来没有一款香水能够让水味香调在人身上停留超过三周。这个堪称经典的香水系列是由充满传奇色彩的一代"名鼻"——皮埃尔·伯顿创造的。二十多年的辉煌历史，开创性的水香创意，良好的市场口碑，一切都在证明：它就是香水行业的丰碑。

1988年，当这款冷水香水推向市场的时候，瞬间就引发了人们追捧的热情。在烈日炎炎的盛夏洒上几滴冷水，平地里享受一番亲水之趣，不但自己快乐，连周遭的人群也可以分享，这样的香水想不成功都难。大卫杜夫冷水的香味并不单调，在细节处精彩多多。前味中水味最盛，迷迭香的味道闪烁其中推波助澜，调香师适当加入薰衣草的香气，中和了水的腥味。绿色植物与薄荷的气息，为整体增加了清新凉爽的感觉。中味的水味趋于平和，与阵阵轻柔的花香相映成趣。后味中水味不再强烈，一丝甜香飘逸其中，让人倍感亲切，尤其是调香师对麝香与龙涎香的使用尺度值得赞赏，既有效延长了留香时间，还不会掩盖清新的水味。

　　冷水男香推出之后，在很长的时间里都是被模仿的热门对象，至今还可以从很多水性香水中找到大卫杜夫冷水的影子。有人曾经粗略地统计过，有40%~50%的水性香水借鉴了它的香料组合方式，要么是水味与薰衣草，要么是水味与迷迭香，要么是水味与薰衣草及迷迭香的混合。

　　在水性香水与水主题香水层出不穷的今天，冷水强烈而独特的味道，依然是其他香水所没有的。也许有一些人不喜欢这个味道，嫌它过时了，更有甚者觉得它是商业品牌，过于俗气，但至今从来没有一位专业人士对这款香水提出过批评，有的只是高山仰止、心向往之的敬意。

　　大卫杜夫冷水男士香水瓶也颇具美态，圆柱形晶体造型，晶莹液体在冰透光亮的深蓝色玻璃瓶中绽放光芒，瓶身正中为大卫杜夫的醒目标志，整体感觉虽不算独特新颖，却很雅致尊贵。

Davidoff
冷水男性香水
COOL WATER

香调：东方清新香调
前味：茉莉香
中味：薰衣草、迷迭香、芫荽子
后味：白檀香、岩兰草、橡苔、
　　　龙涎香

香调：**清新海洋香调**
前味：**柑橘、奇异果、仙人掌**
中味：**鼠尾草、西洋杉**
后味：**桧木、麝香、岩蔷薇**

深泉男性香水（COOL WATER DEEP）

　　已经大红大紫的大卫杜夫香水继 1988 年推出冷水男香之后，又推出了深泉男士香水，依然以大海为蓝本，但是这次的主题更壮阔更深邃。香水海报捕捉男人游升向水面，如潜水者般，从海底深处向着陆地上透射来的一丝光线游去，充满了男性的活跃与动力。

　　深泉男香瓶身线条设计简单，映着淡蓝而透明的色彩，体现蓝色的清新与深沉。香水前味的柑橘、奇异果渗透着微妙的海洋风味，中味的鼠尾草和西洋杉浓魅而诱惑，后味的桧木、麝香、岩蔷薇更是散发着男性沉着又带着率性的温暖。

　　大卫杜夫的绝大多数男香都是海洋香调，因此都比较适合气候比较炎热的季节。尽管海洋香调的香水风格多偏休闲，但是休闲风格也分年龄范围。这款深泉男香中若有似无的烟草气息和基调的木质香调还是更适合 30 岁以上的男士使用。大卫杜夫深泉男香是在大卫杜夫冷水之后推出的又一经典男香，其海报相对于冷水男香的海报而言则是迥然不同的两种风格。

如果说大卫杜夫冷水男香的海报在追求人与自然的和谐一体的话，那么大卫杜夫深泉男香海报则是要表现一种神秘的深海意境，那种意境带有神话色彩，不那么具象，同时内涵似海。

美好生活男性香水（GOOD LIFE）

1998 年大卫杜夫又推出了一款名为"美好生活"的男性香水，以无花果叶的香味作为主味，完美地掌握住时代的精神，引领出最佳的生活精髓。大卫杜夫美好生活男香与美好生活女香是经典的对香之一。瓶身的主体色调是很自然的草绿色，呈现出男士的健康活力。瓶身的外观是波浪的曲线型设计，很特别。外包装也是与之相对应的淡绿色，很协调精致。

美好生活男士香水属于一款木质香调的香水，前味是佛手柑、葡萄柚、黑醋栗、西瓜、薰衣草、无花果树叶子的清新味道。佛手柑的清新和薰衣草的醉人花香的搭配，使味道稍显浓郁了一些，但是这浓郁很快就会散去，紧接着中味水兰花、天竺葵、无花果树叶慢慢袭来，自然绿色的青草香气，给人安定、简洁、值得信赖的感觉。后味木质清新，适合有品位的男人。独具现代感的整体感，加上持久的留香，展现了美好生活的具体表征：珍贵、优雅、亲切、大方、体贴且现代。

作为大卫杜夫精心推出的一款绿香调的香水，美好生活男香打出了一片天地，当时很是热销。美好生活男香主打绿色，一片大自然的清爽自在风格。瓶身波浪型的线条设计，比较大气，又能够突出男士的刚柔并济。

香调：清新花香调
前味：佛手柑、葡萄柚、黑
　　　醋栗、西瓜、薰衣
　　　草、无花果树叶
中味：水兰花、天竺葵、无
　　　花果树叶
后味：檀香木、乳香树、茶
　　　叶、香草木樨、无
　　　花果树叶

王者风范男性香水 （CHAMPION）

　　大卫杜夫王者风范男士香水是 2010 年秋冬款男香的代表作，相比梵克雅宝的午夜巴黎男性香水而言，大卫杜夫王者风范男士香水一方面显得更加平易近人，另一方面多了几分肌肉、力量和暴力美，成为当季香水中最受瞩目的。

　　大卫杜夫王者风范男士香水的香水瓶造型让我们眼前一亮。为了体现男香的力与美，大卫杜夫王者风范男士香水瓶身设计师艾鲁尔采用了哑铃的造型，运用黑色玻璃镜面打造瓶身，瓶盖与底座两端则借用哑铃的银色杠片外形，展现大卫杜夫王者风范男士香水令男人爱不释手的寓意。瓶盖采用金属材质，上面浮刻着香水的容量，而瓶身的斜纹处理也为这款香水增添了更为粗犷阳刚的男性气息，整个设计及立意在香水界都给人耳目一新的感觉。事实证明，只有外形优秀是远远不够的，形神兼备的香水才能得到市场长久的认可。这一次，大卫杜夫王者风范男士香水延续了品牌对于香水市场的清晰认知，并没有任何新奇特的香料入香，而是出其不意地选择了极为简洁的木质香调，为了刻画真正的男人形象大打简约牌。

Davidoff

王者风范男性香水

CHAMPION

香调：清新木质香调
前味：柑橘、柠檬
中味：白松香、番紫苏
后味：雪松、橡树苔

然而正是这种简约的香料配比，使大卫杜夫王者风范男士香水具备了一款经典香水的特质：经典的木质香调不但适合在秋冬季节使用，而且几乎不会有人讨厌，再加上奇特的香水外形，王者风范男士香水注定会成为大卫杜夫家族中又一款全球畅销香水。

追风骑士男性香水（ADVENTURE）

追风骑士男香就像一段男人自我探寻的冒险之旅，带领着男人发现与自己生活全然不同的另一个世界。首先深入神秘翁郁的热带雨林，由清新活力的佛手柑及柠檬、辛辣的胡椒展开前味，令人精神振奋且能量十足，代表追风骑士那勇于面对未来挑战的勇气无人能及。伸入西部荒漠的冒险之旅已然展开，潮湿微苦的巴拉圭茶树叶，加入温暖的黑芝麻及浓郁的南美红椒，跳脱传统的皮革香调，以另一种接近大地的方式展现狂野不羁的男子气概。最终旅程来到别具异国风情的国度，热情阳刚的秘鲁香柏木及清爽岩兰草，融合温润的白麝香，增加独特性及摩登感，展现追风骑士热爱生命、性感独特的男人味。

追风骑士男士香水是一款由大卫杜夫精心设计推出的男香。瓶身设计与香水的设计主调比较吻合，其透明的玻璃瓶身搭配柔和色泽的香水液体，加之磨砂质感的金属瓶盖，给人的感觉在阳刚、野性的同时又有着男人特有的雅致与内在的柔情。外包装采用的是大地色的纸质包装盒，有一种复古的感觉。这样的设计前卫而高雅，瓶身靠底部印着品牌标志，仿佛一位着装考究的绅士。这款香水的味道因为颇具探险情愫，很适合成熟男性使用。

Davidoff
追风骑士男性香水
ADVENTURE

香调：清新木质香调
前味：柑橘、香柠檬、佛手柑、辛辣黑胡椒
中味：巴拉圭茶树叶、黑芝麻、南美红椒
后味：秘鲁香柏木、岩兰草、白麝香

迪奥，一位无懈可击的时尚缔造者，一个万众瞩目的香水品牌，象征着经典与时尚、梦想与奢华。它追求精致、高雅、完美、魅力、自信的女人味。不论是时装、化妆品或是其他产品，迪奥在时尚殿堂里一直雄踞顶端，引领着世界流行时尚。

HYPNOTIC
POISON

EAU SENSUELLE

Dior

Dior

想象与卓越缔造的奢华

迪奥

"如果迪奥还活着，今天的时尚当是另一种模样。"现在人们仍然如此高度评价已经离世的设计师克里斯汀·迪奥。

一代时装设计大师克里斯汀·迪奥，自 20 世纪 40 年代开始便已崭露头角，为时装和香水潮流创造了不少至今仍为人津津乐道的经典之作。他所创造的"H 形线条"、"A 形线条"、"Y 形线条"剪裁方法一直影响至今。迪奥虽然没有受过正式的服装设计教育，但他对于比例、线条的掌握让人惊叹。

克里斯汀·迪奥在设计时装之后，又选择了香水设计，他说："香水是一扇通往全新世界的大门，所以我选择制造香水，哪怕你仅在香水瓶旁边逗留一会儿，你也能感受到我的设计魅力。我所打扮的每一位女性都散发出朦胧诱人的雅致，香水是女性个性不可或缺的补充，只有它才能点缀我的衣裳，让它更加完美，它和时装一起使得女人们风情万种。"

克里斯汀·迪奥于 1905 年 1 月 21 日出生在法国诺曼底一个企业主家庭，起初，曾因家人的期望而从事政治学习，后终因个人喜好转向美学，并结识了毕加索、马蒂斯、达利等画家，并且在巴黎开设了一间艺术画廊。1935 年，克里斯汀·迪奥尝试画了一些时装设计图，他的才华就这样开始受到关注，并于 1938 年得到时装界巨头罗伯特·皮凯的赏识，成为皮凯公司的时装设计师。后成了设计师吕西安·勒龙的助手，为他做了若干年的设计。直到 1947 年 2 月 12 日，迪奥开办了他的第一个高级时装展，时装系列名为"新风貌"。这项大胆创新的设计让法国及西方世界为之轰动，让女性为之动容。

新风貌还原了女性最为柔美优雅的一面，又同时掌握了摩登的时代感与利落线条，完全摆脱了当时战后的萧条情绪。华丽的绸缎以最为奢华的形态来塑造出圆润的流畅线条，柔和的肩线、纤细的腰线、圆润的裙摆，女人如花，就在那一瞬间绽放。款款而行的自信巴黎女郎，一如亭亭玉立的郁金香，让女人呈现出和平时代的悠然华美之姿。

梦幻、典雅、精致的迪奥，继承着法国浪漫主义的传统，始终保持着高贵华丽的设计路线，迎合了上流社会成熟女性的审美品位，象征着法国时装和香氛文化的最高精神。克里斯汀·迪奥的天才设计具有创造"新的机会、新的爱情故事"的神奇。克里斯汀·迪奥的设计，注重的是服装的女性造型线条而非色彩，强调女性凹凸有致、形体柔美的曲线。富有线条感的造型擅长于典雅中散发妖娆女人味，让女人拥有不落俗套的气质和我行我素的性格，散发着从巴黎一路走来的性感。

渴求完美的克里斯汀·迪奥认为除了时装之外，如果没有一种完美香水来陪衬，女性的魅力就无法散发得淋漓尽致，于是划时代的香水"迪奥小姐"出现了，并且开创了克里斯汀·迪奥源远流长的典雅高贵的香水形象。之后，每一款迪奥香水，都有着独一无二的标志性香水瓶，从颈部到底座的纵线突出优雅修长的瓶身都是在向克里斯汀·迪奥设计的新风貌系列的女性致敬。

曾经有诗人赞道："迪奥，为这个时代带来幻想和愉悦的天才，他的名字里同时蕴含着 Dieu（上帝）和 Or（金子）。"迪奥就是时尚界的王者，而香水，正是迪奥皇冠上的无上至宝。

迪奥香水浓郁的女性韵味和浪漫华丽的色彩正是"迪奥精神"的完美再现。香水不仅仅是克里斯汀·迪奥的爱好，他还把它看作是妩媚优雅的关键部分，是隐形的珠宝，必须像高级定制服一样需要悉心呵护，完美创造。"它是服装的最后一道工序，就像朗克里特作画完毕用来签名的玫瑰。"秉承着迪奥"绝对奢华"的理念，每一款香水，也大都以明艳馥郁的气息，勾勒出璀璨的不凡气质。

迪奥这一香水品牌在时尚殿堂像金子一般高贵，又宛如上帝一般俯视众生。在香水设计方面，克里斯汀·迪奥先生以法国式的高雅和品位为准则，虽然每款香水平均需要 3 年多的时间来研制，但他始终坚持华贵、优质的品牌路线，迪奥的香水系列因此而经典辈出。迪奥香水每一新款的诞生，总是从它的名字和概念开始的，整个创造过程也由此建立并围绕着这个主题。

"我希望我的裙装，能够塑造并贴合女性的身体曲线，勾勒出迷人的

轮廓。我强调了腰线，突出臀部的丰满感，更提升了胸部曲线。"迪奥先生说。正是因为迪奥裙装的美感，迪奥先生将裙装的设计安插到迪奥香水瓶身设计上。例如经典的蝴蝶结便是迪奥传奇史上最令人赞叹的基本元素。恰如手帕可以打造出各种风尚造型般，它则是一件华服上锁定众人目光的点睛之笔。迪奥香水的包装也同样匠心独具，蓝、金标志赋予香水本身非凡的高雅。即使是柔滑的触感、美丽的肤质，也无法取代迪奥香水带给你的那种前所未有的迷人芳香。

迪奥小姐香水（MISS DIOR）

"迪奥小姐"是迪奥的第一款香水，也是最经典的香水，它是世界上第一种把橙花、鼠尾草、栀子花等清新香气作为前味，沉香、岩蔷薇等浓香作为后味的香水。迪奥小姐香水以其精致优雅的年轻气息，为迪奥延续数十年的香水传奇揭开了序幕。

克里斯汀·迪奥曾说："除了女人之外，花是最神圣的生灵。它们如此纤美，又充满魅力。"

孩提时代的克里斯汀·迪奥就对自然与花草有着非常特殊的喜好与兴趣，为了赞誉他对园艺的热爱，人们把一种玫瑰花命名为"迪奥小姐"。而香水"迪奥小姐"的灵感正来源于此。它不仅仅是一瓶充满浪漫与独特的女士香氛，更是迪奥对他心中最珍爱的甜心小姐们的一份感性描绘，他把童年时的香气回忆加上创意，为女人们再现了信步于芬芳的法式花园的梦幻与浪漫。

迪奥小姐香水最初的平面广告是一只天鹅优美的脖颈上佩戴了一枚蝴蝶结，这为此款香水赋予了难以忽略的独特气质，而这个小小的蝴蝶结作为隽永优雅的主元素，也成为迪奥小姐香水的标志。根据香水浓度，瓶颈上分别装饰白色或黑色的丝质蝴蝶结。这款香水充分传达出迪奥女人的神韵：她青春四溢，她娇羞甜美，她优雅妩媚，让人对她不经意的诱惑难以忽视。

迪奥小姐香水的出现，正如迪奥本人所言，"我创造出这款香水，将每位女性笼罩在精致妩媚中，仿佛我设计的时装逐件从瓶中显现。"它不是一瓶简单的香水，而是与高级定制服装"同步"的香氛，它更多是在诠释品牌对时装的理解。迪奥小姐香水，脱离了传统香水的沉闷浓重，用明朗轻快的幽香，开拓出一个充满诱惑的自由空间，散播温馨又清新的气氛。在当时的欧洲，到了开始使用香水年龄的欧洲少女，都喜爱"迪奥小姐"的香味。已逝英国王妃黛安娜也非常珍爱这款香水，据说它曾使害羞的黛安娜增强了自信和魅力。直至半个多世纪后的今天，它仍然是不少女士的挚爱。

在"迪奥小姐"之后，为了吸引更多的年轻消费者，迪奥推出了姊妹版的"迪奥小姐"——"花漾甜心"，也被称作迪奥甜心，是对首款迪奥小姐香水的现代演绎。它融入奢华香料配方，前味如初恋，清新柑橘带着一点青涩与甜蜜，如爱的轻抚。淡雅牡丹随之展开，散发着热恋中的暖意与激荡。尾声白麝香精致轻柔，就如真爱般，在铅华洗尽后持久留香。

Dior
迪奥小姐香水
MISS DIOR

香调：清新花香调
前味：橙花、鼠尾草、栀子花
中味：栀子花
后味：岩蔷薇、沉香

现代版"迪奥小姐"是一款不折不扣的时装香水，将迪奥的时装精神与现代年轻女性的精致摩登一并融入其中。仿如一捧芳气袭人的浪漫花束，又如迪奥时装中经典的轻纱小黑裙，更体现了现代年轻女性精致摩登的姿态。

毒药香水 （POISON）

迪奥始终渴望，自己的香水只需打开瓶盖，便能让女性的眼前浮现出美艳的华服。于是，放纵而不失优雅精致的想象便成为这个奢侈品牌恒久不变的气质。20世纪80年代，毒药香水的出现成为迪奥香水系列的又一个经典。它那独出心裁的大胆命名和洋溢极致诱惑的香调旋即启开了长达20年的魅惑传奇。

毒药香水为充满诱惑力的女性特别设计，它带着挑衅，宣扬着自由、慷慨、激情与放纵的诱惑，将妖冶的味道发挥得淋漓尽致。在大获成功后，迪奥公司还推出了一系列"毒药"香水。人们更习惯从香水瓶的颜色上加以区分，称最早推出的"毒药"为"紫毒"，之后的"温柔奇葩"为"绿毒"，"蛊媚奇葩"为"红毒"，"冰火奇葩"为"白毒"，"午夜奇葩"为"蓝毒"。由香气、瓶身到整体形象，"毒药"香水代表了20世纪80年代性感冶艳、神秘诱惑的女性，夜来香加果香的浓郁主调，苹果形的瓶身设计，其划时代意义可谓不言而喻。

如果说最初的"毒药"香水是以醇厚、浓烈的香调隐约呼应着伊丽莎白·泰勒和玛丽莲·梦露等好莱坞女星的性感与妖娆，那么，温柔奇葩就以其清新的花香代表着英格丽·褒曼或格蕾斯·凯利式的优

Dior
毒药香水

POISON

·白毒香水·

香调：东方花香调
前味：茉莉、佛手柑、甜橙
中味：橙花、栀子花、
后味：檀香、白琥珀、龙涎香

·绿毒香水·

香调：柑橘花香调
前味：白松香、柑橘
中味：小苍兰、樱花
后味：檀木、香草精

雅，是更具浪漫气质的诱惑。之后所推出的"蛊媚奇葩"、"冰火奇葩"和"午夜奇葩"都将毒药系列所崇尚的激情与自我发挥到了极致。

"毒药"属于龙涎香系列香水。其中的麝香、琥珀香气营造出神秘的气氛，据说从埃及艳后的时代开始，就利用这种香味迷惑男性。毒药香水有着浓郁的芬芳，仿佛具有天鹅绒般光滑细致的触觉。毒药香水正是一种女性神秘性感的体现，充满着诱惑与迷人的气息，一种吸引人的浓浓芬芳。

一瓶香水就代表一个时代，新一代年轻女性希望拥有诱惑的纯粹力量而不是控制，希望拥有神奇魅力而不是矫饰。毒药系列香水的瓶身蜿蜒着性感妩媚的弧线，香调则来源于同样的灵感，蕴含着各种层面的微妙欲望，却以同样的魅惑主题鼓励着女性最大限度地放大自己的魅力与诱惑，延续着"毒药"难以抗拒的不老传说。

沙丘淡香水（DUNE）

香水被称为是"悠悠岁月的见证人"。提倡女性自由独立的 70 年代，盛行的是自然气息的轻柔香水；而在女性地位确立的 80 年代，强调的主题是女性风韵。香水的流行烙印着时代的痕迹，由此可见一斑。揭开 90 年代香水序幕的是迪奥的"沙丘"。此款香氛是在 1982 年莫雷斯·罗杰成为迪奥公司的董事长时提出并创制的。有着调香师资格的他预言道："人们由物质享乐向崇尚精神追求的价值观转变，寻找一片乐土安抚疲惫心灵的时代到来了。"于是，他将孩童时代在海边见到的沙丘作为香水形象，从此成为香水制作工程的一代精英。

"沙丘"所带来的清新的气息似乎吹遍了欧亚大陆，以致使人们对它的香味始终难以忘怀。前味香甜的柑橘精油，很容易飘散。中味为花中之王——牡丹，作为著名的香料成分，必须从红色或

香调：花香海洋香调
前味：柑橘、百合、紫罗兰
中味：牡丹、茉莉、百合
后味：香草、金雀花、地衣、龙涎香

白色的大花盘花朵中提取。果香与花香的气息伴随清雅草香，呼应着玫瑰和铃兰芬芳，使沉静轻盈的牡丹融合在迪奥沙丘香水的中味中。后味则是迷人的香草味，香草的白花绽放 8~9 个月后，方能结出果实。趁完全熟透之前将其采下，历经 34 个月的风干，才能取撷香草结晶。沙丘有着干爽浓烈的香气，这一特色在迪奥沙丘男士香水、迪奥温柔奇葩淡香水、迪奥魅惑香水、迪奥华氏 32 男士香水、迪奥冰火奇葩香水中，皆有展现。

沉浸在"沙丘"的香氛中，宛如漫步海边花园，这时的你，与寰宇全然合而为一。微微海风拂过，沁入心脾的，是那花儿的芬芳。兼具花香调与海洋调，令人仿佛置身于海天之间。百合、紫罗兰、牡丹代表着天空；金雀花、地衣、琥珀代表着大海。香调中隐隐透露出微妙柔和的女性美，仿佛女人正细细品味着当下。迪奥沙丘淡香水，独一无二的微妙海洋花香调，静谧的彼岸犹在眼前，这些特点使沙丘淡香水成为迪奥香水中极为畅销的一款。

粉红魅惑香水（ADDICT）

春天，粉色在枝头绽开，嫩芽是原始的活力，享受、存在、成长的欲望，它们有一个共同的载体——迪奥粉红魅惑香水，它是魅惑系列香水中最受欢迎的产品之一，全新的表达，全新的气息，宣布着自身的存在，以与经典标志相同的力量，为迪奥的迷人饰品装点着两个幸运缩写。

这款香水拥有粉红色的外在和内涵——青春与精致浪漫的色彩。魅惑女郎美丽俏皮、热爱生活。她追逐时尚，与色彩嬉戏，已经懂得用彩妆装扮自己。她体味生活，热爱外出，呼吸着甜蜜空气。轻松惬意，她的颈边围着银链与幸运符，象征着注定美丽的生命。她是令人着迷的洛丽塔，充满魅力与个性。她期望长大，但也想做个小孩，充分挥霍青春。她敢于将自己奉献给专为她度身打造的香水。明亮清新的芬芳，如同唇彩般闪耀，仿佛蝴蝶翅膀般拂过肌肤。迪奥粉红魅惑香水以荔枝（亦被称为"中国樱桃"）为灵感，以焕然一新的清新迎接炎炎夏日，香水瓶点缀了由粉色花朵组成的荔枝树图案。外包装为柔和浪漫粉的红背景中的碎花图案。

这款香水的香味更魅惑至极，其浓郁的水果香味代表女孩态度。前味为葡萄柚，葡萄柚精油由果实的果皮冷榨获得，使用在清新花果香调的香水中，带来一种清新、兴奋的气质。这些有活力的成分还存在于迪奥超越香水的前味中，中味为小苍兰，小苍兰是一种多年生球根植物，出自南非，它明媚的花香重新召唤起茉莉、橙花和晚香玉的味道。它圆润、几近果香的味道可以在迪奥温柔的奇葩的中味中寻找到。后味则是白麝香，带来清新持久的味道。

Dior
粉红魅惑香水
ADDICT

香调：清新花果香调
前味：葡萄柚
中味：小苍兰
后味：白麝香

Dior
桀骜男性香水

HOMME SPORT

香调：木质花香调
前味：薰衣草
中味：鸢尾花
后味：香根草

桀骜男性香水（HOMME SPORT）

继重新定义男性衣橱的精神之后，迪奥桀骜男士香水的推出，又创造了蕴含当代密码的时尚经典。以鸢尾花为主题，迪奥桀骜男士香水将精致香料变幻为现代符号。迪奥男性精神的精髓——内敛与精致，令它在男士香水潮流中独树一帜。迪奥桀骜男士香水是属于新时代的产物，以品质与完美无瑕的细节深入人心。

桀骜男士香水是一款蕴含鸢尾花香的独特香水，有着增添细腻粉香和别致的吸引力。它作为一款运动型香水，力图将年轻的傲慢和清新活跃的生气和谐地融为一体，将男子气概、活力和极其优雅的成熟魅力完美结合，诠释一种全新的时尚。

这种全新的时尚是由独特的香味组合而成的。前味以薰衣草为主，稍纵即逝，却绘出最初的嗅觉印象。混合木质气息的花香调，通常从刚采撷下的鲜花萃取蒸馏而来，给迪奥桀骜香水的前味倍添神秘感。中味则选用了珍贵的鸢尾花，鸢尾花的根茎必须经过预先处理，之后干燥放置至少3年。这让它的味道格外强势，几乎囊括所有的粉香调和绿香调的特质，在迪奥桀骜男士淡香水和迪奥桀骜男士古龙水的中味里散发出新鲜烘焙面包的气息。后味则是有着异域情调的香根草，持续最为长久，即便数月之后，亦可于衣物之上隐约可闻。香根草产自印度和印度尼西亚，在海地和留尼旺岛亦有栽培。香根草是一种多年生植物，它的香味由根部渐渐释放，用蒸馏获取精华油。挥之不去的香味，完美相融于木香、柑苔香水和东方香调。香根草将它浓烈精致的香味带给迪奥桀骜男士香水，赋予了它自由的精髓。

迪奥专门以充满男性气息的鸢尾花作为此系列男香的主调，打造全新的男人味。鸢尾花属于百合花的其中一种，在法国是王室的象征。这个系列的香水完全承袭迪奥男装的风格，瓶身的利落线条承袭男装剪裁，最重要的是，融合传统与现代的香味，完美呈现经典男性的摩登形象。

真我系列淡香水 （J'ADORE）

迪奥真我系列于1999年诞生至今，作为女性气质的典范，流溢出谜一样的妩媚气质。它代表着赞叹、旋律、巅峰，是迪奥的绝顶奢华与女性气质的生动体现！

在众多类型的香水中，真我系列香水最能体现迪奥香水一贯的格调与永恒的造型：高雅而迷人。曼妙有致的瓶身，金色颈饰错综缠绕于颈部，顶端则为珍珠形的水晶瓶塞，传承了新风貌的美丽弧线。饱满如泪滴的圆瓶，宛如自信地凝视爱侣的女子，诉说着女人的愉悦、决断、优雅与激情。人们凝视

Dior
真我女性淡香水
J'ADORE

香调：花果香调
前味：意大利黄柑橘、依兰、茉莉
中味：大马士革玫瑰、晚香玉、茉莉
后味：橙花香精、檀香

香水瓶越久，就越是陶醉在它酷似马赛颈环的黄金装饰中，陶醉在它如高级时装般的金色和璀璨中！

真我系列香水的特别之处还在于它的香调。无可匹及的氤氲，于精致变幻间，各展不同侧面。不管是带着蜜李和香柠檬的浓郁芳华的真我淡香水，还是有木质花香调的真我香精，抑或携木兰雅致芳香的真我古龙水，都带有华美丰郁的气息。

尤其是现今大受追捧的真我纯香香水，泪滴瓶中氤氲着众多美艳名贵的花卉灵魂，在溢出瓶口的一瞬，感觉繁花次第在肌肤上尽情绽放：依兰、沙巴茉莉、土耳其玫瑰。若有似无的蜜李甘甜暗触心弦，端庄沉郁的檀香基调飘散不去。调香师甄选最有女性魅力的四种原料——玫瑰、沙巴茉莉、晚香玉和依兰，以馥郁香气为自信的女子打造出看不见闻得到的"高级定制服"。"高级时装品牌呈献的香水，须与其内在精髓别无二致。"迪奥首席调香师如是说。迪奥真我香水意在打造出高贵而不矜持、神圣却不冰冷的女神气质，让她们能从中发现另一个自己。好像她不是任何一个实际存在的绝代佳人，却铭刻在每一个女人的小轩窗前。

另外让人难忘的便是真我淡香水，真我淡香水的传奇篇章围绕花香香精娓娓展开。迪奥高级香氛调制技艺，以蒸馏工艺萃取出每一款香精，彰显出各种花卉或华贵浓郁，或绚丽四射，或纤美雅致的特质。作为一款纤美花香调香水，真我淡香水将花香香精的清新与果香调的甘美集于一身。

前味以意大利黄柑橘为主，柑橘树栽培在广袤的地中海各国，其中出产于西西里的品质最为上乘。依据果实的成熟程度，可分为：黄柑橘、绿柑橘和红柑橘。柑橘精油拥有一种清新、水果气质的柑橘香调。弥漫在真我淡香水前味中的橙香调，犹如地中海清新的海风，唤起人们旅行的遐想。中味则是源自土耳其与保加利亚的大马士革玫瑰，可制成香精和纯香，是调香师手下的至宠圣品。浓郁香韵在真我香水的中味中华美释放。后味则是取自酸橙花朵里面的橙花香精，橙花散发着丰盈醇和的芬芳，与香氛本身的柔和圆润和谐共鸣着。

一位优雅的绅士对自己倾慕的女人的示爱势必也是优雅的，所以纪梵希感动了优雅女神奥黛丽·赫本；一个优雅的帝国对它的臣民的安慰也一定是优雅的，所以纪梵希能够成为这个时代最让人欣赏的品牌。久而久之，它变成了优雅、时尚、经典、大气的代名词，懂得品味生活的优雅之士都懂得这一点。

GIVENCHY
优雅的香水帝国

纪梵希

清纯优雅的奥黛丽·赫本不知是世间多少男子的梦中天使，而休伯特·德·纪梵希就是她"背后"的那个男人，同时也是她40余年的形象设计师。休伯特·德·纪梵希的设计，很大程度上可从经典美女奥黛丽·赫本身上反映出来。正因如此，纪梵希香水几乎就是赫本本人的化身：经典、优雅、高贵、简洁、女性化。

休伯特·德·纪梵希于1927年出生于法国比恩弗斯——一个织棉画艺术中心，可是不幸的是，他的童年里更多的是无父无母的黑暗，但是正是这种缺憾促使他后来在设计上表现得更为优雅和高贵。10岁那年，小纪梵希参观了巴黎的服装博览会，那些优美雅致的展品引起了他浓厚的兴趣，他开始憧憬做个设计师，但家里却极力反对他的志愿，而希望他成为一名律师。纪梵希哪里肯接受那种"无聊"的工作，于是他下决心到巴黎谋求发展。

1945年，休伯特·德·纪梵希开始为勒隆工作，从此开始了他长达43年的设计生涯。1952年2月，在时装大师巴伦夏卡的鼓励下，休伯特·德·纪梵希开设了自己的时装屋。同年，他以"19世纪旅馆特色"为主题首次推出个人作品展，那些象征纯粹生活的白色布料，以及典雅、华丽的珠饰、刺绣，再加上变化万千的款式，给时装界带来了一股清新之风，从而深深地攫取了当时人们的心。另外，他对完美与"简式优雅"的执着追求，也令人们印象深刻。在休伯特·德·纪梵希看来，真正的美，来自传统与古典的融合，一如他的好友奥黛丽·赫本所传达的讯息——优雅而高贵。

纪梵希就是这样的时尚王国：它成功开创其历史，创制出众多的高雅产品，行销全世界，引领着时代的潮流。纪梵希香水品牌的建立，与奥黛丽·赫本有着密切的关系。20世纪50年代走红的好莱坞明星奥黛丽·赫本在当时的《罗马假日》及《蒂凡尼早餐》等影片中的每一件时装，都是由休伯特·德·纪梵希亲自设计的，奥黛丽·赫本更成为纪梵希时装设计的灵感源泉，同时亦与休伯特·德·纪梵希建立了一段不平凡的友谊。

1957年，休伯特·德·纪梵希为奥黛丽·赫本度身研制了一种香水，命名为"禁忌"。作为纪梵希的第一款香水，"禁忌"大获成功。一年后，纪梵希的第一款男士香水——纪梵希"绅士"香水亦面世。它流露着浓浓的法国情怀，犹如法国男士般温文尔雅，令人联想到舞会中穿着燕尾服的翩翩君子。而纪梵希的女用香水更是堪称经典，它飘荡着深邃森林的芳香气息和轻柔的甘甜香，还有那肉桂及龙涎香等魅人的香味，让人时刻散发神秘浪漫的气息。以柔软的洋装包裹纤细身形的女性华美造型的香水瓶是不折不扣的艺术品，让女性的曲线美一展无遗。

纪梵希常说："我爱美好的事物，更爱它们在我手中的感觉，当设计稿跃然成真，内心的激动难以言表。"这就是一代大师纪梵希对香水始终不变的热忱。创新性和女性化始终是纪梵希工作室推出的杰出香水产品的特点，每一款香水无不传达着纪梵希长期独有的创作激情，它们注重凸显女性婀娜的身姿，同时又融入复古情怀，焕发出女人的优雅风韵，让新世纪

的女性可以表现出健康活力，展现自然、雅致又充满自信的魅力。

很多人都会被纪梵希香水典雅的香味所吸引。魅力纪梵希淡香水系列，从5种不同香味的玫瑰花中提取，从纯真浪漫到强烈大胆的多变，尽展女性的万千风情：年少时的纯真与梦想，在梦幻玫瑰的香气中展露无遗，轻柔得让人仿佛重拾赤子之心；温柔感性、充满浪漫情调的法国蔷薇，展现出女性娇柔、妩媚的性感魅力；热情、强烈的女性欲望，在撒旦玫瑰中尽情呈现，反映出女性内心深处的渴望；牡丹玫瑰则具有大胆、明亮而开朗的特性，展现现代女性自主、充满自我主张的明媚特质；而对于那些优雅、聪明、慧黠的都市女性来说，摩洛哥千叶玫瑰可以让她们表现出希望与活力。纪梵希香水成功地释放出5种玫瑰的风采，展现出女人的纯真、梦幻、性感，它永远都是那么优雅地散发着诱人的芳香。

在过去的50多年里，纪梵希一直保持着优雅的风格，因而在香水界"纪梵希"几乎成了"优雅"的代名词。而其制作传统以及严格的素质标准，均充分表现于纪梵希各款香水产品中，因此纪梵希香水绝不只是一个名字所能概括得了的，它更是一种精神、一种象征。纪梵希香水已成为法国传统的富丽精致风格的代表之一，它以完美无瑕的工艺、卓越的品位和情趣盎然的女性风格而闻名于世。

如今，被称为"时尚巨人"的纪梵希品牌早已不单单代表香水，更扩展到彩妆和保养品，在纪梵希发展至今的半个世纪，被人们称道的四大品牌精神，即古典（Genteel）、优雅（Grace）、愉悦（Gaiety）、纪梵希精神（Givenchy），更衍生在同名的彩妆及保养品中，让全世界的女人雀跃不已。

"时尚不仅仅是流行的表征而已，它还必须有实用价值，而且，不需要的东西也无须缀饰到衣服上。"纪梵希曾如是说。早在20世纪50年代中期，纪梵希就力主衣装的简洁优雅，坚持女性无拘无束的自由身躯，他刻意忽略胸线、腰线的设计，而以低胸或直筒线条，唤醒女性解放身体的意识，这股前卫的理念在当时服装界中可算是与众不同，更领先于20世纪60年代沸腾的女权运动。恰恰是凭着这种前卫的理念，纪梵希使自己的香水走向了世界，更走进了每一位女性的内心深处。

禁忌女性淡香水（L'INTERDIT）

在1954年的某一个早晨，时装设计师纪梵希正等待着赫本的到访，为她电影《窈窕淑女》中的角色做服装设计。纪梵希原本以为会看到一位明艳照人的大明星，不料却来了位穿长裤着平底鞋、身材瘦削、脂粉未施的短发女孩。纪梵希决心重新改造这位"巨星"，他捕捉到了赫本纯洁高雅的气质，使她焕发出优雅明亮的光芒。鉴于此，纪梵希也成为奥黛丽·赫本一生的形象设计师，1957年，纪梵希公司推出第一瓶香水——纪梵希禁忌女性淡香水，特别专为奥黛丽·赫本量身定做，并邀请奥黛丽·赫本为其代言。这一段经历也见证了纪梵希与赫本的结缘，也注定了赫本不可复制的美丽，以及唯她专属的不可复制的香水——"禁忌"。

GIVENCHY
禁忌女性淡香水
L'INTERDIT
香调：柔美花香调
前味：白桃、葡萄柚
中味：天竺葵、茉莉花、橙花、
　　　蔷薇、薰衣草
后味：柚木、粉红胡椒

　　随后40年的时间里，纪梵希不但为赫本设计日常衣饰，同时也负责设计赫本在电影中所穿的服装，包括《罗马假日》、《珠光宝气》、《甜姐儿》与《偷龙转凤》等。这款香水也是当时的定制作品之一，纪梵希的那种华贵典雅的风格，或多或少的在这款香水上得到了反映。他曾说："真正的美是来自对传统的尊重，以及对古典主义的仰慕。"这句话也准确地描绘出他是一个完美主义者，也是其设计的精髓。

　　说起"禁忌"这个名字的起源，还是十分有趣的。用了三年这款香水后，赫本建议纪梵希先生大量生产此香水，可赫本的先生却反对。因此，纪梵希用"禁忌"这个名字命名香水，一来表明赫本的不可复制，二来纪念这段小插曲。

　　此款香水已经上市50多年，至今仍被誉为经典。尽管它的香气很简单，并且含有胡椒粉强烈的刺激味道，却完美地捕捉到了青春少女的清新和浪漫。前味是白桃和葡萄柚的甜蜜，中味成了天竺葵、茉莉花的清淡，还包含着蔷薇、薰衣草淡淡的典雅气质，后味便是柚木和刺激的粉红胡椒的味道。"禁忌"开创了纪梵希长期的不同一般的香水风格。同年，纪梵希香水品牌亦正式创立，为香水历史发展增添了高贵典雅的元素。

GIVENCHY

魔幻天使女性淡香水

ANGE OU DÉMON

香调：木质花香调

前味：卡拉布里亚柑橘、深谷百合、橘花

中味：天芥菜、白百合、牡丹、玫瑰

后味：玫瑰木、广藿香

魔幻天使女性淡香水（ANGE OU DÉMON）

2007 年，纪梵希成功推出重量级的香氛之作——魔幻天使女性淡香水，如镶在水晶灯上奢华宝石的瓶身设计，充满神秘、优雅气息的木质香与百合花香调，让这款香氛立即成为摩登女香的代名词。更准确地说，纪梵希是想要让这款兼具"恶魔"与"天使"冲突魅力的香氛，变得更甜美、更清新，更接近令人动心的"美丽天使"形象！

全新的魔幻天使淡香系列以柔和的崭新木质花香调，重新诠释让人难以捉摸的女性魅力。如果说魔幻天使淡香精是奢华而温暖的昂贵皮草，那么魔幻天使淡香水就是一件纯净轻盈的白色羽衣。天使般的甜美香味，让恶魔暂时收起了爪牙，但魅惑力却丝毫不减，宛如微风温柔的轻抚，一点一滴挑逗世人的心。

魔幻天使淡香水又一次以独特的"原味翻制"萃取技术，从多种稀有珍贵原料中，萃炼出最纯净的香味，再透过纪梵希出众的调香技巧，融合成一种温柔且清新、甜美且明亮，如"猫样"的柔缓诱人香气。魔幻天使淡香水的香调年轻、甜美、纯真，却不失利落个性与时尚感。如画家康定斯基所言："蓝色吸引人走向无垠的天地，并唤醒内在对纯真的渴望。"魔幻天使淡香水延续淡香精的切割水晶造型瓶身，却一改原本的黑白色调，改以明亮的渐层蓝白色泽，展现魔幻天使淡香水的清澈剔透香氛风格。香水外盒，则采用纪梵希先生最爱的"白色绫纹棉布"为设计概念，缀以仿若水晶吊灯的图案，并以柔和金属蓝色条纹修饰外盒底部，每个细节，都充满时尚精品的讲究和风范。

海洋香榭中性淡香水（INSENSÉ ULTRAMARINE）

在探寻纯净的感官享受的过程中，海洋香榭中性淡香水力图将人们带入一个时尚与自然相结合的澎湃领域，一个让人自由挥洒、充满活力的世界。散发着海洋香榭气息的男士视野开阔、心胸宽广，喜爱投身自然的怀抱，热衷于充满自然元素的体育运动。它自由、随性，充满活力的特质令人着迷，为每个人带来快乐与激情是它的魅力所在。

　　和它的外观一样直白，该款香水属于海洋清新调。自 1994 年上市以来，很快成为纪梵希信徒们的青睐之物，尤其是深受日本人的喜好，也许从这款极具海洋气息的香水里，被海洋包裹的日本人最容易找到归属感。前味是佛手柑与格蓬的味道，还明显有一股黑茶蔗子的特殊味道；中味是丁香与薄荷的清淡味道，像是海风拂面时，那股独特的清淡，夹杂着一丝丝海风的咸味；后味则依旧是檀香与麝香为主打，但是又混杂着岩草兰、柏木以及烟草的厚重感。这款香水把浪漫与低调联系了起来，将大海与单纯关联了起来……

　　瓶身的设计灵感则是来源于纪梵希的爱慕香水，沿用了爱慕瓶身圆润的外形轮廓和瓶颈处的银环装饰，盛装着如海洋般冰蓝色的香水。包装盒同样保留了爱慕香水系列的外观设计。海蓝色作为主色调象征着清新和活力，以金黄色镶边，如同透着太阳光晕的魅力海洋。海洋木香调，清新、自由、活力的气质使这款香水满足了人们想要被海风拥抱的渴望。

GIVENCHY

海洋香榭中性淡香水

INSENSÉ ULTRAMARINE

香调：海洋清新香调
前味：佛手柑、格蓬、黑茶蔗子
中味：丁香、小豆蔻、鼠尾草、薄荷叶
后味：岩草兰、柏木、烟草、檀香木、麝香

可以说，它代表了一类人，他们高度热爱自由，身体充满激情，不再受困于工作和爱情，愿做大海的情人。如同海洋般的男人可以带给每个人快乐与激情，但潮起朝落却是他自己的事情，想完全融入绝对不可能。还是用海洋香榭让他尽情挥洒，你才会领略他的单纯和热情。

魅力纪梵希系列淡香水 （VERY IRRÉSISTIBLE）

早在 2003 年，纪梵希便推出了堪称经典的世纪代表作——魅力纪梵希女性淡香香水，给品牌注入了年轻的活力，也让这支香水成为该品牌最受欢迎的女性香水之一。在 2005 年秋天，纪梵希推出了更适合秋冬季节使用的"新版魅力纪梵希女性淡香精"。除了原有各具魅力的 5 种玫瑰花萃取外，魅力纪梵希淡香精的主调来自于全新诞生的玫瑰花巨星——丽芙·泰勒玫瑰，一株诚挚献给丽芙·泰勒的玫瑰，就跟她本人一样——愉快、开朗、大方，不用多余的言语就自然地流露出她那独树一帜的美丽。

而丽芙·泰勒玫瑰这样的特质，也为魅力纪梵希淡香精注入了一股更加明亮的欢乐气息，仿佛是一束娇艳玫瑰的魅力纪梵希淡香精，让女人们时时刻刻沉醉在浪漫的氛围中。丽芙·泰勒玫瑰那浓郁愉悦的持久香气，加上 5 种不同香味调性的玫瑰花，展现女性从纯真浪漫到强烈大胆的万千风情！

丽芙·泰勒玫瑰带有清新果香的前味，令人感到欢欣并充满活力，淡淡的苹果及洋梨香，更增添了甜美气息。融入了茴香及广藿香的魅力纪梵希具有调和的作用，成功地释放 5 种玫瑰的风采，展现出女人的纯真、梦幻、优雅、强烈及性感的独特魅力。魅力纪梵希淡香精的瓶身色泽是仿如紫水晶般的紫，

GIVENCHY
魅力纪梵希系列淡香水
VERY IRRÉSISTIBLE

·女性淡香水·
香调：玫瑰花香调
前味：法国蔷薇、洋梨、梦幻玫瑰、苹果
中味：牡丹玫瑰、撒旦玫瑰、丽芙·泰勒玫瑰
后味：八角茴香、广藿香、摩洛哥千叶玫瑰

·男性淡香水·
香调：东方清新调
前味：天然薄荷
中味：芝麻、摩卡咖啡豆
后味：榛果、弗吉尼亚雪松

整体的设计，在柔和的曲线及色彩的搭配下，呈现出的是一个如美丽花朵般曼妙的水晶花瓶，让女人们游走在时尚的边际，自成一格。

与此同时，在 2005 年秋天，纪梵希相继推出了新款魅力纪梵希男香。呼应着魅力纪梵希女香的设计灵感，这款性感、活力、充满自信的男性香水为低调、沉稳，追求自身风格的情调男人提供了最好的道具，诚如一位男星所言："外表和穿着都只是其次，最重要的是，你必须认识自己，了解自己的兴趣所在。从这个角度出发，你就能找到自己的风格，创造属于你自己的时尚语言。"

延续着魅力纪梵希所要衬托的巨星风采，魅力纪梵希男香的瓶身设计也是大有来头，灵感源自于棱镜片的启发，笔直流畅的瓶身，闪动着绿色的刚毅与自然感，在光线幻化下流转着男性神秘迷人、活力充沛与意志坚定的性格！香水的喷头镶嵌在瓶身之上，概念简单而不流俗，让人在用香的同时也能够找到最坚定的信念！

魅力纪梵希男香泛着浓郁而典雅的气息，宛如新兴的贵族，不拘泥于繁文缛节，却又能引领时尚，前味以天然薄荷叶引领出馥郁而清新的气息。随之而来的中味，是首次运用于香水当中的芝麻及摩卡那香醇浓郁的香味，让人品味低回！最后，在榛果及弗吉尼亚雪松那优雅木质调的烘托下，让前、中、后味串连起来更加和谐，也彰显了魅力纪梵希男香的不凡与高贵，完美定义了一个神秘的、令人无法抗拒的魅力男香。

玩酷男性淡香水（PLAY）

玩酷男性淡香水跳脱出过往窈窕流线造型，融入现代高科技简洁感，创造出视觉与触觉上的丰富感受，俨然成为可以随身携带的精品配件。设计灵感由简单线条与几何图样交织而成，恰恰反映出现代行动多媒体装置的简约特质。精致的符号不仅充满现代美感，更成为时尚精神的象征标记，让人一眼就能清楚辨识。

GIVENCHY
玩酷男性性淡香水
PLAY

清新木质香调

前味：中国柑橘、佛手柑、
葡萄柚、酸橘

中味：咖啡花、阿米香树、
黑胡椒

后味：香根草、广藿香

于 2009 年上市的玩酷男性淡香水，调香师的愿望是要回归香水的本质，传承纪梵希经典木质调香水——香根草的特色，彻底体现新时代男性的玩酷精神。在整体香氛结构上，从温暖木质调中变幻出两种截然不同的组合。"玩酷男性淡香水"使用清新木质调，呈现活力愉悦、自由奔放的气息。前味以多种橘柚的水果味为主，呈现出清新的木质调，中味则是咖啡花、黑胡椒的味道，后味中再辅以香根草、广藿香等，简单而激烈，就是要轻洒玩酷态度，秀出自我本色！

玩酷男性淡香水瓶身比例精巧，触感细致光滑，构造极简纯净，其经典造型融合古典魅力与当代气质，采用如漆般的顶级玻璃材质打造，晶透玻璃映照黑色边角，呈现极具摩登感的多重层次效果；黑色玩酷男性淡香水则采用烟熏黑玻璃作为区别，让视觉停留在透明与深邃交替之间，除了绝佳质感，配置均匀的重量更展现出男性如钢铁般的强烈自信。香水外盒采用黑白分明的纸盒设计，再饰以银色镶边及红色内衬，其精致程度仿佛纪梵希时装再现。

当虔诚的基督徒在默念上帝慈悲的时候，凭空而过的一缕香气就满足了他们所有的愿望，这就是极具传奇色彩的克莱夫基斯汀香水。作为全世界最贵的香水之一，它挑起了味蕾的终极诱惑。

CLIVE CHRISTIAN

液钻芳华的终极诱惑

克莱夫基斯汀

作为英国著名香水品牌，克莱夫基斯汀有着高贵的基因，生产了世界上最昂贵的香水，即使其旗下的普通香水也要 2000 多美元。这个品牌带着非常鲜明的"奢侈"印记，只在英国哈罗德、纽约第五大道等地的专门出售奢侈品的百货公司贩卖，其镶嵌珠宝的香水瓶流露出掩饰不住的奢华，香水则采用最上乘的原料制成，每年大约只推出 1000 瓶，注定使其只能被少数人拥有。

1872 年，威廉·斯巴克斯·汤姆逊在英国伦敦成立了王冠香水店，专门为当时英国的上流社会阶层服务。其制造的香水品质出众，特别是一款以花香为主要香料的名为"花之精灵"的香水更是赢得了许多皇室贵族的喜爱。由于曾特别为维多利亚女王研制了一款高贵的香水，受到女王的好评，特许其在标志上可使用王冠图案，此后这一品牌成为英国王室御用香水制造商。

直到 20 世纪末，王冠共生产了大约 50 款不同的香水，但由于经营不善导致亏损，1999 年，这一品牌被英国的贵族克莱夫·基斯汀收购。克莱夫于 1978 年成立了一家家居公司，主要销售高级厨房设备和负责室内装潢。克莱夫的女儿维多利亚四五岁的时候，全家搬到了一所建于 18 世纪的旧房子中，维多利亚在玩耍时无意间在所在的房间的木地板的缝隙中发现一个王冠的香水瓶。当维多利亚把这个精致的香水瓶拿给父亲看时，克莱夫在惊叹之余，开始对香水业产生了兴趣，他决定开始研发名贵香水。

在收购了王冠这一品牌后，克莱夫对其进行了一番调整，将传统的稀有原料和异域风情相结合，生产了一系列优雅精致的香水，并创立了克莱夫基斯汀香水公司。2001 年，克莱夫研创出极品香水"克莱夫基斯汀 1 号"，一面世就以其独特的魅力受到名流和富豪们的青睐。"克莱夫基斯汀 1 号"香水使用的是最珍贵的天然原料，因此限制了香水产量，使其成为只能被少数人拥有的奢侈收藏。不管是男性还是女性的克莱夫基斯汀 1 号香水，合成方法都十分复杂，产生的香味精致而回味悠长。"克莱夫基斯汀1号"还曾发行过100瓶特别订购版，瓶颈处有交织字母，并可按照顾客要求改变瓶身形状。世界著名歌星埃尔顿·约翰和电影明星凯蒂·赫尔姆斯都是此款香水的痴迷者，由此可见克莱夫基斯汀香水的魅力。

如今，克莱夫基斯汀品牌旗下的"X"、"1872"和"克莱夫基斯汀1号"三个系列都已成为经典，其中"1872"是专为女性而设计的经典香水，以与品牌渊源甚深的王冠成立的年份命名，香味则源自当年威廉·斯巴克斯·汤姆逊赠予维多利亚女王那瓶香水的气味，其清雅的玫瑰香由400多种名贵玫瑰花炼制而成，其手工制造的水晶香水瓶上镶有一个24K金的银圈，更显尊贵。而以数百种茉莉花作主要材料研制而成的"X"女香以及选用小豆蔻、柑橘、姜等辛辣素材研炼的"X"男香，可产生吸引异性的神奇力量，都十分受欢迎。

尽管现在有很多人认为克莱夫基斯汀旗下的香水已经脱离了王冠这一原始产业的创意和精神，但是不可否认的是这一品牌如今在时尚领域中已成为名副其实的王者，只凭空气中的一缕随风而过的味道，就演绎出一段段传奇故事，成为香水界的终极诱惑。

皇家尊严1号香水（NO.1 IMPERIAL MAJESTY）

如果有一天，你看到一辆高级宾利轿车护送一瓶香水从你家门前经过，你千万不要以为这是在拍摄电影或者香水广告，如果你还看到那瓶香水旁边附着一本《吉尼斯世界纪录》颁发的"世界上最贵的香水"的证书，你也千万不要怀疑你的眼睛，因为它的确存在，它就是由克莱夫基斯汀香水公司推出的"皇家尊严1号"限量版香水。这款香水全球只有10瓶，注定只会被10位幸运而富足的人所拥有。虽然香水容量仅为500毫升，但是价值却高达21.5万美元，相当于一毫升香水3000元人民币。

皇家尊严 1 号就是"克莱夫基斯汀 1 号"的限量版。克莱夫基斯汀 1 号香水本身就极为珍贵，由白色檀香、印度茉莉、德国玫瑰等共 170 种花精心提炼，这充分体现了克莱夫基斯汀香水将传统与异域风情结合的创新工艺。而这款限量版的"皇家尊严 1 号"在继承了其优良工艺的基础上，更是选用最珍贵的天然原料，从而形成了该款香水某种神奇的力量。其中一部分原料的价格甚至超过了黄金，由于十分稀少而限制了香水的产量，更使其成为只能被少数人享用的奢侈收藏。

水晶世家巴卡拉生产的香水瓶，给了这款高贵的香水浓妆重抹的精彩一笔，相信出钱购买这款香水的人对它贵到极致的瓶子一定也同样垂青，并且充满欣赏与渴望。

CLIVE CHRISTIAN

皇家尊严 1 号香水

NO.1 IMPERIAL MAJESTY

香调：东方花香调
前味：莱姆果、白桃
中味：玫瑰、茉莉、依兰、绿色兰花
后味：香草、印度檀香

CLIVE CHRISTIAN

1817 年，巴卡拉就开始制作水晶制品，早期的巴卡拉香水瓶都能在拍卖会上拍得不菲的价格。从巴卡拉定制的这个香水瓶镶嵌有 5 克拉的钻石，瓶口是用昂贵的黄金制成的，因此仅瓶子本身就售价不菲。据说限量的 10 瓶香水，其中 5 瓶在伦敦哈罗斯奢侈品百货公司出售，另 5 瓶则陈列在纽约的伯格道夫·古德曼百货公司。

1872 香水（1872）

1872 年对于克莱夫基斯汀而言有着特殊的意义，一是因为它的前身——王冠香水店正是这年成立的，更为重要的是，就在这一年，创始人威廉·斯巴克斯·汤姆逊以一款珍贵的香水赢得了维多利亚女王的青睐，从而得以使用女王的王冠作为香水的标志，就此开启了王冠香水品牌的高贵历史。为了铭记这段光辉的岁月，一个名为"1872"的香水系列就此诞生了。

该系列香水分男女两款，其中 1872 女性香水专为尊贵的女人而设计，给人清纯高贵的印象。纯手工打造的水晶香水瓶上镶嵌着一枚 24K 金制成的英国币的圆圈，浪漫的水晶压抑着金钱的俗气，却又被金色的光彩所萦绕。最独特的还是它的香气，花香、水果以及柠檬的味道久久不散。蓝莓的味道和充满神秘感的迷迭香最先闯进鼻腔，随后小苍兰和茉莉花的香气慢慢弥漫开来，这段时间会持续好几个小时，哪怕相隔三两天，檀木、麝香以及广藿香的味道还是会很明显。如此持久丰富的香气得益于香水工人的劳作，据说，170 朵玫瑰才能提炼出一滴这样珍贵的女士香水，滴滴皆是天使般纯洁的圣物。

香调：木质花果香调
前味：佛手柑、蜜柑、柠檬、凤梨、蓝莓、迷迭香
中味：五月玫瑰、谷中百合、茉莉花、紫罗兰、小苍兰
后味：雪松木、檀香木、广藿香、麝香、苔藓

该系列的男性香水则给人古朴诚恳的印象，是一款具有王冠香水店般古老基因的经典香水。水晶状瓶装设计镶有皇冠造型喷雾口，给人高雅而沉稳的感觉。该款香水的珍贵之处在于其精细和严格的成分构成，它是根据"王冠香水"的配方和方法来调制的，香味精致持久，回味悠长。同时，经典的橙叶油和薰衣草与罗马帝国的神圣草本植物鼠尾草相结合，赋予男士精力与活力。

男人收藏文物、珍宝，女人收藏心事、秘密，但是在香水的王国里，克莱夫基斯汀却让人不自觉地去收藏欲望。这个以大气与品质著称于世的香水品牌，既将飘于空气中的香味调解成蛊惑人心的积极因素，给人以沉稳、浓郁而有时刻安心的独特感受，又像是一段绝妙的旋律，绕梁三日而余音不绝。继早些年推出昂贵的限量香水之后，2011 年，限量版的男性香水与女性香水再次横空出世。值得一提的是这两款香水只有屈指可数的1000 瓶，限量香水将在全球发行，小谷物与芳香薰衣草、香紫苏担当主成分，并且具有持久的柑橘香味。据说香紫苏的香味有提神作用，香紫苏在罗马帝国时期是一种神圣的药草，供给皇帝使用，皇帝用它为自己的部队振奋斗志以及集中精神，以便作战。限量香水吸引人的地方不仅是它的味道，香水的瓶身也是一大亮点，在原来的绿色瓶子的基础上，运用大色块组成的抽象的粉红色造型，表现出女性的优雅和知性，以老鹰的英气表现男性的硬朗率性，搭配简单造型，像是一个艺术品。

X 系列香水（X）

"X"与香水有某种神似之处，比如神秘感，比如美好的祝愿，又比如说完美。甚至有语言学家说，X 和香水可以成为彼此的形容词。难怪社会学里，人们更愿意用"X"来表示"完美"。在时尚界，"X"集合了"神秘"与"完美组合"两重意义，这便有了克莱夫基斯汀 X 系列香水的问世。

克莱夫基斯汀 X 香水系列有 X 男性香水和 X 女性香水两款，都拥有造型优雅的香水瓶，瓶塞是完美的王冠形状。香水瓶的细节设计也昭示着克莱夫基斯汀 X 香水的华丽和尊贵。克莱夫基斯汀 X 香水完美地融合了传统和异国情调，并使用了最珍贵稀有的原料，具有优雅神秘，不可抗拒的魅力。

两款香水都是由调香师格扎·舍恩完成的，主调也大致相同，以雪松、佛手柑、粉红胡椒、肉桂、香豆素、豆蔻为主，给人辛辣的木质质感。诚如调香师自己所形容的那样，要让神秘的 X 系列香水拥有不凡的驾驭人类已知的最强大的天然催情力量。他形容 X 系列女士香水中的"埃及茉莉绝世罕见，必须于黄昏时分在尼罗河岸才能摘得，曾被克娄巴特拉用来捕获马克·安东尼的心。"描述 X 系列男士香水是"支配力最大的帝王，这种支配力可归功于菖蒲花根，即鸢尾草。在古代的欧洲国家，这种植物因其力量和威严而备受宠爱"。

·女性香水·

香调：木质花香调
前味：菠萝、柑橘、佛手柑
中味：鸢尾草的根、欧铃兰、玫瑰、埃及茉莉
后味：麝香、广藿香、香草、香根草、雪松

·男性香水·

香调：木质辛香调
前味：佛手柑、豆蔻、生姜、粉红胡椒
中味：西班牙甘椒油、鸢尾草、茉莉
后味：琥珀、香根油、雪松、苔藓、肉桂、香子兰

C 系列香水（C）

C 系列是克莱夫基斯汀在 2010 年推出的一款对香，它们属于品牌旗下的私人香水系列。这款对香在 2010 年 7 月 19 日面世，首次登陆地点是英国的特特纳姆，之后在美国掀起了追捧的巨浪。作为一款面向私人的贵族香水系列，C 系列香水最大的特点是精致而复杂。

该系列同样分为男士香水和女士香水两款，二者的香味是互相完善的，因而常常被推荐给情侣使用，留香时间被控制在 24 个小时左右。香水瓶是温暖的湖泊色调，瓶身形状延续了品牌的风格特点。香水的容量为 50 毫升。C 系列香水保持了克莱夫基斯汀一贯的奢华制作风格，它的香味成分众多，并且精致复杂。相比较而言，该系列的男士香水优于女士香水，男士香水的关键成分是藏红花等香料和稀有的雪莲花，给香水带来主导性的精神力量和诱人的香氛氛围。

C 系列男士香水的主要成分多达 30 种，例如白色的百里香、茶叶、绿叶、柠檬、巴拉圭冬青、榄香脂、柑橘、茉莉、玫瑰、小豆蔻、覆盆子、桂皮、丁香、岩蔷薇、藏红花、鸢尾花、沉香木、琥珀、雪松、烟草、麝香、香草、皮革、丝柏、树苔、苏合香、雪莲、熏草豆、乳香和愈创木脂等。因此男士香水又比女香多出了绿色的气息。

C 系列女性香水

C

香调：馥郁花香调
前味：柑橘属植物、佛手柑
中味：晚香玉、茉莉、紫罗兰、玫瑰
后味：琥珀、香根草、麝香

为了她们，他创造了兰蔻，于是世界多了一份女人味；为了她们，他选择了玫瑰，于是女人多了一份专属的味道；为了她们，他将最好的科学家汇聚在自己的周围，以便让每个女人各具魅力；为了她们，他在一个单调烦琐的王国里开始了前所未有的征程，从此香水多了一份摄人魂魄的玫瑰花香。

LANCÔME PARIS

芬芳的玫瑰花魂

兰蔻

阿曼达·珀蒂让先生凭借他对香水的天才敏感嗅觉、执着不懈的冒险精神，以及他立志让法国品牌在当时已被美国品牌垄断的全球化妆品市场占领一席要位的抱负，为世界化妆品历史写下了华丽的篇章，并继续与全球女性分享优雅且高贵的气质。

"兰蔻"（LANCÔME）之名源于法国中部卢瓦卡河畔的兰可思慕城堡（Lancosme），创办人阿曼达·珀蒂让看到这座美丽的城堡四周种满了玫瑰，充满浪漫意境，而阿曼本人认为每个女人就像玫瑰，一样的娇艳摇曳，但细细品味，又各有其特色与姿态，于是以城堡命名，玫瑰也就成了兰蔻的品牌标志。为发音之便，他用一个典型的法国式长音符号代替了城堡名中的"S"字母。1935 年 2 月 21 日，

兰蔻公司正式注册成立，一个月后便同时隆重推出 5 种香水、2 种古龙水及粉饼、口红等产品，顷刻之间，巴洛克式的华贵，别具一格的兰蔻风格在 20 世纪 30 年代风靡一时，同时，刚诞生仅一个多月的兰蔻有幸于布鲁塞尔的国际博览会上露面，参展的兰蔻橱窗以它的绝妙风采，荣获了大奖。一夜之间，兰蔻成名了，这为兰蔻以后在全球的发展奠定了坚实的基础。

然而，命运总是布满艰辛，刚刚崭露头角的兰蔻便遭遇了第二次世界大战。战争给世界带来了危难，也使得兰蔻在 5 年多的时间内几乎没有推出新的产品。1942 年，珀蒂让先生想出天才的主意，为什么不培训一班兰蔻美容专家，然后通过他们把兰蔻美的技巧传播到世界各地？这样既可以让兰蔻在战争中保持活力，也为以后的成为世界级品牌埋下了伏笔。于是兰蔻美容学校就这样诞生了。经过 9 个月的集中培训，第一批兰蔻美容顾问出现了，他们学到了美容按摩、化妆技巧、饮食学、香水的历史及一切与美有关的知识，他们成为兰蔻的美丽大使，为兰蔻以后的发展作出了很重要的贡献。

20世纪50年代成了兰蔻史上最重要、最快速的发展阶段之一，在这段时间，兰蔻的发展步步跃进，并推出很多著名产品。其中包括1952年推出的著名的"珍爱香水"。雄心壮志终究抵不过岁月的冲洗，由于年事已高，再加上心中挂念兰蔻未来发展的前途，阿曼达·珀蒂让在60年代考虑到转让兰蔻的问题。1964年，兰蔻与欧莱雅集团达成协议，成为第一个进入欧莱雅集团的高档品牌。在动荡的60年代，欧莱雅给兰蔻带来了新的动力和策略，并打开了兰蔻迈向国际化发展的道路。伴随这股新鲜力量，兰蔻一举敲开了美国香水市场的大门，在那时，美国高档香水第一次遇到了强敌。在那里，兰蔻在最豪华的大商场里开设优雅的形象专柜，兰蔻凭借其专业且亲切化的服务而独具魅力，终于在美国扎下了坚实的根基，后来又成功进入亚洲，创立了世界性的声誉。

可以说是女性对自身完美的不懈追求成就了阿曼达·珀蒂让关于兰蔻的伟大梦想。为了这些精致女性，他创造了兰蔻；为了她们，他选择了玫瑰；为了她们，他将最好的科学家汇聚在自己的周围；为了她们，他在激情的王国开始了前所未有的征程。兰蔻是法国国宝级化妆品牌，带着法兰西与生俱来的美丽和优雅，为世界各地的人们所熟悉和喜爱。最早以香水起家的兰蔻，发展至今，已成为引导潮流的全方位化妆品牌。70多年美的历史，始终保持着的高贵却不高调的态度，给了倾心于它的所有女性最温柔的呵护和最平实的体贴。

珍爱香水（TRÉSOR）

80年代末，经过女权运动之后的女性的生活态度趋向于家庭化，1990年推出的"珍爱"是兰蔻香水的代表，不仅因为玫瑰是两者的精髓，还因为它们都提倡关爱他人、珍惜所有、享受生活的精神。细致、宽容、真挚，是"珍爱"的性情，这款温柔、充满自信的香水，自诞生的那一刻便被注定成为所有成熟、稳重的女子的最爱。

兰蔻珍爱香水属于兰蔻香水领域的经典作品，在市场运作方面也充分体现了整个作品的宗旨，其中也有对亚洲女性重视的体现，综合表现了其品牌的形象价值，对女性的自我展现、对爱情的憧憬作出了突出强调，对珍爱光阴的女性进行了贴切的表述。春天花园的前味和成熟果园的中味完美地融合在一起，散发着山谷百合、向日葵、鸢尾花、桃花、香柠檬、琴柱草和花梨木的香气，6小时之后则会散发出温馨家园般的香草、香根草、雪松、檀木和麝香的味道。

具体来说，该香水前味用了经典的玫瑰香味搭配极为甜蜜的水蜜桃与芬芳的杏花。玫瑰香息刹那间的融入，给了人拥抱的期待，充分展现出"珍爱"的感觉，完美的表达，同时也给中、后味造成了压力，不过中味还是比较给力的，是俏皮的紫丁香附和纯洁清淡的山谷百合、鸢尾花和流行经典的香草，虽然无法做到对前味的完全推力，但是在衔接方面做得还是到位的。大牌的作品永远不会让人失望，后味采用的是无瑕的琥珀和浓厚

LANCÔME PARIS
珍爱香水
TRÉSOR

香调：清新花果香调
前味：玫瑰、水蜜桃、杏花
中味：紫丁香、山谷小百合、鸢尾花、香草
后味：琥珀、麝香

的麝香。虽然整体的味道比较浓，但不会让人觉得劣质。这便是兰蔻的高明所在。不过高质量的香调，锁定的消费群体也是比较窄的，可以说完全是为成熟女性而设计。

兰蔻珍爱香水的香水瓶也堪称经典香水的典范之作，水晶的瓶身设计，闪烁着女性的自我展现，描述着对爱情的憧憬。金灿灿的香水色泽，尽显高贵、典雅的风范，完成了对兰蔻这个大牌的完美体现。

珍爱爱恋香水 (TRÉSOR IN LOVE)

20 多年前，兰蔻创造性地推出了淡雅的"珍爱"系列香水以来，该系列也成了高级香水中的传奇，珍爱香水留住珍贵时刻的芬芳，是对珍爱无限微妙的永恒颂扬。如今，全新的珍爱爱恋香水诞生了，开始叙说一段新的故事，一段发生在巴黎市中心的爱情故事，一种馥郁花香所传递出的自由的浪漫精神……

兰蔻珍爱爱恋香水体现了女性无拘无束的真性情，她享受着爱情的甜蜜，她年轻优雅，她令人难以抗拒。她的婉约与俏皮尽显妩媚，以思绪撩拨魅惑，用魅力征服男性。她由内而外流露出惊艳的女性特质，成为令人魂牵梦萦的缪斯女神！兰蔻珍爱爱恋香水唤起恋爱中的女性所拥有的令人无法抗拒的魅力。

她是馥郁花香与清新果香的性感融合，明亮动感，以无限的热情去歌颂爱情。温柔的花卉香氛像是一层清新的面纱，唤起人们对自由表达爱情的完美时刻的遐想。油桃、树木和雪松味与标志性的玫瑰相互融合，从桃花、佛手柑的前味缓慢地过渡到茉莉与土耳其玫瑰精油的中味，缓慢而轻柔，再到

LANCÔME
PARIS
珍爱爱恋香水
TRÉSOR IN LOVE

香调：清新花果香调
前味：桃花、佛手柑、西
　　　洋梨
中味：茉莉、土耳其玫瑰
　　　精油
后味：雪松、麝香

久久不散的木质后味，给人精致、时尚的淡雅感受。

充满时尚流线感的兰蔻珍爱爱恋香水瓶身犹如人类无限追寻的珍品，汇集了现代社会所有时尚元素的精华，散发着时尚的能量。瓶身拥有非常女性化的修长线条，以崭新细腻的时尚风格，重新演绎原创珍爱香水瓶身的圆弧外形。

梦魅香水 （HYPNÔSE）

梦魅与完美的关系，就如同玫瑰与兰蔻的关系。兰蔻很喜欢"梦魅"这个词，不论是2005年红极一时的"梦魅睫毛膏"，还是后来颇受关注的"梦魅唇彩"，都产生了不可阻挡的流行潮流，而以"梦魅"命名的香水再次将兰蔻的魅力推向了顶峰。

梦魅香水是运用多种形式来呈现阳光的香水。首先，它并非凝滞的，视情绪、时间、个人而定，前味出现的可能是香根草、香草、抑或闪耀光芒的西番莲。她的味道无始无尽，它像双螺旋一样把香味结合得恰好、奇妙。奢华的水晶瓶体，洗练弧线与光滑侧面熠熠生辉。

初一看，会以为她是一个轻浮的女人，清香飘过，马上就被香草的甜蜜轻易地打败了最初的看法。令人不解的是，明明是非常简单的三种香调，为什么会出现这种一时一变的情形呢？原来这正是梦魅的妙处所在，这款梦魅香水的香调是以双螺旋线结构构成的，同常规的香水三调不同，会因为场合、心情、气候等原因的变化而产生不同的反应。说起来好像很玄妙，主要是因为香水中用到了大量的香草和香根草，同时香材中还用到了时钟花、西番莲等，因此香水又带着一点小小的俏皮可爱。后味还

LANCÔME
PARIS

梦魅香水

HYPNÔSE

· 女性香水 ·

香调：东方木质香调
前味：时钟花
中味：香草
后味：广藿香、琥珀

· 男性香水 ·

香调：东方木质香调
前味：薰衣草、西番莲
中味：柑橘、薄荷、小豆蔻
后味：印度尼西亚广藿香、
　　　麝香、琥珀

算清爽，往往是香水迷心目中最容易被接受的类型。该香水的浓度适中，能够留香 5~7 小时，表现极为出色。不过因为香水本身的浓度和香气的浓郁程度，调香师建议不要在夏天使用。

值得一提的还有梦魅男士香水，兰蔻梦魅男士香水香味的构筑基于对原材料近乎苛刻的选择。基调大大增强了薰衣草的热烈和令人上瘾的性感，印度尼西亚广藿香的天然香精与麝香琥珀香调微妙的性感相混合。矛盾的香水是对立与平衡的缩影，梦魅男士香水突出了薰衣草的每一个特性，使其回归了真正的高贵。

梦魅男士香水表现出的是男人温柔、体贴以及沉稳的一面，前味是薰衣草、西番莲，其实这款香水的主流香材就是薰衣草，后面的都是围绕着它来的，前味的薰衣草就是蛮纯正的那一种，不加雕饰，给人安然之感。中味是柑橘、薄荷、小豆蔻，中味主打的是清新的气息，让薰衣草的气味混合柑橘调，更显出一种与众不同的嗅觉感受。后味是印度尼西亚广藿香、麝香、琥珀，后味偏向于暖调，广藿香与琥珀使得后味沉静下来，闻上去，心情也能够得到极大的放松。

与梦魅女士淡香水比较，男士梦魅的瓶身设计与女款的概念是一样的，采用比较新颖的螺旋式的瓶身设计。不过与女款不同的是，男款的香水主打色彩为暗黄色泽，多了份沉稳与深蕴在里面。

奇迹香水（MIRACLE）

喜爱使用奇迹香水的女人相信生活的力量，相信直觉，忠于自己的情感。她相信她自己可以创造自己的未来，只要有她，没有什么是不可能的。每一天对她来说都是全新的开始，每一天对她都是一种重生。她意志坚定，跟随她的直觉，她可以创造出一切可能的奇迹。这就是兰蔻奇迹香水，淡淡地展现着世界的美丽，见证着女人们在平凡的生活中创造出奇迹。

兰蔻最梦幻的奇迹香水的灵感来自于初升的旭日，要赶走寂寞的黑夜，带来蓬勃的朝气，使生命充满活力、希望和生气。其混合了木兰、茉莉及麝香的芬芳，仿如清新的朝露，而纤长剔透的瓶身，更突显时代风格与品位，令人爱不释手。这是一款轻柔、有女人味的香水，花香调和辛辣调和谐散发。小苍兰和荔枝的花香，是如此清新和微妙，使得使用者可以散发出迷人的女人味。生姜和胡椒的辛辣，使得使用者精力充沛，充满活力。果香与花香为基调的前味，是清晨朝露的清新；花香为主的中味，是晨曦柔美的光辉；木调为主的后味，是日出光芒闪耀的神韵。

具体来说，该香水的前味是清新草香及如清甜荔枝的果香，带来清晨原野的力量，给人一种焕发精神的清新感觉。中味有强烈对比的搭配，含蓄幽雅的木兰及刚烈自主的辣椒，相映成趣。正好比现今女性拥有的双重性格及矛盾，在温柔中展现独立自主的独特个性。最后的基调，则有最能表现女性感性一面的清幽淡雅的茉莉、麝香和琥珀。奇迹香水是花香调和清新调的结合，带来玫瑰花瓣的芬芳，而后是一种源自感性与情趣的无尽优雅。奇迹香水不仅仅是一款香水，它更是一种幸福的梦幻，它是情感具体的传达，以采撷自花之精粹的芬芳诠释生活的真正精髓。

　　此般情绪，如此亲密、柔和、神奇，刹那间让人感觉到生命竟可以如此美好。这种甜美的幸福感来自充满活力、清新怡人、带有花草气味的香气，绽放着灵巧与智慧的光芒。散发玫瑰花般的香气，让人感染性感的魅力。

LANCÔME
PARIS

奇迹香水

MIRACLE

香调：水果花香调
前味：小苍兰、荔枝、三色堇叶、白胡
　　　椒、榛叶嫩芽
中味：生姜、胡椒、木兰花、水仙花
后味：檀香、茉莉、雪松、麝香、琥珀

璀璨淡香水 （MAGNIFIQUE）

兰蔻的璀璨淡香水无时无刻不在流露着璀璨红情，很容易让人想起意大利的法拉利跑车来，既有张扬激情的性格，又有成为典范的内涵，至情至性，是兰蔻又一款珍稀香氛，重新诠释了法国高级香水的真谛，倾力展现女性特质中最温暖动人的一面。它洋溢着现代气息，在轮廓分明的垂直瓶身里倒映着梦幻迷离的魅惑光影，大胆新锐的风格与创意淋漓尽现。

该香水由两位大师级香水专家奥利弗·克莱斯普和雅克·卡瓦里埃悉心打造，更多绚烂的玫瑰和茉莉芬芳幻化于珍贵的藏红花和印度香附子营造的独特基调之中，沁入人心的清新由此灿然绽放。这次对兰蔻璀璨香水的轻柔诠释，创造出一种全新但同样令人迷醉的体验，成为女人们难以忘却的记忆。

璀璨淡香水完美展现着现代女性的充沛活力与傲人胆识，极致性感自然流露。香水的前味是藏红花，这种独特的香气带来璀璨香水的木质格调，充满活力与激情。玫瑰是兰蔻的象征，它天鹅绒般的质感与木调香气相得益彰。拥有淡雅清新果香与挥发性香调的保加利亚玫瑰精华，和蕴含令人叹为观止的性感香气的珍贵格拉斯五月玫瑰原精，共同展现璀璨的柔美情调。而一丝茉莉香气为醇厚的玫瑰增添一分精致。后味中的印度香附子，加深了这款香水的底蕴，让其更加耐人回味。

璀璨淡香水的魅力与香水瓶的风格一脉相承，它的瓶身设计仍旧极富现代感，拥有完美比例。由才华横溢的年轻设计师团队 H5 为兰蔻量身设计，香水瓶和谐地融汇了古典的别致与现代的活力。清

LANCÔME
PARIS

璀璨淡香水

MAGNIFIQUE

香调：馥郁花香调
前味：藏红花
中味：玫瑰、茉莉
后味：印度香附子

透雅致的玻璃瓶身轻轻伴着瓶内倩影的摇曳，稍略淡泊的宝石红色低声倾诉着这款香氛的轻柔。钻石法切割的水晶瓶塞以镜面银环为支撑，柔魅的光泽为瓶身更添璀璨。设计灵感源自古典式的金刚砂玻璃香水蘸取器，璀璨香水瓶中的浸管呈现近乎无形的透明，又为瓶身增添了一抹优雅和高贵。

如果你在为不知道用哪一款香水而发愁，不妨静下心来聆听乔治·阿玛尼给予你的指导，诚如流行于欧洲上流社会的那句话所说："乔治·阿玛尼香水永远都让人风度翩翩。"这是一种高雅的情愫，飘香在名声与内心之间，显示着大家风范。

armani mania

GIORGIO ARMANI

上流香水界的大家风范

乔治·阿玛尼

优雅高贵是女性永恒的向往，作为阿玛尼时尚王国一部分的阿玛尼香水，每一款都融入了对优雅的关注。淡淡的色彩和温柔清雅的花香与肌肤赤裸裸地相贴，透过气息的舒缓，清晰地衬出乔治·阿玛尼香水优雅、简洁、现代、感性的永恒魅力。它犹如一个刚刚下凡的纤纤仙女，晶莹剔透而清新脱俗，总是免不了露出与生俱来的高雅气质。

如果编制一份世界上最杰出的时尚大师名单，你绝对不应漏掉乔治·阿玛尼，他在国际时尚界是一个富有魅力的传奇人物，他设计的作品优雅含蓄，大方简洁，做工考究，集中代表了意大利的时尚风格。他曾经在 14 年内包揽了世界各地 30 多项大奖，其中包括闻名遐迩的"卡提沙克"，并且男装设计师奖被他破纪录地连获六次。乔治·阿玛尼品牌也因乔治·阿玛尼的卓越表现，在大众心中超出其本身的意义，成为事业有成和现代生活方式的象征。

乔治·阿玛尼本人说过，推出香水也是为了满足那些喜欢乔治·阿玛尼品牌但是买不起品牌服装的人。因此乔治·阿玛尼香水实际上是其品牌服装的液体名片，凸显的是优雅与简洁。乔治·阿玛尼的服装实用性很强，这决定了其香水气息也真实而不招摇。在一种优雅与古典的情愫中，乔治·阿玛尼香水透出一种诱人的自律、一种品位化了的沉稳、一种压抑的性感与一种内敛的光华，绝不张牙舞爪，绝不高声喧哗，但在高度自觉与自恋中，也绝不放过任何飘移闪动的目光。

最好的元素，来自最考究的剪裁。为了让这种液体名片更为精粹，乔治·阿玛尼先生在原材料上投入了极大的精力，各种香水成分的添加和融合，都在精确的比例中得到确认。每一款产品都融入了对纯度、舒适度和优雅度的关注，每一种气息都得到了全新的诠释。"香水与你如影随形，看似不经意却无时不在你的气息中，而不是某种毫无生命力的标签。"乔治·阿玛尼香水雅致而不招摇，真实而不伪装，它对于个性魅力的展露，具

有点石成金的魔力，令人无法抗拒。

　　阿玛尼香水的历史也可被视为乔治本人的理念的发展与证明的过程。乔治·阿玛尼认为浮华夸张已不是今日潮流，即使是高级香水也应保持含蓄内敛的矜持之美，这种理念给 20 世纪 80 年代的香水界吹来一股轻松自然之风。由于这种男香女用的思想与 20 世纪 20 年代为香水作出突出贡献的设计师香奈儿所提倡的精神有着异曲同工之妙，因此乔治·阿玛尼被称为"20 世纪 80 年代的香奈儿"。

　　进入 20 世纪 90 年代，在款式简单、用色谨慎的风格下，这位强调"不着痕迹的优雅"的意大利设计师乔治·阿玛尼先生，又将他的设计理念归纳为：删除不必要的装饰，强调舒适性和表现不繁复的优雅。从而以色彩来平衡消费者追求和谐的需求，以简单的剪裁和低调、中性的色彩来表现优雅的气质，这种简单、优雅、追求高品质而不炫耀，"看似简单，又包含无限"的独特品质，被很好地灌注于乔治·阿玛尼的香水中。

　　阿玛尼香水现代时尚的审美标准把香水刻画为自己的高尚气质，借着优雅香气的暗暗传送，展现出其独特的个性魅力和文化形象。乔治·阿玛尼香水，能让人充满自信，彰显个性，甚至令人出类拔萃，它那不同个性的香型主宰着香水的个性，并赋予使用者不同的气质。选择乔治·阿玛尼香水的人，大多内敛但不缺乏激情，他们富有智慧和教养，表面上沉默寡言，其实他们的内心世界却是那样丰富，使得别人不可能去完全揣摩。他们很少表现出自己的情感，但是优雅性感的气质使得他们在不觉察的时候已经将那源源不断的能量传播，就像他们身上那清新而感性的香气，流露出文雅之士才有的魅力。对乔治·阿玛尼人来说，狂热是"以我们余留的时间，奉献给内在的欢愉"，深沉中却是力量充沛的饱满，原来内敛里的能量冲击也可以造就如此狂热的"乔治·阿玛尼"。

有教养、有品位或性格沉稳文静的女性，更容易选择乔治·阿玛尼香水，因为其风格独具的不凡的气质，正是完全为那些高格调女性而准备的。乔治·阿玛尼香水并不启发人们童话式的梦想，它追求的是自我价值的肯定和实现，给予女人的是魅力，给予男人的是自信，并使人深切地感受到自身的重要。

如今，乔治·阿玛尼早已成为时尚界高品位的绝佳诠释，雅致的风尚，很容易征服有品位的男男女女。对于乔治·阿玛尼香水的拥趸来说，只有单纯的时尚气质是不够的，最好额外准备上充裕的文化空间，去感悟设计大师融入其中的真正时尚内涵。相信那时你一定会体验出乔治·阿玛尼香水所带给你的最高境界。因此，乔治·阿玛尼香水所诠释的不仅仅是一种风格，更是一种精神状态，一种超越时尚的生活方式。它永远与潮流同步，折射出时代精神且永不落伍，传达出鲜明的独一无二的品牌理念：优雅，智慧，独特的个人风范。

寄情系列淡香水（ACQUA DI GIÒ）

乔治·阿玛尼这位强调"不着痕迹的优雅"的意大利设计大师，擅以简单的剪裁和低调、中性的色彩来表现优雅的气质，强调舒适性和表现简单的优雅时尚。乔治·阿玛尼是品味时尚的最佳选择，深受

GIORGIO ARMANI
寄情系列香水
ACQUA DI GiÒ

·女性淡香水·

香调：茉莉花香调

前味：瓜果、洋梨

中味：白色风信子、百合、
　　　玫瑰花、茉莉

后味：檀木、麝香

·男性淡香水·

香调：清新花香调

前味：豆蔻、海藻、柑橘、
　　　亚洲柿树

中味：茉莉、风信子

后味：麝香、天竺薄荷、
　　　雪松、岩蔷薇

名流贵胄的喜爱。1996年推出的经典时尚香水——寄情淡香水系列，便是其经典的代表作品。

　　寄情女性淡香水诠释时尚与轻松的前卫潮流，前味散发着瓜果与洋梨的清甜，中味优雅而清香的茉莉、白色风信子、玫瑰及百合，让人仿佛置身花海中。麝香和檀木的温暖抚慰人心，厚重而持久，成为了后味的主力！寄情女性淡香水堪称是大自然的美妙香味的象征，融合了细致优雅、柔和清新，仿如一位美丽的女子，在生命中散发出丝丝幽香。

　　寄情男性淡香水的香味则体现出海水的厚重与从容，是树木和花香的混合，亦是各种人类感观的交汇。它开始于扑面而来的清新感受，如同海风吹过，沉淀海水、花香和植物果实的香味，自然而和谐。能量，激发，它让你感受到健康和谐，体会什么是真正和平静的男性力量。前味是柑橘所带来的活泼，还有亚州柿树带来的果味元素——清新而富有男子气概。中味充满海水的纯净清澈，混合着茉莉花瓣的微妙花香，感觉轻盈透明。在后味中，天竺薄荷的温暖混合了雪松和岩蔷薇的芬芳，随着你的一举一动自然散发。

香氛大师乔治·阿玛尼以调和的色彩表现优雅的气息，打造出了这款深受世人喜爱的柔情香氛！为了能够与香水匹配，阿玛尼还特意设计了这个造型圆润的瓶身，采用磨砂材质，中央有黑色醒目标志，设计简洁，线条流畅，液体纯净，晶莹剔透，让人忍不住收藏。与之匹配的寄情女香，则用浅蓝色基调，透明纯净，堪称阿玛尼情侣香水的经典之作。

黑色密码男性淡香水（BLACK CODE MEN）

乔治·阿玛尼的世界里总是有故事，有独到品位的生活图景，高雅深沉的精英男士更是这个世界的主角。无须言语就能表达深邃和理性，无须装饰就能散发儒雅与从容，但不无趣呆板，反倒有着吸引别人去探究的迷人气息，这便是阿玛尼黑色密码男士淡香的魅力。

黑色密码男士淡香水是高雅世界里的一张名片，又略带一些神秘性感的男子气概，就像是戴着黑帽、穿着整齐定制西服的优雅男人，散发着很微妙、很性感，又很瞩目的味道。有点辛辣但不刺激，柠檬和佛手柑洋溢着清甜的芬芳，烟草与木香在熏草豆、缬草的中和下不是那么凝重，有着神秘的独特的贵气，和不苟言笑的性感，是款十足阳刚的男香。它会让你想起那种有故事的男人，让人难以揣测，但又想去探寻他的丰富。

GIORGIO ARMANI
黑色密码男性淡香水
BLACK CODE MEN

香调：茉莉花香调
前味：佛手柑、柑橘、柠檬
中味：橄榄花、洋茴香
后味：烟草、稀有木材、董草豆、檀香木、缬草在黑色密码男香的黑色行头下，蕴含着神秘的独特气质，空气中若有似无的挑逗，精致充满诱惑力的味道，令人无法抗拒。洒上肌肤时，借由体温的变化散发更多层次的气味，令人无法掌握。前卫性感的设计，保有乔治·阿玛尼一贯的优雅和经典。让人印象深刻的外形设计还使黑色密码男香赢得了2006年最佳华丽男香的年度大奖。

黑色密码男香存在的目的，不是为了获得这些看似闪耀的"虚名"，而是要装点人们的品位生活。这款香水不是大众普及款，没有气场的男人很难驾驭得了它。有点深邃，有点优雅，有点精致生活品位的男士，穿着正装或者商务休闲装，去参加类似于宴会的场合，会给你增添不可小觑的光彩。虽然偏性感，但也可以成为精英男人的行头。留香时间很持久，一如深邃的气场。

密码女性香水（CODE FOR WOWEN）

阿玛尼密码女士继承了一贯的乔治·阿玛尼式的优雅和经典，感性而迷人。空气中若有似无的挑逗，精致而充满诱惑力的味道，营造好莱坞明星般的光彩，散发致命的性感诱惑，一如女人的唯美痕迹。值得一提的是，也有很多人将这款香水译为"印记女士香水"。

密码女士香水和黑色密码男士香水一样，蕴含着神秘的独特气质，是一款性感的东方调香氛。它以橙花香为主调，并且借由体温的变化散发更多层次的气味，有着难以抗拒的神秘香味。苦橙和意大利柳橙的香气来得很突然，瞬间就足以叩开沉寂的时空，唯有淡雅的小花茉莉的香味在懒散地飘溢；中味里面继续存在着橙花和茉莉的香气，只是随和了很多，就像隔膜和陌生感正在缓慢地消融；到了后味便成了香草和蜂蜜的主导，散发致命性感诱惑，

GIORGIO ARMANI
密码女性香水
CODE FOR WOMEN

香调：东方花香调
前味：苦橙、意大利柳橙、小花茉莉
中味：橙花、纯净天然茉莉精粹
后味：香草、蜂蜜

形成一种让人无法忘怀、令人神魂颠倒的香味。总体来说，
橙花香的主调为该款香水营造了一种难以抗拒的神秘香味。
醉人的橙花香调掺合清新姜味，触动感官，再融合蜜糖香草
那犹如拥抱的香气，营造出令人难忘又迷惑的新邂逅，揭示
女性魅惑的神秘密码。

　　密码女士香水，对橙花香气的绝对捕捉与诠释，带来丝

绸一般的非凡体验。这种非凡感受在瓶身上可以得到呈现，瓶身以色彩推移、影子及花为设计，营造出神秘的感觉。香水瓶本身的形状并没有什么特别，但是瓶身上的黑色花朵却为整体造型增添了几分冷艳的妖娆。

珍钻系列香水（DIAMONDS）

在乔治·阿玛尼的作品中，如果说最经典的属于寄情系列的话，那么最受人欢迎的无疑要数珍钻系列。该系列香水同样是以对香的形式展现，虽然从风格、味道、气质、外形上两个性格的香水各不相同，但无不将乔治·阿玛尼那精致高雅的生活态度展现得淋漓尽致。

珍钻女香是一款散发着玫瑰芬芳的香水，花香中隐透令人垂涎的荔枝和覆盆子果香，融汇木香和琥珀韵味。它四重香调完美演绎精巧女人的多面特质。荔枝与克什米尔覆盆子，充盈着忽明忽暗的甜蜜；保加利亚玫瑰，令你宛如坠入一片粉色柔美的玫瑰海洋；苍白湿润的山谷百合，清新又透着沉醉；香根草与雪松仿佛就是阿玛尼先生的签名，给这款香水打上时尚与经典的印记；琥珀与香草给整款香氛丰富的层次感，诠释着自信的味道。

值得一提的是，珍钻女香的瓶身的设计确实很像一颗钻石，瓶身表面有经过切割，所以在光线下面看起来很有闪耀的效果。

珍钻男士香水瓶里盛装的诱人香气是以木质香调为基调的淡香水，融合振奋清新的佛手柑、柑橘与生气勃勃的胡椒的气味，怡人醒神地道出活力澎湃的气息，再搭配以香柏木唤出优雅型男的那股韵味与阳刚气质，结合温暖柔和平易近人的可可豆为中味，最后则以具有茶香的珍贵香木愈创木与香根草、龙涎香为后味，逗留不去的性感气息，交织出令人无法抗拒的余香，让男士们兼具清新与诱人的魅力。

同珍钻女香一样，男香的瓶身设计同样夺人眼球，包装盒上面的阿玛尼标志图案很显眼，瓶身的设计也尽显阳刚之气。另外，男香的喷头设计也比较特别，藏在瓶盖里面，别出心裁。

GIORGIO ARMANI

珍钻系列香水

DIAMONDS

· 女性香水 ·

香调：东方花香调
前味：荔枝、克什米尔覆盆子
中味：保加利亚玫瑰、山谷百合、
　　　香根草、雪松
后味：琥珀、香草

· 男性香水 ·

香调：清新木质香调
前味：佛手柑、柑橘、胡椒
中味：香柏木、可可树
后味：愈创木、香根草、龙涎香

雅诗兰黛将"极致奢华"的理念演绎得淋漓尽致，坚持着创造这个美丽事业时的初衷——以浪漫和爱的名义，为每个女性带来魅力。它坚信科研的力量，保持积极的精神状况，它保持与女人心灵深处的交流，久而久之，它已成了现代女性追逐美丽的启蒙者和灵魂的导师。

ESTÉE LAUDER

极致奢华的浪漫主义

雅诗兰黛

60多年前，一个美丽的女人开始了一场关于美容行业的革命，她深信：每个女性都能够变得美丽动人。这个女人便是雅诗·兰黛夫人，而她的伟大事业便是当今的高级护肤品帝国——雅诗兰黛。

雅诗·兰黛最著名的言论便是："美丽是一种态度，而没秘密可言。世界上没有丑陋的女人，只有不在乎形象或者不相信自己魅力的女人！"正因为秉承这一理念，雅诗兰黛成为全球最大的护肤、化妆品和香水公司，凭借着各类精致优雅而又奢华的化妆品享誉全球。该品牌的护肤、彩妆及香水产品系列都成了科学与艺术完美结合的最佳范例，以领先的科技和卓越的功效闻名于世。

她的名字是时尚杂志的"常用词"，她的王国在奢侈品王国里呼风唤雨，她的名言被世界各地的女人奉为经典座右铭，她的年龄永远是个谜，她就是被誉为"香水王后"的雅诗·兰黛，而她的气质与灵魂幻化而成的便是魅力的秘密，那是一种至美生活的态度。

全球首届一指的化妆品、护肤品及香水品牌——雅诗兰黛，由雅诗·兰黛夫人和约瑟夫·兰黛先生于1946年在美国纽约创立。雅诗·兰黛夫人运用她对生活品位和时尚的敏锐触觉，经过几十年的不懈努力，终于使之成为美国最大的化妆品集团以及世界第一的高档化妆品公司，将美丽及时尚融入当时女性所向往的生活环境。

雅诗·兰黛出生在纽约皇后街的意大利移民街区，一位匈牙利犹太籍的五金店主家里。这个小姑娘继承了母亲的美貌——金发碧眼，并且拥有晶莹透亮的皮肤。她厌倦贫民区的生活，一直梦想着摆脱那里的生活。

第一次世界大战爆发时，化学家叔叔的到来改变了她的一生，因为叔叔带来了护肤油的秘密配方。她对如何制作各种护肤品相当感兴趣。"只要我有空闲的时间，我就煮几罐面霜，"雅诗·兰黛曾说，"当我沉浸其中时，我总觉得自己充满了活力。"叔叔带来的神奇护肤油使雅诗·兰黛从此把唯一的梦想与它联系在一起，开始孕育一个美容世界的梦："我的未来

从此写在一罐雪花膏上。"在自家厨房里，借助化学师叔叔调配出来的面霜、5万美元的创业资本，雅诗·兰黛开始了美容事业的起点。这位外表美丽纤弱的女子，在创业之初，曾为自己立下"每天至少接触50张脸"的工作量底线，在人流熙熙攘攘的大街上，她说服经过身边的女人，尝试自己的巧手护理。

1946年，雅诗·兰黛与其丈夫约瑟夫成立雅诗兰黛公司，她负责化妆品的制造和销售，约瑟夫负责管理。1948年，雅诗·兰黛凭借出众的口才，为她赢得进驻美国最高级的"第五大道"百货公司的资格。雅诗兰黛作为高档美容护肤品品牌的知名度，从此直线上升。

这位出生于纽约皇后街的"灰姑娘"，凭借野心、热情与执着，撰写了一个美国梦式的传奇。她以其聪明勤奋、坚忍不拔换来财富、地位与尊敬，美国梦所涵盖的自由平等底蕴，在雅诗·兰黛的人生故事中流转。在《时代周刊》评选的20世纪20位最具影响力的商业天才中，雅诗·兰黛是唯一的女性。

雅诗·兰黛初次涉足香水业是在1953年，可以说，是香水使得雅诗兰黛成为全美家喻户晓的品牌。实际上，在1950年以前，香水作为典型的奢侈品，女性一般不会自行购买，普及率相当低，但雅诗·兰黛相信女性喜欢生活化的美丽。这一想法奠定了雅诗兰黛的风格：保持着与社会时尚的微妙距离。1953年，雅诗·兰黛将亲手改造的"青春之露"香水以日常用品的形象推向市场，这既是一种香氛沐浴油，也可以当香水使用。"青春之露"

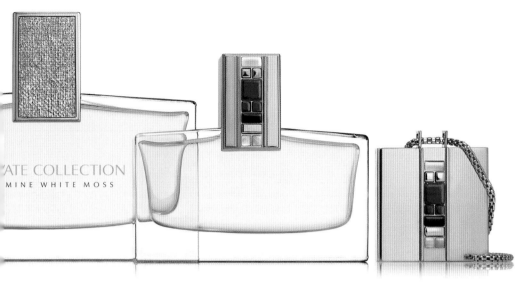

上市后大获成功，打破了法国香水一统天下的局面，使得高档香水不再是少数贵妇才能使用的奢侈品，而雅诗兰黛也获得了创新和优质的美誉。此后，雅诗兰黛的香水一直颇受时尚界推崇。

雅诗·兰黛的香水分支非常庞大，1968 年推出"雅诗"，然后是辛香绿叶木香型的"合金"，接着是花香木香调的"私人藏品"、"亚麻清风"、"闪烁的金"、"闪烁的银"以及东方香型的"朱砂"和春天般清新的"白色亚麻"等，到 90 年代，雅诗兰黛推出了许多重要的香水，比如 1992 年的"着迷"，以及 1995 年的"欢沁"，都堪称经典。

在造就雅诗兰黛成功的诸多因素中，对于时代脉搏的把握和对时代潮流追随的品牌精神，是雅诗兰黛不断成功的重要保证。随着时代香水风格的变换，雅诗兰黛也在不停地变换着自己的风格，其于各个时代推出的不同香型的香水都有它独特的味道，或温柔优雅如"欢沁"，或浪漫奢华如"美丽"，或清新恬静似"如风"，或梦幻热情如"霓彩天堂"……它们各自散发着丰富而欢乐的气息，如春雨过后徐徐扬起的微风，在你心头掀起一层涟漪，带领你回到最初交汇的一刻，回味那份逝去已久的往事。

许多品牌的香水更像优雅的晚礼服，是一种对于高雅的致意和崇尚，而唯有雅诗兰黛香水开创了"让艺术生活化"的先河。它融合了艺术灵感和完美工艺，不仅仅只是释放香味，而且像爱情一样热烈奔放。当女人遇到雅诗兰黛香水，总会如痴如醉，就像爱丽丝无意间掉入了兔子洞找到了神奇的世界，一旦深陷其间，就注定无法自拔。

美丽女性淡香水（BEAUTIFUL）

雅诗兰黛在香氛上的追求远远要比其他品牌显得浪漫得多，单单从"美丽"这个单词出发，就足以说明调香师的良苦用心。这款香水所要表现的是随风而逝的白云仙女，她代表的是动人的女性美——温柔、亲切、浪漫，令人难以忘怀。好似千万朵鲜花放在一个篮子中的芬芳，带着一丝温暖的木质香调和明亮的柑橘气息，这就是雅诗兰黛美丽女性淡香。

美丽女性淡香水于 1985 年推出。这款香水浪漫、温柔、令人难以忘怀，让人温暖无比的木质香调给人留下了深刻的印象，这款香水的广告则选用了两小无猜的婚礼场面来衬托香水的美丽，更是将浪漫的特点烘托到了极致。直到今天，这款香水广告仍然一直选新娘为主角，因为"美丽"所诉求的，正是生命中最美丽的香水。雅诗·兰黛夫人创造美丽女性淡香时，自己此生中最美好最动人的回忆，及令人感动的誓言，皆伴随着浪漫的情愫一起涌现。"我不希望美丽女性淡香闻起来像是任何一种玫瑰花、栀子花或任何一种单独的花香，我要令美丽女性淡香成为世上最奇妙、最丰富、最和谐的千百种花香调集于一身的香氛。"雅诗·兰黛夫人这样说。

美丽女性淡香水处处流露着奢华的气质，多重混合的花香，是这款香水所要向我们传达的。前味中的玫瑰和百合的香气最为"动听"，在金盏花花香的伴奏下显得楚楚动人；浓郁的花香中，时隐时现出的果香，将清新香气层层演绎；百合的浪漫气息，散发着优雅的气质；玫瑰的浓香，将整个香息提升，很好作出了修饰。不过前味的多道花香，可能使我

美丽女性淡香水

ESTÉE LAUDER

BEAUTIFUL

香调：木质花香调

前味：保加利亚玫瑰、百合、法国夜来香、金盏花、
　　　肉桂皮、新鲜水果

中味：茉莉花、香油树、柑橘花、荷兰石竹

后味：没药、鸢尾花、橡木、琥珀、顿加豆、白檀

们略感浓郁，仿佛一下子被幸福感动得过了头，不过这股浓郁的香味会迅
速扩散，并没有影响太大。中味成了茉莉、柑橘和荷兰石竹的天下，简单
地延续前味的花香，只是更多体现清新为主。后味以白檀木、鸢尾花、橡
木和琥珀精心组合，浓郁的味道，将前中味很好地调和，实现明显的提升
效果，完善地将整个香熏演绎出来。

　　美丽女性淡香水的瓶身是比较保守的风格，更加有些内敛的倾向。瓶
身为透明玻璃，香水为金黄色，有种与众不同的高贵感。这款香水在1985
年推出后，时尚、浪漫的情愫使其一直延续至今，并得到世界女性的喜爱
与追捧。层层飘逸的花香，循序渐进的演绎，将香水的初衷体现到位。瓶
身设计上同样也下足了工夫，金色的外表，彰显高贵，极具奢华的造型，
演绎出时尚大牌的风范。

霓彩天堂淡香水 （BEYOND PARADISE）

　　2003 年雅诗兰黛推出"霓彩天堂"，这是雅诗兰黛推出的第一款"梦幻式"淡香水，也打破雅诗兰黛一贯予人成熟女性的诉求形象。霓彩天堂淡香水以独有的香气、水滴状的瓶身、多变的色彩与重量级的制作群等包装设计，展现雅诗兰黛的品牌新风格。

　　香水瓶身水滴状的优雅曲线，会随光线呈现出炫丽奇幻的七彩色泽，宛如一滴来自天堂的甘露，十分具有视觉效果。雅诗兰黛拥有细致独特的"棱光花香调"，和英国孕育多种珍稀植物的伊甸计划区合作，采撷多种珍贵花朵的独特香味。借由不同层次的香味律动，缓缓地散发出各种珍稀花朵的独特氛围，带来独一无二的感官享受，如同开启天堂之门的密码一般，三阶段丰富层次的花香带领使用者进入愉悦、安详、犹如天堂的奇妙境界。

　　为了将这种曼妙的感觉推向极致，雅诗兰黛不惜重金礼聘了法国著名导演——吕克·贝松执导霓彩天堂的全球广告片，同时选定流行音乐教母麦当娜《梦醒美国》专辑中的单曲"Love Profusion"作为广告配乐；而由曾数度登上世界顶尖时装杂志封面，并在 1998 年荣获"年度模特儿"的超级名模卡罗琳·墨菲担任广告代言人。

雅诗兰黛霓彩天堂淡香香氛类别也完全配得上如此排场，最独特的便是其独创的"棱光花香调"。霓彩天堂系列散发着异幻般的花香，芬芳四溢，稀有罕见，令人神迷。它将带你沉醉于热带的湿润、热情的活力、热忱的馨香三者水乳交融的平衡状态，使你远离都市的喧嚣，摆脱疲于奔命的压力，感受超凡脱俗的宁静，帮你养精蓄锐，恢复活力。它将令你开启霓彩天堂之门，感受如痴如醉的香氛新境界。

清新灵动的前味——伊甸清雾、巴西贾布提卡巴果、橙花、蓝风信子；花香馥郁的中味——日本兰花、绉纱茉莉；热情性感的后味——黄葵籽、斑马木。霓彩天堂的瓶身，犹如轻轻划过的优雅雨点，线条简洁而流畅，再加上棱镜片的光感和色彩交织其中，牵引出纷飞交错的激情和感觉，这般难以形容的情绪，或许只有置身于天堂之时才感受得到。红色，代表爱、欲望和激情；橘色，一种活力、探索和冒险的起源；黄色，带来光彩、暖意和乐观态度；绿色，带来活力，充满着和谐和丰盛；蓝色，水般流动，宁静而和平；紫蓝色，充满奇迹和魔幻的想象；紫色，神秘而充满幻想。

诚如那些香水鉴赏家所说："雅诗兰黛非常讨人的欢心，既不是那种高贵得遥不可及，也不是美丽得望眼欲穿，而是平凡、亲切的高贵，不需要装饰，是骨子里的优雅。"这款霓彩天堂淡香氛就是这样，独创棱光花香型，是花香，但是不甜，又有果木香，感觉很温暖。留香时间不算长，但是整个过程像彩虹一样美丽。

霓彩天堂淡香水

BEYOND PARADISE

香调：柔美花香调
前味：伊甸清雾、哈密瓜花蜜、柑橘、贾布提卡巴果、蓝风信子
中味：茉莉、兰花
后味：白千层树树皮、斑马木、黄葵籽

摩登都市淡香水（SENSUOUS）

　　自信、摩登、优雅、知性、冷艳、性感、迷离……这一连串词汇无不是现代都市摩登女性的性格特点，善于契合潮流的雅诗兰黛专门推出了摩登都市淡香水，令每一位摩登女性都可以展示出属于自己的性感特质，进而显示出现代女性复杂多面的迷人气息。

　　摩登都市淡香水，重新定义了传统香氛结构的前味、中味和后味。以采撷榕木的精纯香气创作出独特的木质调琥珀型香氛，环绕着丰富而大气的花香，不经意中徐徐飘过一阵明亮的黑胡椒气息，再加上一抹自然蜂蜜的温暖香气，带来层次迭起的感官体验。木香十分细腻浓郁、富有时尚感而留香持久。但过去的木质香调，对于一款女性香水来说，似乎总过于粗犷阳刚而显得较为男性化。摩登都市淡香和以往不同，通过新的调香技术，一种摩登性感的女性气质由内而外地散发出来。香氛中的另一层味道——柔美花香的递进，并不会掩盖木质调的光芒。令人觉得仿佛走进了一间温暖的淡紫色花房，每一朵花都值得逗留品赏，放眼望去，又是如此相互映衬，赏心悦目。木兰花、鬼魅百合、清新茉莉以及精纯依兰的衬托……处

摩登都市淡香水
SENSUOUS

香调：东方木质香调
前味：琥珀
中味：茉莉、百合、木兰、依兰
后味：黑胡椒、檀香木、蜂蜜、橘肉

处透露着诱人芬芳，不禁让人充满期待的幻想。不经意中，这款香氛悄悄透出一层明亮的香调，它是混合了奶油味的檀香、辛香的黑胡椒、多汁的柑橘以及自然采撷的蜂蜜，将木质调营造出一缕挥之不去的明快香气。

除了香味外，摩登都市淡香水的瓶身更融合了玫瑰金、透明波纹与迷人紫色等设计元素，使瓶身造型与香氛本身均呈现奢华顶级的质感，圆形瓶身加上圆柱形喷头让人印象深刻。呈现对比的鲜明色系，在低调与大胆之间取得平衡，展现时下女性的动人特质。以对角方式呈现的波纹，为简约经典的玻璃瓶身增添质感，而耀眼的玫瑰金瓶盖则缀以简约迷人的摩登气息。

我心深处女性香水（INTUITION）

雅诗兰黛我心深处女香，有别于传统香水前中后味金字塔结构，将琥珀暖香、仿肤自然香和层次花香三者整合为一，同时并持续地释放。此外，该香水明亮与感性兼备，带来了经典东方香氛摩登新概念。

我心深处女香的英文名称原意是"直觉"，强调以女性直觉为其香水概念，一种最自然、与生俱来的"第二天性"，存在于每一个女性身上。我心深处这瓶诉诸感官感受的欧洲风味香氛，也可以说是经典东方香味的"新世纪版"，予人感官、梦幻，又充满了光热明亮的清新活力，和闪亮清澈的透明感。

我心深处女香核心香氛由琥珀的温暖感开启一连串嗅觉表现，继而散发出的则是银枫与檀香木混合而成的持久香味；最后与丰富的栀子花、东方杜鹃、玫瑰及小苍兰等花香，融合出既多元化，又具质感的花朵香气，与琥珀香氛混为一体，予人温暖感与强调官能性，透露出圆润微妙的气息。在和谐

香调：东方木质香调
前味：佛手柑、柑橘、橙香、西柚、银枫
中味：双喜玫瑰、栀子花瓣、小苍兰、杜鹃
后味：琥珀、珍贵木材香气、檀香木

自然的玻璃瓶内，盛载着由白玫瑰、杜鹃、栀子花及橘子等制成的性感香氛，最能让你经历奇幻瑰丽的旅程。如同香味予人温暖圆润的感觉，我心深处女香的外观瓶身以简单的椭圆弧形呈现，光滑一如海水冲刷过后的石块般圆润清透，镶嵌在瓶身背面的琥珀色水滴，在透明瓶身的衬托下，仿佛传递出明亮和煦的温暖感受，简单、素雅而不哗众取宠。

欢沁女性淡香水 （PLEASURES）

1996年雅诗兰黛推出了名为"欢沁"的新时代女性香水，飘散着浓雅的花香，香味乍浓犹淡，怡人心脾，如同在大自然中播撒欢沁。尽管香水市场竞争激烈，不过欢沁在全球市场一直占有着一席之地，更成为各大香水排行榜畅销的经典女香之一。2005年，雅诗兰黛在全球免税店推出了炽情欢沁限量版香水，颠覆了欢沁原本温柔、感性的风格，融入了活泼、充满情趣的异国风格，出人意料地融进热带花香。

炽情欢沁限量版华丽细致的香气汇集各种闪耀成分，百香果、芒果、鸡尾酒、粉红多汁的葡萄柚、香橙及美味荔枝混合来自群岛的竹花、牡丹、杜勒鹃藤，再加上刺激的粉红莓，让人恣意地享受。炽情欢沁限量版淡香以全新的香氛放射方式呈现出各种不同的香调，让人在不同的时间使用时，能够发现各种不同的惊奇与魅力。

即便是褪去了"限量"的声誉，欢沁女香依旧风采迷人。欢沁女性淡香的设计灵感来自于雨中的花朵，花香乍浓还淡，前味在馥郁与清冷中环绕展开，闻起来像在雨后的花园玩耍，轻柔淡雅的百合花、紫罗兰，中味为茉莉加上香味轻快持久的黑丁

欢沁女性淡香水
ESTÉE LAUDER
PLEASURES

香调：清新花香调
前味：白百合、紫罗兰叶、绿色气息、
粉红莓、粉红玫瑰、茉莉
中味：黑丁香、白牡丹、卡罗花
后味：檀香木、薄荷油

香、白牡丹、粉红玫瑰，最后以澄静的印度紫檀和薄荷油收尾，让人心情平静而无忧。由于后味中没有常用的动物香材定香，因此整款香水没有某些香水的张扬的性的暗示，适合 20 岁以上，性格温柔独立的女性用于四季中任何场合。没有咄咄逼人之势，是男女接受度都非常高的香水。自推出以后，雅诗兰黛又陆续推出了馥郁欢沁、异域欢沁等。之后推出的这几款整体基调并没有太大改变，但是三调还是依据新世纪潮流有细微改进。欢沁是采用了首创的二氧化碳萃取术的香水，直接攫取整个花朵的香味，令花香栩栩如生，达到气味逼真却又不伤害真花的目的。

这分明是一种细腻的情感，除了用味觉给人以一种优雅浪漫的感觉之外，它的包装和瓶身设计亦是如此。淡雅的橘粉色，以横纹做修饰，产品的标志下饰以此款香水的主题"欢沁"。而香水瓶身为长圆形设计，纯透明的玻璃瓶身，握在手中很有质感；浑圆的银色瓶盖，简单中透着优雅。而它清新的味道更是让人沉迷，虽然前味上会感觉稍有些浓，但随着香味慢慢弥散开来，便会让你心情顿觉舒畅，仿佛周边的一切幻化作了满地的绿草与野花，伴随着清新的自然之风徐徐飘来。此款香水还荣获了 FIFI 最佳女性香水、最佳包装、最佳广告三项大奖，可见它的经典与不凡。

在传统与现代的交融中，不论经典能有多少不同的状态或境界，伊丽莎白·雅顿香水已尽得其精髓。因为在香水发展史中无可替代的重要地位，它又被誉为"众香之巢"。

众香之巢
伊丽莎白·雅顿

当经典传统遇上摩登现代，就造就了不凡、唯一、极致的伊丽莎白·雅顿香水，这个成就了无数神话的香水，已经成为全球无数女子的最爱。它那别致优雅的浪漫格调，令众多时尚爱好者为之倾倒，女人喜欢它的清幽，男人喜欢它的妩媚。它从欧美风靡到亚洲，不仅快乐本身，就连优雅、性感的讯息也已随着它散发出去，明亮且温暖，性感且高贵，仿佛蕴藏着无限魅力。

伊丽莎白·雅顿，被《生活》杂志认定是"20世纪最有影响力的美国人"之一，并享有"香水皇后"和"头脑灵活的女实业家"的美称，她成功地创造了一个以自己名字命名的世界级化妆品品牌，并且深刻地改变了人们的美容观念，她领导了美容、保养的时尚与方向。

伊丽莎白·雅顿，原名佛罗伦丝·南丁格尔·格雷汉姆，1878 年生于加拿大伍德布里奇。伊丽莎白·雅顿是 5 个孩子中的第 4 个，在她 6 岁的时候，母亲就被肺炎夺去了生命。母亲的死，深刻地影响了她的一生。那个时候，小伊丽莎白·雅顿常常要跟随父亲将种植的蔬菜拿到市场上卖，她开始跟着父亲学习怎么与那些买主纠缠，而这番本事恰恰为她此后的事业奠定了基础。在那里她还看到许多富有而时髦的妇女，幼小的她开始对金钱充满了向往。"我想成为这个世界上最富有的女人。"伊丽莎白·雅顿曾经这样说。

不过，农民的女儿却不是想富就能富的。伊丽莎白·雅顿的第一份工作是护士，但很快她发现自己并不适合这份差事，后来她又做过职员、速记员，甚至牙医的助理，最终她发现还是打扮自己也打扮别人才是她最想做的事。1908 年，伊丽莎白·雅顿来到了纽约投奔弟弟，两年以后，仅仅凭借 6000 美元，她创办了自己的化妆品公司，并以自己的新名字伊丽莎白·雅顿命名。这个名字的灵感来自小说家伊丽莎白·冯·阿尼姆和丁尼生勋爵的诗作《伊诺克·雅顿》，从此她开始以追求完美、不屈不挠和对细节要求很高的雅顿小姐而闻名。

最初雅顿沙龙里出售的是别人制作的香水，作为一位精明的商人，她不喜欢看见钞票进了别人的口袋，于是雅顿也开始了她的香水业务。雅顿早期制造的比较引人注目的香水是 1922 年发行的"茉莉花"、"玫瑰"和"意大利丁香"，这些香水都是单一花香型。到了 20 世纪 30 年代，伊丽莎白·雅顿的事业发展到了一个顶峰，那时的她已足以证明"美国只有三个品牌能享誉全球：可口可乐、辛格缝纫机和伊丽莎白·雅顿的香水"。十几年后，当《财富》杂志在论及伊丽莎白·雅顿其人的魄力时，这样写道："她可以喝令太阳驻留，容她调制好合适的粉红色，她也因此而成为美国历史上迄今为止赚钱最多的女人。"

那些在传统与现代之间挣扎的女子，从伊丽莎白·雅顿的香气中可以呼吸出无限的自由，尽情地去感受生活，体验生活的幸福，远离尘世的喧嚣，适时聆听自己内心的声音。当然，它的美妙并不只存在于此时此刻，当一种神秘而缠绵的香味飘来，你可能就突然想起了某一天某一时刻的某个故事——一个属于自己的故事，伴随着它独特的芬芳，一滴滴穿透你的心灵。人们曾经认为没有任何一款香水适合所有女人，也没有任何一种香水能阐释女人的每一种心境，伊丽莎白·雅顿香水却颠覆了这种认知。它将女人的娇羞、畏惧、骄傲、向往、自信、坚强和风情全都锁定在或清淡或浓艳或妩媚的芬芳之中，企盼匆匆经过或稍作停留的人都能感受到它想要表达和难以道出的一切。一段单纯的情感，一份无限的亲切，伊丽莎白·雅顿香水将女性的温柔清晰地呈现出来。淡淡的清香不失持久，清清的风雅不失柔美，伊丽莎白·雅顿的香气留下恒久不朽的氛围，深深烙印在每个人的心中，令人永难忘怀。

到 1936 年，不甘守旧的伊丽莎白·雅顿再次聘请著名的调香师乔治·福克斯调制出了日后被奉为经典的"青青芳草"系列香水。这款香水的复刻版于 1989 年被重新包装推出后，销量依然稳定。在 20 世纪三四十年代，还有两款雅顿香水十分受欢迎，一款是"仙客来"香水，另一款是"就是你"香水。这些著名的香水打造出了一个顶级品牌的性格，代表着开朗、亲切和无比自信，虽然它们极具女性香水的特质，但独特气质中饱含活力，有时甚至因为稍微有点咄咄逼人而略少温柔相，不过，正是依赖这种略显

矛盾的特质，才让伊丽莎白·雅顿能够在众多香水品牌中独树一帜。到 20世纪 60 年代，伊丽莎白·雅顿去世以后，她的家族与公司的联系也结束了。直到 1989 年，伊丽莎白·雅顿又被转手给联合利华公司。现在该公司拥有两个生产香水的子公司——伊丽莎白·雅顿公司从事原来的业务，国际香水公司则从事新出品的香水业务。比如"小甜甜"布兰妮的"渴望"香水就是由这个国际香水公司出品的。

在易主之后，雅顿推出了一系列我们现在很熟悉的香水，如红门香水和太阳花香水等，后者更被誉为"生命的庆典"。接下来的"第五大道"、"挑逗"、"绿茶"等更是延续至今的经典作品。这些新生的雅顿香水的配方具有浓郁的花香，有点侵略性的、不加掩饰的香味，这种香水并不适合草地上的野餐，可是在一些正式的场合，只要你有足够的自信和智慧，但用无妨，它们会将你的美丽散发得淋漓尽致。

如今，人们依旧很难用单一的定义完整地描绘出雅顿香水的美轮美奂，但它却成功地将女人的韵味挥洒得淋漓尽致，展现着具有个人独特魅力、高雅自信、懂得享受生活的女性风采！一朵城市之花，成为我们与自然连接的纽带，向我们讲述了非凡、纯洁、坚强而又感性的美的力量，伊丽莎白·雅顿香水体现的正是这种尽善尽美的理想和不屈不挠的精神。

第五大道香水（5TH AVENUE）

第五大道香水最早由雅顿公司于1996年推出，旨在表达女性自信、现代以及睿智优雅的一面，适合现代都市中自信、时尚又追求个人风格的女性。瓶身设计线条简洁大方，颇具现代节奏感，以纽约曼哈顿的摩天大楼为瓶侧的线条，优雅利落。

它奢华却不张扬，诚如调香师为它设计的对白："我与都市的摩登和现代总是严丝合缝，完美契合。属于我的女子必须自信、独立，有着敏锐的头脑和自己的一套做事原则，喜欢购买最新款式的套裙、皮包，讲求细节和优雅的格调，奢华却不张扬。"它还是最具有大都市情怀的代表，第五大道可能是世界上最广为人知的街道之一，也是最具大都市情怀代表性地标。伊丽莎白·雅顿此款香水的设计灵感正是来自这个绝无仅有的现代都市——纽约。

第五大道香水是典型的适合职业女性的香水，从香水瓶的造型设计就能看出香水本身的创意，适合现代、追求独立的女生。东方花香调与东方香调是不同的。香水的前味并不是浓郁的花香，因为前味的三种香材混合在一起，给人清爽甘甜的感觉。中味虽然是常用的玫瑰与紫罗兰，但是脂粉气并不浓重，所以比较适合清纯的女子。第五大道的姊妹版——雅顿大道再现香水则更为现代人所熟悉，这款香水的瓶身造型只是在原版上稍加改动，是为每天朝九晚五的职业女性下班之后用的。这个创意有点像雅诗兰黛的"欢沁"和"馥郁欢沁"一样，用姊妹香，就能省去重新换衫喷另外一种香水的麻烦。

当时尚成为一种生活态度，都会女子精彩的一天将从黄昏时刻的"五点零一分"开始。而在纽约这个充满无限可能、无限惊奇与冒险的大都会里，每个女子都有属于自己的独特魅力风采、一种恣意的生活态度，让你徜徉在另一个新的国度！这便是大道再现香水所要诠释的重点，漫步在纽约的女子，洋溢着雅顿的自信，白天的从容优雅蜕变成夜晚纸醉金迷的神秘感，风情万种的眼神中闪烁着微妙光泽的耀眼金铜色光芒，锐利但妩媚地围绕在性感的气息里。

大道再现香水的前味融入了黑莓、佛手柑、胡荽、忍冬的清甜，散发出神采奕奕的光芒。中味的茉莉、番红花、莲花让人衣衫袅袅，伴随着浪漫的音乐与微醺的氛围，告别一天工作的疲惫。后味的白檀木、白桦树、顿加豆、麝香正代表了欢愉与享乐的性感时光。似乎在大声宣讲："我的一天从五点零一分开始，要华丽光彩，也要华丽冒险，就从此刻开始！"

Elizabeth Arden
NEW YORK
第五大道香水
5TH AVENUE

香调：东方花香调
前味：紫丁香、木兰、法国铃兰
中味：保加利亚玫瑰、紫罗兰、桃花
后味：琥珀、鸢尾花、香草

情迷地中海女性香水（MEDITERRANEAN）

当迷人的魅力升华为耀眼的高贵，伊丽莎白·雅顿情迷地中海女香已然成为璀璨波光的摩登诠释。美艳的清馨花果馨香伴随着柔和的乳木香，带你领略地中海的微波私语和款款深情。

木质调和花香调的组合，就像吸食雪茄时，又缀吸了一口波尔多红酒，让人意犹未尽，更加美妙绝伦。伊丽莎白·雅顿的香水大多数都是清新淡雅型，给人亲切高雅的感受。这种低调而不沉默的感觉，让人很欣赏，虽然不是那种甜美的味道，但很迷人，这也许就是木质调和花香调组合的结果。淡淡的、香香的，很优雅，虽然不能体现女人的妩媚，但可以时刻体现你的柔情。

情迷地中海女香前味是华果初耀，享受阳光眷顾的香甜蜜汁桃子果交融着饱满多汁的西西里柑橘编织出闪耀的美味，使空气也变得雀跃不已；锦缎梅子带来柔和迷人的妖娆，宠溺你的嗅觉感官。中味为难忘花开，紫藤花、星玉兰、马达加斯加兰花，合力演绎着妩媚的幽香之舞；空气中，充满女性特质的芬芳盘旋，袅绕。后味呈印象缭绕，诱惑檀香、丝滑麝香、金色琥珀将你包裹在绵长的暧昧之中，而金色琥珀的柔和密语将这难以忘怀的香氛体验带到了梦幻的高潮。

伊丽莎白·雅顿情迷地中海女香，蓝色的瓶体配上银色的瓶盖，很有质感。而且蓝色给人一种清新淡雅、清爽无比的感觉，仿佛一下子投入到大海的怀抱，整个人也变得豁达起来。这款香水比较适合夏天使用，味道既清淡又舒爽。

Elizabeth Arden
情迷地中海女性香水
MEDITERRANEANY

香调：木质花香调
前味：蜜汁桃子果、西西里柑橘、锦缎梅子
中味：紫藤花、星玉兰、马达加斯加兰花
后味：檀香、麝香、琥珀

绿茶香水（GREEN TEA）

　　夜幕将至，一个端庄温婉的女子立于茶园门前，满园的绿色营造着淡泊、宁静的氛围，仿佛东方神话里的某个仙女下凡。那淡泊、沉静的秉性，那与世无争的坦然，一如伊丽莎白·雅顿绿茶香水那样，给人超凡脱俗的清新感受，就像是雨后的茶园，很清澈。

　　伊丽莎白·雅顿绿茶系列香水的调香师是法国著名的香水专家弗朗西斯·库克简。作为香水领域最著名的人物之一，出生于巴黎的弗朗西斯将这款香水视为"自己最成功的作品"，他在传记中写道："绿茶在香气中弥漫，游走于普通与非凡的感官体验之间。"一直以来，绿茶因其经久不衰的放松神经、舒缓身体、抚慰精神的效果，而为诗人、哲学家和统治者所推崇，有大量的诗歌歌颂它独特的疗效，佛教僧侣也从绿茶中获得启发。这些都激发了伊丽莎白·雅顿绿茶系列的创造灵感，它撷取了绿茶的治疗精华，让身心沉醉于沁人心扉的芬芳中，舒缓身心，重新启发全身感官知觉。

　　绿茶香水最独特的成分无疑是绿茶，其主要成分还有茉莉、薄荷、水果香等，香味清新雅淡而脱俗，有着非人间俗尘的淡泊之味。绿茶香水灵感来源于古老的茶道传统，它混合了葛缕子、柠檬、柑橘、佛手柑、薄荷、橡树藓、麝香、琥珀等多种成分，创造出天人合一的氛围，清新的气味能舒缓紧张的情绪，给人们清新的感觉。全新概念的清新香调，宛若雨后清晨般令人神清气爽，心旷神怡。以绿茶为基质，前味散发清新悦人的芳香，含有柠檬、佛手柑与葛缕子；中味散发振奋心灵的芳香，含有

Elizabeth Arden

绿茶香水

GREEN TEA

香调：**木质花香调**
前味：**葛缕子、大黄、柠檬、橙皮、佛手柑**
中味：**绿茶、薄荷、茉莉、康乃馨、茴香**
后味：**橡树藓、麝香、白琥珀**

薄荷、茉莉与康乃馨；后味散发温暖心灵的芳香，含有的白琥珀、麝香与橡树藓。

对于全世界的忠实用户来说，雅顿绿茶香水不仅仅是一种香氛，更是一种生活方式，一个让女性充分感受健康的感觉世界。

太阳花女性香水（SUNFLOWERS）

香调： 花果香调

前味： 橙花、甜瓜、柑橘、桃、佛手柚、巴西红木、柠檬

中味： 仙客来、桂花、鸢尾草的根、茉莉、玫瑰

后味： 檀香木、龙涎香、麝香、橡苔、雪松

由伊丽莎白·雅顿著名调香师大卫·阿佩尔倾力完成的太阳花女香堪称 20 世纪 90 年代最受欢迎的女香之一，其花果香调征服了一批又一批的雅顿香水迷，至今依旧颇受欢迎。该香水曾获得过被誉为"香水奥斯卡"的 FIFI 最佳女香奖。

太阳花女香的花果香调在当时可谓开时代之先河，正好是迪奥的沙丘香水流行开来的那个年代，人们都比较崇尚自然的感觉，因此太阳花香水的花果香调与新世纪我们见到的花果香调风格已经不同。与圣罗兰的小布娃娃香水相比，后者是小女生娇生惯养的嗲气，而前者呈现的是一种充满健康爽朗气息的活力激情，适合性格外向热情的女子。

这种热烈的感情是可以与香水的香调互相影响的，其前味是橙花与甜瓜的热情，中味变成了桂花与茉莉的浓郁清高，并且伴随有甜蜜的玫瑰香味以及断断续续出现的鸢尾草的香味；后味也很复杂，檀香是主导者，麝香和雪松也很明朗，略微还带有一些龙涎香的味道，很浓烈，也很持久。

1993 年的香水瓶造型在近 20 年后的今天看来难免有些简陋，虽然官方的说法是瓶身上有镂空的向日葵图案，但依旧很难满足现代人的审美需求，而且香水瓶的瓶盖，少有地采用白色塑料制成，让那些十分重视质感的偏执狂十分不满。不过，有了香味的安抚，谁又会过分在意瓶身呢？

挑逗香水 （PROVOCATIVE WOMAN）

伊丽莎白·雅顿在 2004 年要挑动所有男人的感官，推出了这款女性香水——"挑逗"。这款香水之所以名为"挑逗"，在于前味"蕴桃"所释放的吸引力。古希腊神话里专司爱与美的女神名叫阿佛洛狄特，到了罗马时代则改名维纳斯。不管叫什么名字，这两位女神都认为蕴桃是很神圣的果实，因为它象征了爱与幸福，能激起情欲与渴望。

在挑逗香水的电视广告中，当凯瑟琳·泽塔－琼斯经过罗马古城，所有见到她的男士在她性感又极具媚惑的挑逗下，当场溶化成一滩水，顺阶梯流淌，化为无声的呢喃。在香水推出之初，电视频道密集放送的全新广告，想要传递的，即是伊丽莎白·雅顿全新的女香——挑逗香水所隐藏的性感魅力，让男人瞬间臣服！

挑逗香水融合多种具有异国情调的花朵，包含有午夜兰花、木瓜、木梨、水莲、野姜花等，搭配红琥珀与桧木的暖香调，让整体香氛宛若女人的性感体香，透过 37℃ 体温的微温蒸发，让魅力在举手

Elizabeth Arden
挑逗香水
PROVOCATIVE WOMAN

香调：清新花香调
前味：蕴桃、水莲、野姜花
中味：午夜兰花、木瓜花、康乃馨、野百合、紫罗兰、摩洛哥橘子花、兰花
后味：琥珀、桧木、麝香

投足间尽情释放。前味是水莲与蕴桃的缠绵与挑逗，中味是午夜兰花的性感与魅惑，后味则是琥珀与麝香的执著与持久表现力。不论是女人还是男人，在此般妩媚的挑逗下，都会不经意间成为它的俘虏，且无力再作抗争，再加上超级巨星凯瑟琳·泽塔-琼斯的魅力助推，当今男女，恐无一幸免。

红门香水（RED DOOR）

红门香水于 1989 年问世，是雅顿极具代表意义的一款香水。红门香水设计的概念，源自于它的发迹地——座落在纽约第五大道的"红门沙龙"，因为它的门口耸立着一扇鲜艳亮丽的红门。

调香师设定的红门香水的诉求主题是："每位女人都是一扇美丽、高雅，而且带着些神秘感的红门，唯有打开红门，才能真正了解她的内心。"红门香水如一位穿着红丝绒礼服的高贵淑女，所经过之处，总会引起人们的惊叹与赞美。高贵、成熟，你也许会觉得自己就是红门后面那座神秘城堡的主人。

红门香水以伊丽莎白·雅顿最著名的"红门"为标志，是魅力与华丽的象征，饱含温暖、美丽四射的馥郁花香调给人留下深刻印象。自 1989 年上市迄今，红门香水堪称是香水世界的经典佳作，因为它完全由花朵精粹汇集而成，说它是"百花香"一点也不为过。不像现代香水的综合香味，它不含任何果香或绿色植物香，却能维持香味巧妙的平衡，将花香与女性的优雅风华发挥到极致，一点也不显俗媚，将女性雍容华贵、聪慧迷人、独具品位的高雅气质展现得淋漓尽致。

伊丽莎白·雅顿红门香水的整体味道是东方花香调，前味是依兰和红玫瑰，有着异国风情，接下来

Elizabeth Arden
红门香水
RED DOOR

香调：东方花香调
前味：依兰、玫瑰
中味：兰花、茉莉、百合、鸢尾花
后味：麝香、檀香

就是中味：兰花、茉莉、百合、鸢尾花等多种花香相混合，馥郁的味道太过于厚重，很不清爽，更适合冬天使用，后味沉稳的麝香和檀香混合，显得比较优雅了。这款香水在刚喷洒出来的一瞬间，味道很浓郁，仿佛开门之时的一阵惊喜，稍久之后，变得温顺随和了起来。该香水的香味能够持续很长很长时间。如此混合馥雅的香调，调香师却选择了一只简约大方的香水瓶与之相配，在追求外观创意的时代里，恐怕只有伊丽莎白·雅顿才有这样的勇气和资本这样做。

大概只有像卡尔文·克莱恩这样精致的香水，才有资格把举世闻名的纽约情愫印在香水瓶上，仿佛在诉说这里是纽约，是财富与奢华的集中地，是浪漫与精致生活的代言人。它因讲求精致时髦而迷人，使穿戴极具纽约时尚风格的男女，充满了从容自主的特性。这缕来自纽约的浪漫幽香，会带你到一个洒脱、热情、浪漫、矜贵的世界，到纽约，到第五大道，去感受全世界的优雅与浪漫。

Calvin Klein

都市男女的品位之选

卡尔文·克莱恩

在繁华精致的纽约大都市情怀的熏陶下，具备创作和设计才华的潮流创造者，都尽情地发出光芒。一代时装设计大师卡尔文·克莱恩，自20世纪60年代开始便已崭露头角，为这个时装和香水潮流之都创造了不少至今仍为人津津乐道的经典之作。

卡尔文·克莱恩1942年出生于美国纽约，1962年从著名的纽约时装学院毕业后，便开始担任设计助理和自由设计师，并于1968年创办卡尔文·克莱恩品牌。卡尔文·克莱恩崇尚极简主义和现代的都会风格，大量运用丝、缎、麻、棉与毛料等天然材质，搭配利落剪裁和中性色彩，呈现一种干净完美的形象，也奠定了卡尔文·克莱恩的设计基调。

设计初期，卡尔文·克莱恩推出简单大方的西装和外套，随即受到纽约百货公司的青睐，让卡尔文·克莱恩知名度大升。卡尔文·克莱恩以简单的线条与内敛的设计，创造出一种舒适愉快的穿衣态度，加上因样式简单而具备易于大量生产的优势，深受当时都市中上阶层的品位人士喜爱。70年代后期，卡尔文·克莱恩推出全新的牛仔装系列，以漂亮宝贝布鲁克·雪尔丝全裸代言，并在电视广告上说："在我和我的卡尔文之间什么都没有！"极具挑逗性的广告词串联起性感与CK牛仔裤之间的联系，大幅刺激了销售量。"CK"是卡尔文·克莱恩英文的缩写，毫无疑问，卡尔文·克莱恩本人自然是CK品牌精神的缔造者。

到20世纪80年代，卡尔文·克莱恩顺理成章地推出了他的第一款香水"迷惑"。当时的美国社会纵欲享乐风气盛行，卡尔文·克莱恩本人也是俱乐部的常客。这款香水反映了当时人们的心态和社会风气，"迷惑"与之后的"永恒"和"逃逸"被称为卡尔文·克莱恩的"人生香水三部曲"。"永恒"是为纪念他自己的婚礼而推出的具有浪漫色彩的花香型香水。而"逃逸"则是献给所有美丽优雅的女士的，让她们珍藏每段美好的时光。不过，真正让CK香水名声大振的是1994年推出的CK ONE中性香水。虽然并不是香水历史上第一款中性香水，但它的可贵之处是结合了20世纪90年代

整个国际社会崇尚简约，无性别差异的时尚风气。刚一上市就在美国乃至世界各地刮起一股"CK ONE"旋风。此后，CK推出了另一款中性香水CK BE。这款香水的瓶身是黑色的，其他都与CK ONE相似。在两款中性香水推出之后，卡尔文·克莱恩恢复了原来的风格，推出了"冰火兼容"和"真实系列"、"永恒系列"的各种限量版香水。值得一提的是，除了两支中性香水外，几乎所有的CK香水都有男款，而且和女款一样畅销。

秉承着超凡卓越、极致绚烂的设计理念，卡尔文·克莱恩已被世界公认为极具影响力的重量级香水品牌。新摩登主义，是人们对卡尔文·克莱恩香水的定位。在卡尔文·克莱恩引导下，CK掀起的时髦、时尚、性感等话题，至今也没有间断过。卡尔文·克莱恩认为，清新、持久将是香水业发展的总趋势。

2003年，纽约PVH集团并购卡尔文·克莱恩，其创始人也宣告退居幕后，改由伊塔罗·朱其力与弗朗西斯科·科斯塔出任男女装设计总监，不过从这两位设计师推出的设计系列来看，两人依然承续了卡尔文·克莱恩一贯的都会简约精神，维持CK经典不衰。如今，属于卡尔文·克莱恩的美丽篇章掀过一页又一页，它们是那么精彩动人。21世纪将是卡尔文·克莱恩的另一个新纪元，40多年过去了，卡尔文·克莱恩这个名字依然引领着世界的流行时尚，然而在其辉煌的业绩后面，我们看到的更多是一种对完美境界不断求索的CK精神。他是一个活生生的精致生活的代言人，充满着热情，极为坦然，又极为幽默，他便是永远的时尚大师——卡尔文·克莱恩。

CK ONE 中性香水

CK ONE是卡尔文·克莱恩公司1994年推出的典范之作。作为一款有绿茶香味的无性别香水，在仿如牙买加朗姆酒瓶的CK ONE之中，人们仿佛看到了一种"不分种族、性别、年龄，共同分享这同一个世界"的情怀。CK ONE的瓶身设计如同牙买加朗姆酒瓶，白色透明的磨砂玻璃瓶，外包装则是用再生纸做成的普通纸盒。

在CK ONE中，没有种族歧视，所以，没有过分鲜艳的色彩；不分社会地位高下，所以人人平等，人们都有机会享受这个美好时代的幸福。它是一种人人都可以使用的香水，不锁定在某个阶层，不局限男女、成熟或年轻；它完全不设防的开放态度，希望将每个人收归其下；它所传递出的明快现代，不同于传统香水所诉求的浪漫优雅；它简单得不能再简单的磨砂玻璃瓶及可回收材质，大胆地向香水市场的规则挑战。

CK ONE表现得清新明快，前味由豆蔻、柠檬、新鲜菠萝和木瓜构成；中味你会发现一股特定的香味从茉莉、铃兰、玫瑰、肉豆蔻中飘来；后味则由两种混合着琥珀的新型麝香组成，使人感到温暖与热情，成熟而丰富。这款男女共享香水，问世不久

Calvin Klein
CK ONE 中性香水
CK ONE

香调：柑苔果香调
前味：佛手柑、豆蔻、新鲜菠萝、木瓜、柠檬
中味：茉莉、铃兰、玫瑰、肉豆蔻、百合、鸢尾草
后味：麝香、琥珀、檀香、雪松、橡木苔

CK
one

Calvin Klein

collector's bottle
and speaker

就创造了 5800 万美元的销售纪录，在全美乃至世界的香水界里掀起一阵旋风。代表着个性、统一的 90 年代新理念的 CK ONE 更吸引了那些从不用香水的年轻人。这是一款让人感到亲切的香水，只需要你靠近它，全身上下洒满它，你也会像一杯绿茶一般清新怡人。

进入 2000 年，CK ONE 向年轻一代挥动了世界大同的旗帜。2000 年圣诞节前夕，CK ONE 推出了 CK ONE RED HOT。味道与 CK ONE 一样，但瓶身就换作了一身火红，这版限量香水造成了空前绝后的抢购和收集热潮。到 2003 年 CK ONE 在瓶身上再创新意，由三位国际知名的街头艺术家，在 CK ONE 的瓶身上抒发对 CK ONE 的独特看法。来自纽约街头风的"未来"、"利血保"，以及来自荷兰擅长未来派与立体建筑特色的"德尔塔"，把涂鸦艺术与 CK ONE 混为一体，取名"CK ONE GRAFFITI"。

CK ONE 的瓶身可以千变万化，味道也未必一成不变。2004 年的夏天，CK ONE 夏日香水应运而生。沿袭 CK ONE 一贯简洁平实的瓶身，辅以黄绿渐变，柠檬绿的香水充满夏日的清新爽快。而香水的味道更富有柑橘水果香氛，犹如置身阳光大地间。2009 年限量版男性香水，其白色透明磨砂瓶上用多国语言镌刻着"We are one"宣言，包装和底部附着一个便携式的 Mp3 播放器，更适合夜晚忘情的舞动时刻，也诠释出该款香水的精神：我们同在一起，每一刻，每一人！

欲望中性香水（CRAVE）

CK 的香水海报总是以性的挑逗与诱惑为主题，这款欲望中性香水也不例外。但是实际上，CK 的香水大部分的香气并不是那么蛊惑的，比如著名的 CK ONE、CK BE 中性香水等，它们往往看似劲爆，气味却属清新一派。

欲望中性香水的香味清新、性感、洁净，宛如一股激流直冲内心的神秘境地，表现出前所未有的柔顺与怡然。欲望中性香水的保鲜盒造型以及年轻

香调：清新果香调

前味：杨桃、佛手柑、青草味、甜橙、
棕榈叶

中味：芫荽叶、甜椒果实、小豆蔻、罗
勒叶、鼠尾草

后味：白桦木、香根草、麝香、檀香、
青苔、顿加豆、肉豆蔻

　　酷炫的包装有别于以往香水的按压式喷头设计，这次香水的侧边按压式橘色
按钮更堪称前所未有的设计，不论是在包装或是香水瓶身的设计上，都让香
水进入了新的纪元。

　　欲望中性香水主打清新果香调。前味是杨桃、佛手柑、青草味、甜橙、
棕榈叶，前味有些湿湿的草木的味道，喜欢这种自然气息的人会很喜欢，而
反感的人群也会很反感。中味是芫荽叶、甜椒果实、小豆蔻、罗勒叶、鼠尾
草，中味的气味有点偏向男性化，更像是热带雨林里面的气味，充斥着点点
辛辣与潮湿气。后味是白桦木、香根草、麝香、檀香、青苔、顿加豆、肉豆
蔻，青苔味比较明显，后味比较偏向于柑苔调，木香混合着苔香，产生一种
让人难忘，却又易接受的香气。

CK BE 中性香水

CK BE 中性香水散发出性感撩人的芳香，诠释着自我与私密之意，让人不禁想上前一睹芳容，这种性格不只表现出女人的妩媚，还夹杂着一丝男性的豁达。名贵而稀有的麝香释放着清新与纯净的香氛，让你无法自拔，深陷其中。就是这一抹香气让拥有者与众不同，个性尽显。CK BE 拥有着独一无二的心态——平静。纯洁的白色麝香带来平和的芬芳，始终贯穿于前味、中味与后味的香氛之中，恒久不变的性感芬芳久久萦绕。

CK BE 中性香水主打的是中性的香调，不论是在创作的目的，还是手段上，都与成功的 CK ONE 颇有几分相似。其前味是佛手柑、柠檬，和 CK ONE 类似，还是比较自然清新的。中味是茉莉、玫瑰、百合、鸢尾草，有着淡淡的甜甜气味，可以理解中味偏向女性化，毕竟是主打中性，要兼顾男女的香调。后味是檀香、雪松、麝香、琥珀、橡木苔，这里有点偏向于男性的香调，加了些木香调在里面，后味显得沉稳了许多。总体上给人一种独立、自信又兼顾个性的风范。CK BE 中性香水瓶设计得像酒瓶子一般，和过去的香水有很大区别。包装也是走环保路线，既节约了成本，又给人一种简洁明了的爽快感。纯黑色的瓶子，给人成熟的印象，但这中性的性感却不浮于表面。

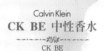

Calvin Klein
CK BE 中性香水
CK BE

香调：柑苔果香调
前味：佛手柑、柠檬、柑橘
中味：茉莉、玫瑰、百合、鸢尾草、玉兰
后味：檀香、雪松、麝香、琥珀、橡木苔

诱惑女性香水（EUPHORIA）

诱惑女香的出世也许代表了卡尔文·卡莱恩的某种意愿，希望女性用上它以后能够领略一次没有界限的幸福旅程。香水是美好的事物，所以伟大的调香师、设计师除了具备这类从业者特有的敏感、天才之外，还应该对生活和生命有一种由衷的赞美与热爱。

这款于2005年推出的香水具有明显的东方花香调，很容易让人想起伊丽莎白·雅顿的第五大道。"诱惑"是一个心理学词汇，即欢乐症，与众所周知的抑郁症相对，据说得这种病症的人会毫无理由充满幸福感而异常快乐。不知道这种说法是否准确，如果是的话，那香水迷们宁愿罹患欢乐症，也不愿意在一个又一个深夜因为失眠而抓狂，它旨在唤醒人们内心的欢乐。

诱惑女香的前味带出了能蛊惑感官的石榴味、多汁的柿子以及清爽的草香；中味透过馥郁的紫兰花味、清新的莲花味传递出梦幻感以及令人兴奋的感觉；由性感的水琥珀味、桃花心木味与吸引人的紫罗兰花味，加上充满诱惑的麝香与令人上瘾的乳脂香味搭配出来的后味持久飘逸。整个香气散发出甜蜜的花香，柔和明亮，很有质感。

香调：东方花香调
前味：石榴、柿子、香草
中味：紫兰花、白兰花、莲花
后味：水琥珀、桃花心木、麝
　　　香、乳脂香

诱惑女香在瓶身设计上一改往日 CK 的简洁风格，其流线弧形的几何造型令人惊艳。香水瓶身系精炼玻璃制成，由光滑的曲线与奢华的抛光结构组成，放在掌心时会和手的曲线合为一体。透过清澈玻璃的曲弧面，紫水晶色泽的香水晶莹透亮。长方形的银灰色瓶盖刻有"卡尔文·克莱恩"的标志。包装盒则是深酒红色的缎面抛光纸盒，显得华丽妩媚。这款香水的造型设计是由卡尔文·克莱恩与设计师法比安·巴本合作设计的。

飞男性香水（FREE FOR MAN）

飞男性香水是一款拥趸众多的获奖男香，刚一推出即受到了 CK 香水追捧者的高度赞扬，因为在飞男性香水的身上可以明显看到卡尔文·克莱恩作为美国香水第一品牌在全盛时期的几个代表作的余韵，包括已经停产的老款永恒，还有那个永远不会停产、依然常换常新的 CK ONE。飞男性香水的中文名字也非常有意境，"飞"一字既可以说是英文 Free 的谐音，也非常准确地传达了飞男性香水所要表达的自由和灵动，因为飞翔意味着一种比行走更高级的自由。

飞男性香水在造型层面非常的会意，透明质地、略微泛蓝的瓶身，仿佛是透过空气或薄雾看到的天空的颜色，也可以理解为是透过海上的薄气看到的海水的颜色。因为天空和大海都是自由的象征，所以飞男性香水所要表达的意境在瓶身上就表露无遗。

飞男性香水的更大优势来自于它看似繁杂却极为简单的香调，在香调列表中你会看到一些平生没有看过的香调。你或许会认为飞男性香水的味道有多么复杂，可是事实是，这么多种复杂的香调通过有机组合却让你觉得飞男性香水的味道像空气一样

Calvin Klein
飞男性香水
FREE FOR MAN

香调：木质花香调
前味：杜松、菠萝、茴香
中味：咖啡、南非香味
后味：广藿香、杉木、橡木、铁木

轻，像海一样润于无形，像天空一般稀薄。清新的木质香调让人回味悠长，前味是杜松、菠萝以及茴香的味道；中味有些特殊，是提神的咖啡味、南非枯叶味道；后味中有铁木、广藿香、橡木等持久的味道。这些看似单调的味道最容易给人带来心灵上的震撼。

真实系列香水（TRUTH）

真实系列香水唤醒新的性感风情：率直、真实、自然而纯真。而这款新的香水掳获了回旋于每日生活、周遭环境间真实的自我感觉。

首先，真实女香是一款清新花香调香水，微倾的正面渐渐弯曲成浑圆的背面，极为现代感的瓶身装满液体，搭配上银色的瓶盖，充分显示出 CK 力求最纯、最简约、最时尚的主题概念。如果你是一个活泼好动、温柔又不失感性的小女人，那么此款香水值得一试。

真实女香有别于传统的香调，主要显示出自然清新和湿润性感的独特韵味。前味是竹子的清香味道，非常怡人，让人有种身临其境的感觉，浑身充满了力量；中味是清淡的花香味道，与前味的结合，让整个人都柔和了许多，一些女明星喜欢在夏天的时候使用它，这样更能凸显她们年轻活泼的独特性格；而后味的木质香调又给人增添了女性的柔和之美，让整个人看起来既活泼又不失真实，而身旁的人对你的印象也会加分，同时这种活力也会感染到他们，让每个人都心情愉悦。

与女香一样，真实男香也属于清新调，将男性的性感具体而自然地呈现在热情的肌肤上，感性而经典，彰显着男人最纯真的一面！真实男香的灵感

Calvin Klein
真实系列香水
TRUTH

· 女性香水 ·	· 男性香水 ·
香调：清新花香调	香调：清新花香调
前味：竹子、芍药	前味：佛手柑、丁香
中味：合欢花、洋槐花、香子兰	中味：金盏、天竺葵
后味：白琥珀、香木、麝香	后味：杉木、白檀、橄榄

源自于大地，清新的木质芬芳中蕴含着新鲜的豆蔻果实，水生、绿色植物更让人心境平和，宛如置身梦中的湖畔。

真实男香前味用佛手柑搭配一些丁香的幽然气味，显得柔中带刚，不会有冲鼻的感觉，相反它属于很容易被人接受的香调。中味是含有金盏、天竺葵的异域香气；后味是杉木、白檀、橄榄，后味中的杉木与白檀，都是惹人"爱"的香材，用在后味百搭，有木质调的沉稳，又不会太死板，处理得很恰当。

在外形设计上，真实男香为长方体造型，线条简洁流畅，高雅美观，十分严密。瓶身中央是十分醒目的黑色品牌标志。黑色瓶盖、银色金属喷头、浅绿色液体，在灯光下更显晶莹纯净。

尽管巴黎一如既往地霸占着"世界上最浪漫的城市"的名头，尽管波尔多依旧是葡萄酒文化的圣地，尽管这个充满时尚、浪漫的国度里还流动着奢华的赞歌，可是，鲜有几个在这里诞生的品牌，还能够像让·巴度香水那样，如此忠实地保持着那份法国式的情调：在端庄中不失优雅、在万种风情中透着骄傲。

JEAN PATOU

风情万种的法式优雅

让·巴度

在全球林立的香水品牌中只有几家拥有自己的专业调香师——术语称之为"鼻子"，而让·巴度就是其中一家。就像画家选择不同的颜色，音乐家选择不同的乐器一样，让·巴度的"鼻子"们都是嗅觉大师，他们要对成百上千种香味进行组合和比较，去体会常人难以想象的细微差别，直至寻求到几种能够表达他们创意的香味，并调成一款合意的香水。对让·巴度来说，创造香水纯粹是一门艺术，是在鲜花的世界里进行创作。让·巴度坚持每一瓶香水都由最佳花材和精油制作而成，这种追求卓越和完美的精神使每一款让·巴度香水都成为经典。

作为 20 世纪二三十年代最伟大的服装设计师之一，让·巴度先生的许多事迹均已成为服装界的美谈。作为西班牙裔的法国人，让·巴度在父亲的皮革厂当了几年学徒后，兴趣逐渐转向服装界。1914 年，让·巴度开设了一家服装沙龙，不久，第一次世界大战爆发，让·巴度赴战场服役四年。大战结束后，以"让·巴度"之名在巴黎圣佛伦坦街开设服装屋。他在当年 8 月举办的第一次时装发表会，盛况空前。他的服装屋由于设计的服装高贵典雅、简单大方，因此受到世人的喜爱。

1921 年，在让·巴度品牌的服装正式发布会前，首次邀请了新闻界人士预先观赏，由此以后，时装界款待新闻界的预展便成为惯例，让·巴度也得以名扬天下。1925 年，让·巴度开始进军香水业，此后，这一品牌便完全是靠自己制造香水，他们有专门的"鼻子"。一直以来都是以精良的纯天然原料和悉心的手工工艺创造高贵的香水，尤其是其经典产品"喜悦"更是奢华尊贵的代表。

1930 年，让·巴度出品的"喜悦"香水一推出即被人们所关注，被称为世界上最昂贵的香水之一，同样容量的"喜悦"，价钱大概是香奈儿 5 号香水的两倍。这款香水之所以昂贵是因为让·巴度坚持选用产自法国南部的格拉斯的五月玫瑰和上好的茉莉花作为纯天然原材料，在包装上也沿用手工工艺，因此"喜悦"被称为"世界上成本最昂贵的香水"。值得一提的是，这款香水还是世界上最畅销的香水系列，销量仅次于香奈儿5号香水。

也许是因为天妒英才，在时装和香水领域都取得辉煌成就的让·巴度先生1936年就过早去世了。之后，他的妹夫雷蒙德·巴巴斯接管了设计室，使得这一品牌长存于世，让·巴度所出品的香水也成为全世界的女人梦想拥有的珍宝。

现在常见的一些让·巴度的香水基本都是20世纪70年代以后出品的，例如1972年的"1000"、1980年的"巴度男香"、1992年的"烈火情人"、1995年的男香"旅行家"和2002年的"享受"。让·巴度香水是目前仅有的几个在其产品中大量采用天然原料精华的品牌之一，其卓越的香水代表，如"喜悦"或"1000"等都要求含有一定量的稀有而昂贵的植物提取品，而其特别的定制服务更是让所有人神往。当顾客提出定制要求后，让·巴度会派出专业的调香师对其喜好进行深入了解，而调制好的香水必须在顾客使用一星期感到满意后，才会真正地投产。这种高标准的品质要求使得让·巴度这一品牌成为世界最美的礼物，俘虏了诸多人的心。

喜悦香水（JOY）

喜悦，这个名字就是一个传奇，这款独一无二的香水让让·巴度的名字跨越年代而成为永恒。1929年华尔街大崩盘后，让·巴度先生那些曾经一掷千金的朋友及客人们也无一例外地受到萧条经济的冲击。在这一片愁云惨雾中，让·巴度先生要求其调香师亨利·阿尔梅拉调制出一种与众不同、雅致华丽又经典永恒的香水，以作为礼物呈现给他尊贵的客人。

经过无数次的尝试，亨利·阿尔梅拉发现一种全新的配方。这种配方大量采用保加利亚玫瑰、格拉斯的五月玫瑰及茉莉花等珍贵的天然原料，香气浓

JEAN PATOU
喜悦香水
JOY

香调：花香调

前味：依兰、晚香玉、玫瑰、梨、清新绿叶

中味：茉莉、鸢尾根、兰花、铃兰、玫瑰

后味：麝香、檀香木、麝猫香

郁，但是让·巴度先生却让亨利·阿尔梅拉把天然成分的浓度再增加一倍。这一创新之举使得"喜悦"由此诞生，并成为众所皆知的"世界上成本最昂贵的香水"。让·巴度先生将这款香水取名为"喜悦"，是希望它可以成为当时晦暗日子里的一抹亮色。在萧条的经济背景之下，"喜悦"表达了人们对美好生活的快乐憧憬。

作为"世界上成本最昂贵的香水"，仅30毫升的"喜悦"香水就需要几万朵茉莉和300多朵玫瑰，包括保加利亚玫瑰、格拉斯五月玫瑰等珍贵材料也都名列其材料单，使"喜悦"香水前味的鲜花芬芳流溢出最高贵的花朵气质，中味和后味则增加了一份优雅和馥郁，尽管价格不菲，但推出后却大受欢迎。此外，自1930年以来，"喜悦"香水中玫瑰和茉莉独特的配方始终如一，永远守护着这款香水那与生俱来的神秘。

该款香水的香调中呈现更多的是一种安抚的情愫，前味是浪漫的玫瑰以及清新的绿叶，不算很刺激，倒像是让一个心情忐忑的人一下子就进入了一个绿意盎然的森林中；中味以茉莉花、兰花为主，同样是很优雅，很清淡，就像是一位绝佳的女子，不动声色，就让人心驰神往，又或者是贴心的朋友，不多言语便心灵相通；后味是长久的麝香和檀香木的味道。诚如让·巴度本人阐释的那样："忘记我们的经济压力吧，忘记下降的营业额吧，忘记预算吧，自由地去选择世界上最美好的原材料，我要给那些由于经济原因而不能够前来的客人们一款世界最美的礼物。"

"喜悦"香水的瓶身设计是当时著名的建筑设计师刘易斯·舒易的得意之作，他严格遵循了古希腊建筑黄金分割准则，使整个瓶身看似简单却又隐隐透出高贵典雅，而瓶盖上的密封结全都是用金线精心打造而成。法国水晶制造商巴卡拉公司在 1974 年特别为"喜悦"香水制作了一款水晶瓶，每一瓶上都有手工刻制的编号作为限量销售的标志。剔透水晶的熠熠光芒与"喜悦"的馥郁芬芳遥相呼应，让人心醉神迷。

1000 香水 （1000）

让·巴度的香水以坚持每一瓶香水都由最佳花材与精油制成闻名于世，每一款让·巴度的香水都因此而成为经典。在 1972 年出品的让·巴度 1000 香水使用了大量的花材，合成丰富的香氛，犹如大量花香及香精所吹奏出的交响乐，弥漫着一种不可思议的性感香气。让·巴度 1000 香水含有紫罗兰、茉莉等花香，让本来就感情丰富的女性用后更让人怜爱无比。一般的香水调制时间不过一两年，三年五年的已经比较少见了，像"1000"这款香水那样花了 10 年时间调制的更是绝无仅有。

"1000"的丰富和美丽给人们留下了一个深刻的印象。它像毛皮一样柔软，充满女性的温柔。它以热烈而散发着水果香味的桃子、杏仁和中国木犀植物的前味开始，而它的灵魂随着五月玫瑰和茉莉，以及鸢尾草和紫罗兰所组合的中味而苏醒，最终以热烈而感性的檀香后味结束。午夜，巴黎协和广场，一个女人从一扇隐蔽的门里走出，用她令人迷醉的芳香唤醒周围。毫无疑问，这就是"1000"的芬芳——一束与众不同的华丽鲜花，不凡而勇敢。

每一瓶"1000"都要求含有一定量的稀有而又昂贵的植物提取品。"1000"同其他香水相比最为特别的是调香师在其中加入了一种原产于中国喜马拉雅山的木槿属灌木花朵。当这种非常罕见的白色花朵与玫瑰结合在一起时，就产生了一种甜蜜而珍贵的香味。因为这种木槿属植物只在春天屈指可数的几个小时内开花，并且每年只能在广东购买一次，因此"1000"香水的年生产量根本无法预测。

值得一提的是，1972 年，当"1000"隆重上市时，让·巴度把 1000 瓶"1000"特别包装在令人目眩的珠宝盒中，并特别标注了从 1~1000 的号码，用劳斯莱斯车直接送到巴黎 1000 名最优雅的女性手中，一时在巴黎城内传为佳话。

JEAN PATOU
1000 香水
1000

香调：花香调
前味：广东桂花、木槿植物、果味
中味：茉莉、五月玫瑰、紫罗兰
后味：印度广藿香、檀香

享受香水（ENJOY）

　　每一朵玫瑰，采撷在日出前的一刻，留存最新鲜的芬芳；每一滴香水，都用手工封装入瓶，延续传统和品质的每个精致细节；尚未正式推出就已经成为奥斯卡获奖女星礼篮中的唯一香水礼物，这就是"享受"——让·巴度新一代掌门人让－米歇尔·杜里埃的一大力作。

　　"享受"是让·巴度的经典重生之作，它的前身正是风靡 80 年的"喜悦"。全新的香氛调和，诞生了全新的经典之作。通过以完美比例调和让·巴度品牌的代表香味——玫瑰，"享受"所诠释的是富有独特个性的现代女性特质——她诱惑，摩登，优雅，精致，富有活力，自由随性！甜而不腻的香味，散发着细致而活泼的香水气息；简洁的瓶身唤起女性最真实、自发的内在魅力。前味是佛手柑和黑醋栗的跳跃，中味是玫瑰和茉莉的耳语，后味依旧选择了麝香，只是其间又混合了香草和琥珀的香氛，持久又独特。

　　"享受"的瓶身延续着"喜悦"的优雅方正瓶身，颜色配上湛蓝偏紫的色调，感觉起来年轻多了。全新香氛形态，除了在香调上作了年轻、现代化的调整，更改变了传统香气的释放方式，以崭新姿态再出发，从香味到瓶身设计，完全是以少女的甜美姿态打造。值得一提的是，这款香水还是价值20000 美金的 2010 年奥斯卡礼篮中的唯一一瓶香水，所有提名最佳女主角和女配角的女星们都将收到一瓶。盛装在法国著名的巴卡拉水晶瓶中，并在瓶身上刻上女星的芳名，由此可见它在香水界的优越地位了。

JEAN PATOU
享受香水
ENJOY

香调：清新花果香调
前味：黑醋栗、洋梨、橘子、绿香蕉、佛手柑
中味：玫瑰、茉莉
后味：香草、琥珀、虎尾草、麝香

JEAN PATOU
玫瑰情话香水
UN AMOUR DE PATOU

香调：水果花香调
前味：玫瑰、茉莉、紫丁香、铃兰
中味：菲律宾香油树、木梅、杏
后味：白麝香、橡树藓

玫瑰情话香水（UN AMOUR DE PATOU）

　　法国女人最懂得表现出清秀的一面，不仅仅在于她们生活在一个如画的环境中，更在于她们拥有让·巴度这样的香水品牌，而后者也从未让世人失望过，这款玫瑰情话香水便是最好的"证据"。早在 1925 年，让·巴度就推出了一款名为 AMOUR 的花香型女用香水，一经问世就受到了上流社会的追捧，即便是在经济萧条的 20 世纪 30 年代，这款香水依旧热销，可见其魅力之大。作为该香水的调香师，亨利·艾美拉也因此在香水界享有盛名，他说道："AMOUR 香水是专为享受甜蜜爱情的女人而设计的，其香氛的内涵在于懂得享受生活。"对于有着悠久香水制作历史的让·巴度而言，延续这种经典的创意是理所当然的，于是就有了玫瑰情话香水。

　　玫瑰情话香水是一种清新、淡雅、精致的水果味花香调香水，彷若拥抱一大束清晨摘采的鲜花，心中满溢着沉浸爱河的快乐，浪漫与幸福。前味是玫瑰、茉莉、紫丁香的温柔香味；中味以菲律宾香油数、木梅和杏子的水果味为主，后味则是持久的橡树藓以及暖暖的白麝香。甜甜淡淡的香味充满少女情怀的浪漫气息，给人梦幻般的感觉。不管是平常的日子或是外出赴约，都是最佳的选择，俏皮的粉色瓶身也很有特色，如同果实般圆润，就像一位秀丽甜美的少女，在百花丛中亭亭玉立着……别太靠近她，会爱上她的。

香水是一种独特的语言，它细腻地展示了使用者的涵养、对生活的态度及其社会地位。与香奈儿、兰蔻等主流香水品牌相比，佛罗瑞斯的世界显得相对狭小，因为它只为名流贵族所有，对于那些处于社会最高阶层的权贵人士来说，这一王室御用品牌无疑是其彰显身份、地位和品位的最佳选择。

王室香水的古典风范
佛罗瑞斯

对任何一个品牌而言，王室贵族的认可和青睐无疑是一块金字招牌，而佛罗瑞斯这一为英国王室服务了八代的香水世家，虽然在革新方面不一定能超越其他时尚品牌，但是在传统的继承上却有着过人之处。作为英国老牌香水中的翘楚之一，佛罗瑞斯意味着历史悠久和品质无可挑剔。这一百年老店的名号绝非浪得虚名，其推出的香水的香味没有法式香水那般馥郁，也不像美国香水那样充满活力，而是以严谨内敛的风格著称。佛罗瑞斯就是品位高雅的最好证明，因而被诸多王室和社会名流推崇。

来自西班牙东部的迷诺卡岛的胡安·佛罗瑞斯于1730年以制作梳具在伦敦起家，此后其家族传人延续了卓越的制作技术，以精巧的手工制造了剃须刷、

发梳等各种优质产品，深受王室贵族的青睐。1814 年，佛罗瑞斯选用玫瑰、天竺葵等高档香料调配而成的一款香水深受好评，从而建立了其在香水品牌中的重要地位。佛罗瑞斯香水也迅速成为当时伦敦时尚圈口耳相传的话题，直到 1820 年，佛罗瑞斯得到了第一个王室委任状，乔治四世特封其为"御用香水商"。之后，乔治五世、伊丽莎白一世等数位君主都对这一品牌赞赏有加。延续至今，佛罗瑞斯作为英国王室的御用香水品牌，已经为其服务了八代之久。如今伊丽莎白二世与查尔斯王子授予的王室御用许可书就摆在佛罗瑞斯位于杰明街 89 号的香水店里，女王和王储的印章也被特许印刷在佛罗瑞斯产品的包装上。

佛罗瑞斯早期的产品是由约翰·法曼尼雅·佛罗瑞斯在商店为顾客调制的香水，随着佛罗瑞斯的日益壮大，一度生产超过 100 种不同风格的香水，

其中很多都是定制产品。长久以来，对于品质的坚持以及精益求精的精神，使得佛罗瑞斯成为充满魅力的顶级产品的代名词。

历经近 200 年的发展，佛罗瑞斯香水店在英国各地都设有分店，并在世界范围内拥有精细的分销机构，除了提供天然提炼的香水外，还可以买到古龙水、肥皂、香味润肤膏等。佛罗瑞斯推出的香水有"伯巴蒂尔"、"爱德华花束"、"栀子花"、"幽谷百合"、"山梅花"等上百种，其中经典的有查尔斯王子最爱的"89 号"等。这一百年品牌的香水均采用最上乘的香料调配而成，充满了自然的芬芳，盛装香水的香水瓶设计既简洁又精美，而且每瓶香水都被封装在专门盒子里。

此外，佛罗瑞斯系列香水的背后大都有着精彩的故事，比如"127 特别版"。这款香水是 1890 年佛罗瑞斯特别为俄国大公奥洛夫调配的，当时命名为"奥洛夫特别版"。在奥洛夫大公死后，佛罗瑞斯将其名字改成了"127 特别版"，据说是因为这款香水的配方位于其家族专用的配方书的第 127 页。1940 年，佛罗瑞斯重新推出这款香水后，成为阿根廷总统夫人伊娃·贝隆的最爱之一。

多年的发展并没有让佛罗瑞斯庸俗化，这在很大程度上归功于佛罗瑞斯家族对品牌的真挚感情。其家族传人延续了创始人卓越的制作技术和贵族情怀，深受王室贵族的青睐。诚如它的后继者爱德华·佛罗瑞斯所说："我从小闻香水长大，总能见到调香师一点一滴试着新香水配方的认真神情。对我来说，佛罗瑞斯不仅是一门生意，更是生命记忆的一部分。"

今天，推开位于英国杰明街89号的佛罗瑞斯香水店的店门，在典雅的香水味道之外，还会有一种古老的传统气息迎面袭来。玻璃橱窗中锁着佛罗瑞斯过去与现在的美好，从古早的理发师刀剪用具、仕女的梳妆品、老式水晶香水玻璃瓶，到新式软管状的盥洗用具。许多顾客向来对于佛罗瑞斯经典的"89号"或是"127特别版"的香气忠心耿耿，加入莱姆或是葡萄柚的新配方香水则更加吸引年轻族群。店内供客人自由挑选试用的各种香水整齐地排列着，而放在最显眼处的几个王室的委任状则诉说着这家世袭的香水御用店的辉煌。

127特别版中性淡香水（ORLOFF SPECIAL 127）

早期的佛罗瑞斯以提供贵族专用的定制香水而闻名，这既是佛罗瑞斯的品牌特色，也是其走进王室的资本。在伦敦受到的极大热捧以及王室的青睐，带给了佛罗瑞斯更多的客户，当然了，这些客户也往往来自王室。因为想让慕名而来的贵宾们不至于失望而归，佛罗瑞斯对每一款香水都精益求精，其中最著名的一款要数127特别版中性淡香水。

127特别版中性淡香水最初是佛罗瑞斯于1890年专门为俄罗斯大公奥洛夫调制的，而在他辞世多年之后配方才得以公开，被列入佛罗瑞斯的销售商品之中，并依照香水配方书中所记载该香水配方的页码而重新命名，即这款香水的配方位于这本配方书的第127页。127特别版中性香水多年来一直深受男女客户的喜爱，包括音乐剧《阿根廷别为我哭泣》中的那位第一夫人伊娃·贝隆也是这款香水的忠实"粉丝"。

从香调上来说，佛罗瑞斯一如既往选择了尊贵的香料作为原料，这也是佛罗瑞斯的品牌精神所在。

浓郁的柑橘花香调，给人雍容华贵的感受。前味是佛手柑与橘子的清新混合了柑橘与苦橙叶的气息，其间还加入了薰衣草和柳橙的淡雅气息，就像一位缓步而来的公主，清新脱俗；中味是甜甜的橙花、悠悠的天竺葵，以及娇媚的玫瑰，就像一个成熟、富态而气质出众的贵妇人，不急不忙的，却叫人心生敬畏；后味借由广藿香及麝香增添的长久性，不算太浓郁，却足以叫人印象深刻，宛如一道君子协议，不强迫，却有足够的力道。作为一款超过100年历史的香水系列，于1910年上市的127特别版中性淡香水至今还在延续着它的传奇。古典的瓶身造型通透而质朴，将100年的光阴悄然收入囊中，再精心地注入使用者的气场里。

FLORIS
LONDON

127 特别版中性淡香水

ORLOFF SPECIAL 127

香调：柑橘花香调

前味：佛手柑、薰衣草、柳橙、苦橙叶

中味：天竺葵、橙花、玫瑰、依兰

后味：麝香、广藿香

89 号男性香水 （N° 89）

　　作为男性香水，佛罗瑞斯的"89 号"无疑是永恒的经典。这瓶香水取名自品牌的创始店铺所在的街牌号码——"89 号"。虽然查尔斯王子也曾经说过这是他最喜欢的香水之一，但是"89 号"的名声大振还得要感谢一位虚拟的名人——詹姆斯·邦德，这位英国著名间谍曾多次声称自己总是喷洒"89 号"的香水。而另一部有名的电影《闻香识女人》中，那位失明的中校在飞机上毫无悬念地闻出了空姐身上"89 号"的味道，并以此为线索猜测出该空姐的姓名，在让人惊叹其嗅觉、记忆力的过人之处时，也暗示了佛罗瑞斯香水的与众不同。

不论人们是因为喜欢詹姆斯·邦德才选择89号香水，还是因为喜欢"89号"而更爱邦德，对任何一位男士而言，它都堪称精品中的精品。就像是一种优雅的气质，一种翩翩的风度，一种难以企及的出众。对于许多香水迷而言，"狭隘"、"位居高端"的佛罗瑞斯很难被人熟知，以至于许多邦德迷不得不承认，他们是因为电影才知道杰明街89号的那家百年老店，才知道店里那古典的气味以及永恒经典的89号男香。

单单从香味来说，"89号"是典型的英伦贵族味道，其中古典的古龙水特质来自于橘子与佛手柑所混合的薰衣草及橙花。这是一款典型的英国绅士之香，其中味的温润来自于辛香的肉豆蔻，并以檀香、雪松和香根草为主体的基调加以稳固。那股浓浓的柑橘、麝香、肉桂及檀香的味道甚至浓郁得让人"喘不过气"来，这分明是一股让人悸动的香氛，凭借独特的冲击力在脑海中存下了痕迹。随着只在前段出现的辣味渐渐消失后，中后段开始散发的香味，更加特别，也很具体，是一种能够轻易地与其他香水加以区分的味道。

这款创作于1951年的经典香水拥有一大批追随者，对于大多数人而言，它不仅仅是一款昂贵的香水，更像是一个精神领袖，一个足以让人诚心膜拜的对象。尽管它的瓶身设计不那么绚丽，尽管它的外包装不那么张扬，可是人们总是能够记住它，只要一点点佛罗瑞斯香气飘过，人们就会想到勇敢、刚毅、迷人的邦德来。

FLORIS
LONDON

89号男性香水
N°89

香调：木质柑橘香调
前味：肉豆蔻、佛手柑、柳橙、苦橙叶、橙花油、薰衣草
中味：天竺葵、依兰、玫瑰
后味：香根草、雪松、橡树藓、檀香、麝香

奢华是一种态度，优雅是一种信仰，从 1893 年登喜路打开奢华的魔法之门的那一刻开始，它就为男人创造了一种奢华的诱惑，一种优雅的风潮，让使用登喜路的男人在感受优雅与细腻的同时，不再为"香水专属女人"这样的论调而尴尬。

高雅绅士的俊朗之风

登喜路

21世纪的今天，人类已进入了一个满载信息的时代，男人更被迅速而喧嚣的节奏推向了潮流前沿，此时此刻，唯有登喜路香水能够把男人们对物质欲望的需求推向更高的层次，把男人的魅力推至最高潮，尽显男人真我本色。此时此刻，也唯有登喜路香水能够满足男人个性化、自我表达的需求，让男人尽情展现其单纯与热情。

艾尔弗雷德·登喜路的伟大事业开始于20世纪早期的伦敦。那时，关于限制开车的不合理法规条文已被取消，年轻的赛车手们已经可以真正地放开手脚，将他们的汽车驾驶到极致，从而尽情享受一种前所未有的愉悦而刺激的感受。当然，驾驶这种由高噪声发动机驱动的敞篷车旅行，肯定需要配备一些特殊的服装，而艾尔弗雷德·登喜路正是提供这种装备的人。1902年夏天，艾尔弗雷德·登喜路开设了一家叫做"登喜路驾车族"的旗舰店，并很快获得了巨大的成功。随后在1904年，登喜路又开设了另一家旅行服饰精品店。同年，登喜路在水晶宫举办的国际服装、面料和纺织品博览会上赢得了"驾乘专用服饰"的金奖。

登喜路在设计品位上的成熟，使得他的任何作品都具有了精致、优雅、高品质的特点，香水就是最典型的代表。堪称艺术杰作的登喜路香水每一处都经过精心雕琢，每一款香水都拥有独特高雅的特质，都是动人心弦的时尚艺术品，并结合了智力、美学和细腻的技艺。独到的设计、高贵的品位，显示出登喜路对完美的坚持。登喜路香水始终透露着英伦的奢华，充满男性魅力和英国绅士风格。其设计简洁，线条流畅，富于动感；其风格含蓄内敛，斯文优雅，全新展示现代英伦时尚风范，是"经典"与"现代"的完美结合。登喜路香水符合现代人千变万化的需求，是热爱自由、享受时尚的现代新锐们的完美写照，时时散发着震撼人心、令人难以抵挡的诱惑。它所代表的意义，早已不止于作为提升生活品位的品牌而已，而是蕴含着激发、拓展人类灵感经验的理念。

犹如老牌绅士的登喜路香水，一直在遵循其创始人的技艺要求，本着"所有产品必须实用、可靠、美观、恒久而出类拔萃"的品牌理念，登喜路在用手工拨动着历史的琴弦。它周到的细节设计为人们的生活带来无限惊喜，而它的实用功能更是让人体验到前所未有的便捷感受，令每一位拥有者惊喜连连，爱不释手。

这是一个总可以令人放心的香水经典，一直以来，登喜路都拥有一份忠实而尊贵的顾客名单，他们中的每一位都是当时流行时尚的引领者，其中包括年轻的威尔士亲王，以及向登喜路颁发王室委任状的温莎公爵。登喜路之所以能在今日取得如此傲然于世的显赫成就，正基于其创始人艾尔弗雷德·登喜路对工艺的一丝不苟和执著追求的精神，是他为登喜路的百年伟业打下了牢固而坚实的基础。

登喜路香水符合现代人对生活、对未来和对艺术享受的要求，一直是全球各地追求品位的人士极想拥有的藏品。在香水的历史舞台上，登喜路香水以其超凡的精致、高贵的气质，为社会各阶层成功而富有的男士所推崇，不论时尚如何风云变幻，登喜路总是走在精致生活的最前端。

男人们往往相信，欣赏的情绪是从认同格调开始的。与其说是社会角色赋予了男人这样的性格特征，不如说是男人将体内的"炫耀细胞"管理得更加内敛、妥善。每个男人都有征服欲，只是这种征服不总是靠暴力，有时更需要靠格调。登喜路一脉相承地以自己的格调炫示男人的骄傲，它的白色色调一如男人优雅伫立，平静而骄傲，黑体字"Dunhill"成为识别登喜路的最显著标志。征服男人的征服欲望，这是男人与登喜路之间的博弈，而男人却乐此不疲，仿佛是永远逃脱不了的魔咒。

登喜路以各种形式彰显格调，典藏着男人的魅力，令男人的每一根神经都兴奋着，然而又含而不露，欲"遮"还休，让你来不及去揣测，就已迷失了自己。在一款精致的登喜路打火机上，毕加索深情地雕刻了他对心上人无以复加的爱恋。一款登喜路特制烟盒，都堪称陈列珍品中的典藏，镶嵌着四款宝石的英文首写字母拼在一起，成就了那个最令人陶醉的称谓：DEAR。登喜路香水在设计上最大的特征是"经典"与"现代"的完美结合，它多数采用纯色系，外形简洁典雅，极为细腻，展现出一种时代动感，

于商务场合中尽显个性，在国际场合中表现自我，符合严格的登喜路品质标准。

时至今日，登喜路推出的多款男性香水均受到全球男性消费者的喜爱，像是登喜路同名男香、恣意男香、纯净能量香水、绅士探险家男性香水，以及英伦风尚男性香水、夜幕英伦男性香水、北纬 51.3 度男性香水，都是优雅高尚的香氛，适合精英男性使用。

从气味、设计概念到内涵，登喜路香水都可以令人感受到它的经典灵魂，让使用登喜路香水的男性散发出沉稳的魅力，为他们的生活增添一份欣赏的趣味，一场品位的享乐。登喜路的创始人艾尔弗雷德·登喜路使登喜路拥有了奢华格调，他认为，世上总有一些人愿意为产品的卓越品质而支付额外的费用。几乎每个人都喜爱登喜路的香水，希望享用登喜路的雪茄，同时希望通过登喜路的手表来知晓时间，用登喜路的钢笔和文具给亲朋好友写信。

一直以来，登喜路都具有敏锐的应变能力，它总能掌握时代，配合新需求，满足任何完美主义者的要求。登喜路男人，是一个满足于自我及所处的地方的男人，一个怡然自得于世界的男人，他能精准地掌控自己的生活，并自在于所处的环境中。当伫立于敞开的窗前，面对着水晶般天蓝的海洋及钻石般水蓝的天空，身上白色亚麻衫随风轻摆着。他往往深吸一口气，将自己从日常的压力中抽离，然后去感受登喜路香味的自在！

北纬 51.3 度男性淡香水 （51.3N）

地球的北纬 51.3 度上最美的地方是伦敦，抬头仰望天际，几片云拥在一起，淡淡的，暖暖的，一如伦敦的男子——帅气而优雅。在 2009 年，登喜路推出了北纬 51.3 度男性淡香水。"这是瓶可供对照的香水"，登喜路的专属调味师威尔·安德鲁斯骄傲地说，北纬 51.3 度男性淡香水的成分与众不同，主要的区别在于，它使用了大黄叶的碎片，让它散发了钢铁般的男子气味，同时辅以红椒以及黑胡椒，让它的味道充满了能量，薰衣草以及西洋杉木的加入让它更显阳刚，而香草以及檀木更让它平易近人，而这一切，都仿佛是在描绘伦敦。

登喜路，当然只用最好的素材，所有非天然的成分绝对不会出现。这也就是为何大黄叶嗅起来是如此的立体多层次，而红椒以及黑胡椒油则是由一种全新的方式——二氧化碳萃取法提炼。这种方法利用极大的压力萃取出红椒以及黑胡椒油，这也是为何它们能以液态的方式存在，却又以气态的方式呈现。通过繁复的工序，让这样的香氛纯净且极易挥发，是二氧化碳萃取法与传统的萃取法最大的区别。

dunhill
LONDON

北纬 51.3 度男性淡香水
51.3N

香调：东方清新香调
前味：大黄叶
中味：松叶、红椒、黑胡椒、董衣草
后味：香草、檀木

北纬 51.3 度男性淡香水的奇幻成分就跟它翱翔的主题一般美妙，大黄叶与少量的柚子以及活氧巧妙调和，配合红椒以及黑胡椒恰好连成了一连串惊喜的香氛。"在很多方面来说，这种带有金属的芳香，很容易让人联想到滑翔机优雅的姿态，特别是大黄叶更是典型的英伦绅士风范，种种带有科技味道的芳香串连后，就成了典型的登喜路。"安德鲁斯给出这样的解释。他还特别强调，这也不是种不食人间烟火的香味，因为喷洒在身上后，这味道马上会变得温暖、亲近且带有个人独特的风格，这样的味道，恰恰唤醒了飞翔的灵魂。

事实上，这样的香氛仿佛正在说明：持续不断的挑战方能达到无边无际的平静。身为北纬 51.3 度男性淡香水的代言人，亨利·卡维尔完美地演绎了这种绅士般的历险，透过驾驶舱的外曲线，我们可以看到他正驾轻就熟地盘旋在北纬 51.3 度上，他的目的地是伦敦。阳光洒落在明亮的机翼上，闪耀着耀眼的英国国旗，正如外盒的包装一般醒目，一脉相承的清晰方形瓶身设计，正如同"英伦风尚"及"夜幕英伦"两款香水，也忠实地呈现着登喜路蚀刻般的历程。

登喜路最为人所称道的就是极具绅士魅力的设计，还有什么比它更适合参与男人们的冒险旅程呢？愉悦及充满自信，就是北纬 51.3 度男性淡香水最想传达的概念。面对挑战，需要更积极正面的态度，而北纬 51.3 度男性淡香水正是男人们面对挑战时的良伴。它代表着充足的准备，掌控全局的大气，还有达成使命的责任感！ 在北纬 51.3 度，它带领绅士们飞向更高的天空，这段历程恰好也忠实地表达了北纬 51.3 度男性淡香水的气质。这种充满了威严且自由的感觉，就如同有纪律的艺术表演，以及深思过后的勇往直前。

欲望男性香水（DESIRE）

从第一款登喜路香水诞生之日起，调香师经历了 7 年的琢磨研发，才终于推出了品牌的又一款经典香水——欲望男性香水系列，红色的瓶身成为现代设计的代表作，强烈的红色反映出内在热烈的情感。在充满活力与热情的现代都会中，在声光交错的表面情境之下，欲望任由情绪的奔放，不需要刻意的改变，这就是登喜路欲望男性香水。红色的欲望，红色的热情告诉你一个红色的故事！ 独特的芳香气味，体现登喜路的迷人魅力，用在特别时刻将会起到意想不到的效果。

这款 2000 年诞生的香水以情欲为设计的灵感来源，最直观的感受就是它那如绅士般明朗的瓶身线条里面，包裹的竟然是红色的香水液体！该香水属于浓郁花果调，前味中柠檬和佛手柑的味道很刺激，留香不是很长久，却让人印象深刻；中味以玫瑰为主，诠释了诱惑的主题，将这一原本属于女人使用特权的香材应用于男人身上，柚木和广藿香阵阵袭来，作足了煽风点火的准备；后味最明显的当属麝香，还夹杂着丝丝的香草的味道，让人很是受用。

　　如果说红色的欲望是眼睛最容易感受到的，那么蓝色的欲望势必是震撼心灵的，在欲望男香诞生后的第三个年头，登喜路推出了一款名为"蓝调诱惑"的绝妙香水。设计师结合夏日海洋的蓝色与登喜路打火机精品系列，融入这款香水的瓶身，更加挑动男人的视觉。蓝色的瓶身成为香水瓶现代设计的又一代表作，反映出内在柔和清新的气质。蓝调诱惑男香是都会男子的写照，以佛手柑、橘子与荔枝为前味，紫檀与橙花为中味，并以琥珀为基调，悠悠地诉说着男性的蓝调心情。

欲望男性香水
DESIRE

香调：馥郁花果香调
前味：佛手柑、橙花醇、柠檬、苹果
中味：玫瑰、柚木、广藿香
后味：香草、劳丹脂、麝香

夜幕英伦男性淡香水（DUNHILL BLACK）

阳刚的特质往往包括自信、成就、时尚以及乐观，这些都是英国现代绅士典型的特质，也是夜幕英伦男性淡香水吸引人的特质，以及诱惑的魅力。勇于掌控全局，也勇于放弃。当代男士重视传统却不墨守成规，因此将骑士精神和大无畏精神巧妙结合在一起。这些特质反映在夜幕英伦男性淡香水上，如同香水名所暗示的一般，这是一款伴随令人兴奋的夜晚的香味，有别于传统男性特质的呈现，结合绿叶香调与性感基调。前味是令人意想不到的绿荨麻，想象当你拨开路上的荨麻丛，为你所喜爱的人开出一条小径时，所闻到的清香，再混合麂皮那柔和、令人感官愉悦的香气。两种香味的结合是完美的融合，加上中味茉莉花香的香气，创造出一种静谧无声的感觉，薰衣草更提升香水的花香味。这样的香味融合，使得夜幕英伦男香完美折射出现代诱惑魅力与冒险精神。

这是一款时尚且接近完美风格的香水。香水的外盒是黑色调，内含鸡尾酒的温暖、丰富与性感，在灯光的照耀下有好几道光束穿过黑暗，就好比跑车于深夜中飞驰时车头灯划过的情境。这些闪耀的光束呈现为英国国旗的形状，反映出登喜路的英国血统。此外，你还能感受到该香水瓶身所带来的稳重感。玻璃瓶身呈现出男性厚实肩膀的流线形体，而瓶底的切割面，使香水瓶不论从那一个角度看起来都呈现不同的形状。

纯净能量男性淡香水（PURE）

一如伦敦的男子，帅气而绅士；一如巴黎的风景，浪漫而闲适；一如柏林的天空，清澈而明亮。欧洲人总喜欢将生活打扮得精致而又有序，一如美好生活带给他们的纯净能量。于是，登喜路在 2006年初夏时推出了一款名为"纯净能量"的男性淡香水，以水漾木质辛香调为主，银色外盒搭配天蓝色的瓶身，针对兼具传统与现代感双性格的男人及领导者所设计，展现都会男子有如蓝天般的宽广胸襟。

纯净能量男性淡香水呈现都会男子的愉悦节奏，顷刻间找回自己的能量。该香水特选清透的莲花叶、白胡椒、小豆蔻为前味，水鸢尾与广藿香为中味，并有着白雪松、麝香、琥珀的后味，清新而爽朗的香氛，壮阔而动感，让男人洋溢着真我的风采，是木香和花香的结合，味道清爽而大方。这款热情而性感的蓝色香氛，年轻自信的男子不妨一试，相信你一定会喜欢它的爽朗。

纯净能量男性淡香水在水晶瓶下映着蓝色的简约，感受纯净的力量、纯净的乐趣、纯净的能量的瞬间，让人精神为之一振。一个怡然自得于世界的男人瞬间出现了，他掌控着人生的方向盘，面对着

纯净能量男性淡香水

PURE

香调：木质辛香调
前味：小豆蔻、白胡椒、莲花叶
中味：水鸢尾、广藿香
后味：白雪松、琥珀、麝香

前方不断变换的景色及钻石般水蓝的天空，他能精准地掌控自己的生活，并自在地生活于所处的环境中，他将自己从日常的压力中抽离，然后感受风的自在及经典的纯净能量。专为绅士设计的蓝色气息，清爽中带着一点神秘的感觉，略偏中性的味道让人怀念年少无知的岁月，那个青葱的年代里，没有一丝一毫的杂念，有的只是乐观、快乐以及最纯粹、最单纯的幸福感，这正是纯净能量男性淡香水的宣言。

绅士探险家香水（PURSUIT）

在 2007 年，登喜路离开喧闹的城市，来到非洲辽阔的草原，绅士探险家正是一款专为宠爱自己、热爱冒险、喜爱尝试新事物的男人所设计的香水，它是如此独特，那一缕缕极具纪念意义的芳香即是登喜路来自大自然最精致的焠炼。优雅、简洁的瓶身设计，微细的登喜路字体浮刻于优雅的瓶身上，立体玻璃瓶的设计直接凸显出如赤陶土般的棕色香水，搭配上仿佛指南针般的炫亮银色瓶盖，引领了一场充满无限可能的崭新冒险。显著的东方清新调让人心头一动，前味是佛手柑和柑橘的刺激味道，不算太浓重；中味最能体现男子气概，以肉桂、胡椒等浓烈的味道为主；后味则是檀香、广藿香的绵绵不绝，一遇到就能感受到男子的硬朗与情怀。这款彰显英国绅士探险精神的新香水，其灵感来源于辽阔的非洲大草原。从创始人在一百多年前开设专卖店开始，探险的基因就一直存在于登喜路的产品之中。这款充满男人气概的香水正是登喜路无畏精神的一种体现。不论是线性的外表，还是刚性的香氛，绅士探险家香水完美地诠释了登喜路的风格特点——单纯的探险精神加上对奢华的独到理解。

绅士探险家香水

PURSUIT

香调：东方清新香调
前味：佛手柑、柑橘、香柚
中味：肉桂、胡椒、薄荷、薰衣草、豆蔻
后味：香草、雪松、广藿香、檀香

一次相遇带来的浪漫邂逅，一段感情带来的刻骨铭心，一个品牌带来的惊艳万分，这仿佛就是爱斯卡达的全部历史；一份甜蜜的爱情带来的悸动，两个天才的结合带来的冲击，一个香水帝国的新成员就此诞生。爱斯卡达香水也成为了爱情的秘密花园，是佐证，更是一段清新、甜美、热情、愉悦的恋爱感觉。

ESCADA

爱情的秘密花园

爱斯卡达

爱斯卡达，一个毫无争议的德国顶级香水品牌。从它创立的那一天开始算起直至今日，爱斯卡达品牌仍然保持着两位创始人初次相逢时的年轻感，无论是其香水、成衣或饰品，都充满激情四射的活力、夺目的色彩、舒适的体验和动感的时尚。一直以来，它都追求从原料到设计直到加工的尽善尽美，简洁、洗练、优雅是爱斯卡达品牌刻意创造的形象，这使其成为德国时尚文化的象征。

这个伟大的象征符号诞生于1976年，品牌以为高收入职业女性设计及经营高品质女装著称。1992年以前，时装模特出身的玛格蕾斯·莱伊不仅是爱斯卡达的创建者之一，亦是其首席设计师。玛格蕾斯·莱伊坚信：作为一名设计师仅仅依靠天才的创造力是无法成功的，还应在新颖的创意与敏锐的市场意识之间寻找平衡点。时装模特出身的玛格蕾斯·莱伊在多年的模特生涯中，形成了对时装的独特见解，终于抑制不住内心对创造美的追求，她决定独自设计时装，体会将心中喷涌的灵感展现于时装舞台的创造激情。

事实上，故事是从 1976 年一见钟情之后发生的，来自德国的伍尔夫·莱伊和来自瑞典的玛格蕾斯·莱伊一见钟情，相识一个月后结合，他们在巴黎度过温馨的蜜月，之后又共创了一个世界著名的香水品牌：爱斯卡达。爱斯卡达本是赌马场中的一匹骏马，两个年轻人不经意间在它身上下注，结果赢得头彩，这个为他们带来幸运的名字，也成为他们品牌的名称。

不幸的是玛格蕾斯·莱伊于 1992 年因癌症去世，伍尔夫·莱伊从此再未爱上别人，因为他的爱并没有停止。从爱斯卡达推出的第一款香水的瓶身，我们会发现，在香水名称的下面印着玛格蕾斯·莱伊的名字，瓶子的造型是心形，是无数个心的重叠，也是心动的涟漪荡漾开来的再现。这个设计一直保持在爱斯卡达的香水系列中，比如后来的"普罗旺斯之夏"、"海芋"、"热带风情"、"性感香迹"、"嬉皮假期"、"热情岛"等都是一样的瓶子，只是随着色彩的变换和组合，为不同的香水穿上时尚的外衣。

1992 年以后，迈克尔·斯托尔岑贝格接任首席设计师，为爱斯卡达品牌注入更年轻、时髦的活力。其设计更多源于人们的日常生活，将实验性的设计及新的想法与思路融贯成一体。迈克尔·斯托尔岑贝格成功的背后，是由一批主要来自英、德等国时装院校的年轻设计师组成的实力强大的设计组。他们的奋斗目标是以最好品质为标准步入时尚商品市场的最高端。其中香水便是爱斯卡达走向成功的一大推力，爱斯卡达香水是高贵典雅与温柔的完美融合，它体现了现代艺术与精致时尚的曼妙交错，并优雅地将女性细腻、敏感、聪慧的天性发挥到极致。

爱斯卡达这个骨子里充满优雅的香水品牌，将女人的风韵描绘得淋漓尽致，让女人尽情展示引以为傲的女性本色。爱斯卡达香水花园就像植满了所有的花草和沁人的热带水果，走进它，你仿佛走进热带雨林之中，能够尽情体会到前所未有的愉悦，感觉到雀跃、轻松，以及清新畅快，多少年来，它正是借此不断地吸引着那些热爱变化、热爱生活的人们。

　　爱斯卡达香水产品主要通过各大时装店及自设的爱斯卡达专卖店分销。透过一款款爱斯卡达的华丽香水，我们会看到，这个以爱为主题的世界顶级香水品牌以其缤纷的色彩和优雅的轮廓演绎出女性自信、妩媚的个性和多彩的生活。现在的爱斯卡达已风靡全球 68 个国家，俨然成为多彩、优雅和女性化的代名词。当它的每一款香水出现在你眼前时，它的精致，它的柔和，都从骨子里将女人曼妙的万千风情展现得淋漓尽致。诚如故事的结局那样：伍尔夫·莱伊和玛格蕾斯·莱伊没有孩子，但有了爱斯卡达就足够了，那是他们的相逢、他们的激情、他们纯洁的爱的延续。这个品牌，让你想起无拘无束的爱，这种爱也许一生只有一次，一次足够了。

　　"现代优雅女性如要把自己享受生活的态度展现出来，非爱斯卡达莫属。"爱斯卡达品牌创始人之一的伍尔夫·莱伊先生曾如此说。爱斯卡达品牌是优雅的化身，它从优雅中散发出自信，从优雅中显露奢华，从优雅中表现出力量，它把充满活力和自豪的人们的生活表现得淋漓尽致，超越了任何一种境界、任何一类时空。爱斯卡达简洁轻松的风格传递着高雅的本质、优美的内涵，它的设计讲求不同的色彩运用，每款香水均格调优雅，是女性魅力的展现。它将城市的奢华与活泼、舒适的感觉完美结合，斑纹的使用自然而优雅，流苏的点缀时尚而雅致，精湛的线条令人叹为观止，给人一种完善而实际的感觉。无论香水、服饰或是配饰，爱斯卡达在款式设计中显示出随意而不失女性妩媚的特点，有着欧式的贵族情调，它们是时尚典雅与自然的随意结合，散发着女士的自我独特风格。

如今，爱斯卡达品牌一如既往地走着它天马行空的创新路线，依然在新颖和市场之间寻找着最佳的平衡点。它是女性文化的一种延伸和无形的流露，亦是女性成功的一个历史见证。爱斯卡达香水，变成了人类渴望爱情的象征，散发魅力的讯息，它清新甜美的味道给人带来热情、愉悦的感觉，拥有它，也就拥有了无限的爱情魅力。一次浪漫的邂逅，一个品牌的诞生，一生温柔的守候，在这一刻，时间和空间，对于相爱的人来说，就像是一道闪电，就是甜蜜的秘密花园。

秘密花园女性淡香水（ESPECIALLY）

对于创始人伍尔夫·莱伊和玛格蕾斯·莱伊而言，一见钟情的感觉绝不是强求伪装的，炽烈的感情也绝非是畏缩的，但是诚如他们看似悲剧收尾的爱情一样，他们将对彼此一生的承诺都隐藏了起来，安放在一处，这便成就了2011年8月推出的秘密花园女性淡香水。

"秘密花园"是爱斯卡达推出的完美香水，这款奢华又富有女性魅力的香水，表达的是一种欢乐、自然且迷人的当代女性精神。这款与众不同的香水一经推出，便很快成为爱斯卡达众多香水中最精致、经典的香水款式之一。这让代言人芭儿·莱法利甚至不费吹灰之力就能同时展现精致优雅和活力充沛的魅力，就像天生与秘密花园女香特色不谋而合。

该香水的香调为精致优雅的玫瑰香气。香味细致优雅，传达出特有的女性柔美气质。设计灵感源自于早晨美丽绽放的玫瑰花上闪闪发光的露珠，并用一种现代与轻松的方式传达出奢华的概念。其灿烂又具有张力的前味，由梨子及安贝塔种子甜美又充满异国风味的麝香融合而成，共同打造出无与伦比的清新感受，犹如置身于美丽的田园风光之中；中味的初段是保加利亚玫瑰独特奢华的独自表演，让此款香水的味道更具内涵，独树一帜。保加利亚玫瑰是世界上最华贵稀少的玫瑰品种之一，特别是只有在清晨短短几个小时里收集的保加利亚玫瑰，才能保留住其典雅细致的香味。随后，在依兰香精油柔和的香味与玫瑰的芬芳下，共同融合出柔美、有如花朵般的女性吸引力。充满花香味的中味给人一种如花朵般清新自然的感受，使用的成分散发出振奋人心的香气，不由自主地让人开心愉快。后味简单而持久，添加了淡淡的麝香来衬托出玫瑰的优雅基调，流露出淡淡的女人味。

ESCADA
秘密花园女性淡香水
ESPECIALLY

香调：玫瑰花香调
前味：安贝塔种子、梨子、麝香
中味：依兰香、保加利亚玫瑰
后味：麝香

诚如代言人芭儿·莱法利所言："我爱这款香水，不会让人觉得太甜美也不致过于浓郁。这款香水相当的女性化且具温柔感，却仍不失优雅。它还含有保加利亚玫瑰的精华香气。保加利亚玫瑰非常稀少，难以采收，但这款香水绝对让您体验保加利亚玫瑰令人心醉神迷的香味。"在包装设计上也体现了爱斯卡达的创新精神，其包装走奢华路线但又极具设计感。粉红玫瑰色的香水装在晶莹剔透的正方体玻璃瓶里，玻璃盖子上有经典的金色双 E 标志。瓶身设计将古典与现代融合得恰如其分，完美地反映出爱斯卡达的品牌精神。外包装的底色是具有活力的粉红色，同样也有金色的双 E 图案，整体呈现优雅却又不失调皮的女性风味。

爱斯卡达经典同名女性香水（SIGNATURE）

那是 2005 年的一个明朗的秋日，莱比锡那座哥特式教堂里的鸽子也很精神，就在这一天，爱斯卡达推出了如同秋天一样明朗的经典香水——爱斯卡达经典同名女香。对于向来擅长以最简单的款式诠释放出独具个性魅力的爱斯卡达而言，这款香水成功地传达了简洁、洗练、精明、个性的风格与品牌精神，不论是在香氛的表现，还是瓶身的设计上，都将迷香的女人们带入了一个崭新的世界！

"因为时间的珍贵，在有限的生命里，用香水浸透你自己，让生命闪耀。"这是爱斯卡达的宣言书，一如它通透的香氛一样让人印象深刻。爱斯卡达经典同名女香以最受欢迎的清新花果香调呈现，前味融入了香柠檬、意大利柠檬、黑醋栗、绿叶、黄瓜、小苍兰的清新，伴随着甘露和海风的吹拂，沁入心中一片宁静的气息！延续着前味的清爽，中味则散发木兰、茉莉、铃兰、玫瑰、橙花、牡丹的柔和香氛，后味以琥珀、麝香、桃子、水鸢尾、檀香、广藿香画下完美的句点。为了完整呈现当代女子的气息，在调香师的精心设计之下，该香水的香氛让人忘了大海和天空的边际，尽是湛蓝的一片。

爱斯卡达经典同名女香的设计灵感源自于对青春岁月的珍惜。让生命闪耀，在你能滑过天空的片刻，几乎接触到云端，没有什么是你无法触及的。天空和海是你的。该香水在包装设计上也是别具匠心，纸盒上散发出如钻石般闪耀的光泽，呈现出视觉上的快乐，从发光的银到海水蓝，水在渐层的影响下随着灯光的变化反射着时尚的气息。简约而清透的海水蓝香水瓶，映衬出时尚女子极简的奢华，柔美而性感。

ESCADA
爱斯卡达经典同名女性香水
SIGNATURE

香调：清新花果香调
前味：小苍兰、甘露、香柠檬、海风、黄瓜、
黑醋栗、绿叶、柠檬
中味：木兰、牡丹、玫瑰、茉莉、铃兰、橙花
后味：水鸢尾、桃子、琥珀、广藿香、檀香、
麝香

潜蓝女性香水（INTO THE BLUE）

她具有自信且对自我非常了解的特质，她知道自己的喜恶，她还非常乐观，以活力及闪亮的笑容来过生活。她知道如何让自己快乐，例如对自己大方或小小地放纵自己。

在爱斯卡达人眼里，这样的女人最值得尊敬和爱戴，于是他们为这样的女性创造了一款独特的香水——潜蓝女香，这是为她自己庆贺的一种邀约，放纵而满足感官的一个理由，借此而获得一个重生的体验。爱斯卡达创意总监布莱恩·雷尼进一步阐释道："这样的女性对于生活的小秘诀是，她知道在每天的生活中如何寻找快乐并珍惜它。我想要创造的是一款能够唤起珍贵时刻的香水。"

毫无疑问，"潜蓝"所代表的是迎向欢乐与新生的通道。没有什么比想象中绽放的花朵更能象征新生，所以"潜蓝"蕴含着馥郁的花香成分。别名为睡莲的蓝色莲花，以其令人沉醉的香味出名，这种高雅的花朵源自污泥沼泽深处，开放在水面上，是光明战胜黑暗的象征。在古埃及，蓝色莲花被视为太阳神的出生地，而太阳神是创世主，是所有生命的泉源。"潜蓝"中同时也融合了牡丹的成分，牡丹以它甜美的气味、硕大而茂盛的花朵出名，它在相当贫瘠的荒地上冒芽绽放。水是生命的精髓，因此，以无穷生命力为品牌特色的爱斯卡达选择了水作为它全新香氛的主要成分之一。若水是生命的泉源，那么"潜蓝"则是对生命热情的喝彩。它的所有调性都含有水漾的元素，无论是绿叶中的水分使"潜蓝"拥有清新的前味，抑或是带着浓郁多汁西瓜的中味，乃至于含有湿润木头的沁凉后味。

ESCADA
潜蓝女性香水
INTO THE BLUE

香调：水生花香调
前味：绿叶、蓝色莲花
中味：牡丹、西瓜
后味：湿润木头

如此高贵而独特的香氛，让不少香水专家为之赞叹不已，威尔·安德鲁斯曾说："我们真心感受到了以'潜蓝'汲取到的爱斯卡达的品牌精髓，它达到一个新的境界。别出心裁的设计完美地融合了水调与花香味，演绎出一种极致与独特的氛围，特别是能够同时唤醒内心深处的愉悦感。""潜蓝"致力于让女性拥有美丽与快乐，当许多品牌不断对美丽作出承诺时，它则独自坚持追求真正的快乐。

不得不提"潜蓝"的瓶身设计，它那明朗、椭圆而深具女性化的线条，与外包装亮丽的鲜艳桃红色形成强烈的色调对比。以浅蓝色为背景的闪亮效果，与阳光渗入深蓝海水中的平面广告相互呼应。女人恃宠而骄的个性被掩盖了，唯有愉快、放纵还在蔓延。

情定夕阳香水 (SUNSET HEAT)

没有人能比爱斯卡达更懂得夏日的心思，也很难有人像它那样了解迷人的夏日香氛，于是在2007年夏天，爱斯卡达推出了火爆的情定夕阳香水，进而引爆了当年的夏日热情。夏之晨最为清凉，却显得昏睡和慵懒；夏之午后最为燥热，也最无情绪；唯有夏之傍晚最为迷人，清爽宜人，精神饱满，一如那夕阳留恋白昼时的不舍，留下绚丽的万丈霞光。

随着爱斯卡达推出情定夕阳香水，引爆了2007年夏日的热情与兴奋，作为一款针对炎炎夏日而推出的香水，在让人享受阳光的同时，还感受清爽和快乐的元素。"情定夕阳"的香水瓶身闪烁着有如霓虹般明亮而鲜活的色彩，这款香水是献给新一代，有个性并追求生活乐趣的女性。她们的信念是：尽情生活并享受每一刻。

想象一下这个画面：当你和一群女性朋友一起度假，夕阳西下，而你刚好准备出门，动人的音乐

ESCADA

情定夕阳香水

SUNSET HEAT

香调：甜美花果香调
前味：木瓜、芒果冰沙、菠萝慕丝、柠檬
中味：冰镇西瓜、芙蓉、蜜桃、莲花
后味：琥珀、檀香、麝香

节奏响起，而你随着音乐节拍翩然起舞，想着要搭配哪一件衣服，尝试不同的发型，佩戴不同的首饰，并想着晚上可能发生的事……在你装扮好之后，喷上一些带有淡淡夏日风情的爱斯卡达情定夕阳香水，馥郁的热带水果香正反映出你期待着夏日夜晚的兴奋心情。

情定夕阳香水就像每个人一样，也有各自不同的风格，这是由国际香水研究室合作所创造出的香水，有别于之前的任何一款夏日香水，它并不是原有香水的淡雅版或是以充满夏日风情的新外衣来包装现有的香水，而是一款全新的香水。香水前味弥漫着果香，有木瓜、柠檬、芒果冰沙和菠萝慕丝，当香水喷出的一瞬间即可感受到水果的香气，令人感到神清气爽。悠然的中味仿若一抹斜阳，融合着果香与花香。冰镇的西瓜、蜜桃、莲花和芙蓉，甜美多汁，生动而丰富的香调赋予香水生命力。同时后味让香水散发着无限的性感，檀香和麝香透露着期待的感觉，而琥珀结晶则蕴含着如夕阳般的温暖与光芒。怎样的香水才能最好地诠释这漫长的仲夏之夜呢？当然是非"情定夕阳"莫属。你只看到情定夕阳香水瓶身，便能联想到热情而浪漫的夏日夜晚。冰凉的玻璃瓶身沐浴在渐层的黄色、橘色和红色光芒之中，颜色明亮，发出如霓虹般的光芒，让香水瓶设计引领时尚风潮。香水瓶身闪耀着强烈的光辉，就像真正的夕阳一样，无与伦比。

摇滚森巴淡香水（ROCKIN' RIO）

情定夕阳香水的成功让爱斯卡达看到了人们对夏日香水的态度，2012 年，爱斯卡达再次推出了另一款限量版的夏日时尚香水——"摇滚森巴"。这款珍贵的香水挑起人们对于夏天的渴望，让尊贵的女人们恣意装扮，展现迷人风情。它代表着一种限量版的时尚香氛，气味丰富而独特，标志着每一个盛夏的美好心情。

据说该香水的创意是缘自市场的反应，爱斯卡达为了纪念 20 周年，特从发行 20 年来最受欢迎的香水中，挑选出最受欢迎的三款香水，来欢庆 20 年的里程碑，而这款"摇滚森巴"便是在选中的几款夏日香水的基础上进一步改进而成的，其目的就是要唤醒人们在夏日的热情，拥抱幸福的时刻。

与三款最受欢迎的香水相对应的，是三款新装上市的爱斯卡达夏季限量时尚香氛，分别是"摇滚森巴"、"性感香迹"与"热情岛"，封装着在里约热内卢、纽约以及加勒比海岛屿、阳光中最欢愉的时光。每一种香水都让人享受全新的感官飨宴，混合着清新水果以及花卉的调性，完美体现夏日欢乐且热情的性感氛围。

对于这一创意，爱斯卡达的香水创意团队的专家威尔·安德鲁斯解释说："为了庆祝时尚香氛 20 周年，爱斯卡达想要回顾真正唤醒女性的最好的夏日记忆香水。提醒你生命中的欢乐时光，并带你抵达愉快的境地。我们的香水缤纷多彩又富含水果风味，会为你带来愉悦感，欢乐的夏日回忆会盘旋在你的脑海里。"事实上，喜欢"摇滚森巴"的女性会尽可能地让生命更完整。她不是旁观者，她努力去生活，去感受生命如何达成圆满；她喜欢体验快乐，喜欢尝试新事物；她喜欢旅游，喜欢发掘新世界。

说起对该香水的印象，很多人都宣称"摇滚森巴"就像是假期里的最后一杯鸡尾酒，菠萝椰奶朗姆酒。就像在一个充满活力与魅力的里约海滨沙滩，与美丽、如阳光般的女人亲吻着，飘逸的长发与鲜艳的火红海水相映着。它的浓郁气味隐藏着即将爆发的巴西桑巴舞曲的鼓点，有力地增强夜晚时光的推移。整日的炎热感显现出真实里约的热烈以及日复一日的魅力，那是热情依旧的承诺。而"摇滚森

ESCADA
摇滚森巴淡香水
ROCKIN' RIO

香调：甜美花果香调
前味：木瓜、橘子
中味：甘蔗、白桃
后味：檀香、麝香

巴"是如此的年轻，富含水果香味的香水，具有香甜但清新的水果风味，透过热带椰子与菠萝的组合而成。前味的橘子与木瓜具有唤醒里约热带特性气味的力量，而香甜中味的甘蔗与白桃是该香水的精髓，后味的中性感和谐地与柔软、乳黄檀香与麝香一起，产生持久的柔软调性。

摇滚森巴女香在包装设计上也有全新的特点，它由原始设计中改头换面，但仍延续时尚香水设计的精髓。时髦、现代的香水瓶，其特色是流畅的曲线与浮雕着爱斯卡达标志的不锈钢瓶盖。瓶颈垂吊着迷人的粉红色丝带，分离了源于活力夏季的独特色彩。

此款设计从外在包装开始，就在强调女性香水的魅力，瓶身黑色剪影具有简单、清楚的线条，反映香水的灵感——"性感香迹是鸡尾酒服装，热情岛是海滩装，而摇滚森巴则是摇滚泳装"。事实上，爱斯卡达是图像包装潮流的开创者与引领者。

能够将鞋履做得像法拉利一样闻名于世的，恐怕只有菲拉格慕了；能够将香水打造得如同兰博基尼一样精致的，菲拉格慕亦是榜上有名。在一个崇尚艺术的国度里，菲拉格慕香水里的精美、曼妙、甜蜜、温柔、野性、内敛、细致的情怀逐渐溢出了地中海，翻过了阿尔卑斯山，跨越了大西洋，在征服了世人的同时，也成为了奢侈男女的甜蜜梦境。

Salvatore Ferragamo

奢侈男女的甜蜜梦乡

菲拉格慕

意大利的手工制鞋业闻名全球，菲拉格慕更是意大利制鞋家族中声名最为显赫的。创造力、激情和韧性是菲拉格慕家族恒久不变的价值观，并代代相传。因为萨尔瓦多·菲拉格慕异常关注质量和细节，他赢得了"明星御用皮鞋匠"的称号。而今，菲拉格慕已然成为皮鞋、皮革制品、配件、服装和香水制作领域的顶级品牌之一。

　　萨尔瓦多·菲拉格慕于 1898 年出生于意大利南部那不勒斯的一个小镇博尼图，从小家境清贫，家中共有 14 个兄弟姊妹，9 岁时他就已辍学。但年纪轻轻的他已立志要成为一个鞋匠，于是 11 岁便当上鞋匠学徒，13 岁已在博尼图开设店铺，并有两名助手，创制出第一双量身订造的女装皮鞋。

　　1914 年，萨尔瓦多·菲拉格慕来到美国，先和兄弟姊妹们一起开了一家补鞋店，继而又到了加州，当时正值加州电影业急速发展，萨尔瓦多·菲拉格慕从此和电影结下了不解之缘，被誉为电影巨星的专用鞋匠，例如他设计的罗马式凉鞋便在多部电影中出现过，包括西席尔·德密尔的经典之作《十诫》。20 世纪 40 年代后期及 50 年代，意大利时装迅速发展，菲拉格慕工厂的生产量每天高达 350 双鞋。由于许多明星在银幕下开始穿着菲拉格慕的产品，于是订单大增，但萨尔瓦多·菲拉格慕并未满足，他继续试图找出制造永远合脚的鞋的秘诀，甚至为此在大学修读人体解剖学，同时旁听化学工程和数学课程，发掘护理皮肤及使用不同物料的新知识和新方法。萨尔瓦多·菲拉格慕制造的鞋子耐穿，注重自然平衡，而皮鞋最终必须以手工制成。

　　1927 年，眼见意大利缺乏资深的鞋匠，于是萨尔瓦多·菲拉格慕决定返回故乡，并在佛罗伦萨开设他的店铺，员工多达 60 人，在当时称得上是第一位大量生产手工鞋的人。然而，1929 年华尔街股灾之后，菲拉格慕公司亦于 1933 年宣布破产，迫于无奈之下，唯有集中发展家乡市场。由于战争关系，皮革受到限制，但这反而激发了萨尔瓦多·菲拉格慕的设计灵感，他

利用编染椰叶纤维和赛璐珞两种质料制造鞋面，鞋底则是用木和水松制成高跟松糕鞋和凹陷型鞋跟，并绘画或刻上颜色鲜艳的几何图案，或镶嵌上金色玻璃的装饰。其实，这些鞋跟并没有什么新颖的概念，但他的设计却令这些款式流行起来，在二次世界大战时，深得女性的欢心。

　　1947 年，萨尔瓦多·菲拉格慕以其透明玻璃鞋获得被誉为"时装界奥斯卡"的奈曼·马库斯奖，成为第一个获得这个奖项的制鞋设计师。他得奖的作品设计细致，鞋跟处凹陷成 F 型，并铺上金色羊皮，鞋面则有透明的尼龙线。1948 年萨尔瓦多·菲拉格慕继续带领潮流，极细而尖的高跟鞋成为华丽的脚上时装，创出另一新时尚。萨尔瓦多·菲拉格慕在 1957年出版了自传《梦想的鞋匠》，在那时他已创作超过 2 万种设计和注册 350 个专利。功成名就的同时，生命也到了终点，萨尔瓦多·菲拉格慕在 1960 年逝世，其后人根据他的遗愿——将菲拉格慕发展成一家"从头到脚的时尚装扮"的时装公司，逐渐发展男女时装、手袋、丝巾、领带、香水系列等，并在 1996

年取得法国时装品牌伊曼纽尔·温德罗的控制权，第二年又与宝格丽成立合营企业，发展香水与化妆品。就这样，一个靠鞋履走到世人眼前的奢侈品牌，逐步演变成了一个时尚帝国。

　　菲拉格慕制作香水的历史很短，但是其品牌基因注定了它的非凡。自1998年推出同名女香以来，以充满诱惑力的花香，表现出女性的美丽。配合菲拉格慕品牌的设计风格，永远以简洁为基本前提而衬托出细节的精神，营造出高贵、纯朴的格调。从2005年起，菲拉格慕针对年轻女性推出了一系列的限量时尚香氛，包括2005年梦游仙境女性淡香水、2006年甜心魔力女性淡香水、2007年闪耀光彩女性淡香水、2008年缤纷奇境女性淡香水等。受到欢迎的花果香调清新气息，搭配设计师为瓶身及香水外包装盒调配出的炫彩年轻气息，让香水迷们更是爱不释手。

芭蕾女伶香水（SIGNORINA）

　　在意大利语中，"SIGNORINA"是一个可爱别致的称谓，意指时尚且极具风采、清新并充满朝气的年轻女性。菲拉格慕这个极具艺术感的品牌精准地找到了香水与这种称谓之间的联系，于是芭蕾女伶香水诞生了，这是一款充满女性时尚感的香水，带有雅致、俏皮及清新的风貌。这款香水使菲拉格慕品牌与散发女人韵味的年轻时尚女性的概念紧密联结，展现永恒的都会风格，不但富有创意，并带有女性大胆示爱的勇气。

　　芭蕾女伶香水明亮愉悦的前味由黑醋栗搭配新鲜的粉红胡椒，展现富有欢愉自信特色的自然香调。创新的花香调中味由新鲜茉莉、牡丹和带有别致女人味的玫瑰融合而成。后味则由绵密乳香质感的意式奶酪融合轻柔的麝香和带有诱人木质调的广藿香，展现了独特的意式优雅及出乎意料的诱人香氛。

Salvatore Ferragamo
芭蕾女伶香水
SIGNORINA

香调：花果香调
前味：黑醋栗、胡椒
中味：茉莉、玫瑰、牡丹
后味：广藿香、麝香

　　芭蕾女伶香水的瓶身设计如同优雅与别致的宣言。方形瓶身设计仿佛珍贵的珠宝盒一般。瓶身上缘透过双层的粉色螺纹缎带重新演绎了经典的蝴蝶结，瓶盖则以可爱的玫瑰金圆盖设计，为整体的香水设计增添了雅致的金属光泽质感。外盒则由玫瑰金滚边的外框优雅地点缀，散发耀眼及经典的风格。而菲拉格慕的标志则是优雅的以立体浮雕装饰于外盒上，完美呈现品位与清新的风采。

闪耀光彩女性淡香水（INCANTO SHINE）

　　充满纯粹欢愉，和谐与自由的幻想世界，于2007年问世的"闪耀光彩"挑逗着你的感官，引领着你前往菲拉格慕创造的神秘天堂。诚如它的称谓"闪耀光彩"那样，这款香水是如此的光芒四射，充满欢愉。

　　作为清新花果香调的代表作品之一，闪耀光彩女香透露着鲜明的花果香气，如彩虹一般。该香水来自卡琳娜·迪布勒伊的大师级设计。前味是馥郁多汁的凤梨、百香果与佛手柑，给人甜蜜却成熟的女人印象。中味是小苍兰，充满女人味

Salvatore Ferragamo
闪耀光彩女性淡香水
INCANTO SHINE

香调：清新花香调
前味：凤梨、百香果、佛手柑
中味：小苍兰、牡丹、桃香
后味：白雪松、琥珀、麝香

的粉红牡丹交错着葡萄园桃子香，带了一份喜悦感，惹人怜爱。后味为温暖的白雪松、琥珀及麝香，唤起肌肤被温暖阳光包围所散发的香氛。香水瓶身的色彩就像撷取蔚蓝天空中的一抹彩虹，粉□的花朵与蜻蜓呈现出充满阳光的纯粹欢愉。亮紫色"闪耀光彩"字样穿透瓶身闪耀着，与粉红色瓶盖映出似虹彩般的温和光晕。外盒包装如此引人入胜，犹如置身天堂般的光彩夺目，每个细节都搭配得如此和谐。

甜心魔力女性淡香水（INCANTO CLARMS）

环绕着水边，带着冒险的魔幻与奇特非凡的邂逅。一种跨越文化界限的交融，汇入了欧洲时尚与精致的异国风情，传递出遥远国度的魅惑与神奇的吸引魔力。甜心魔力女性淡香水魅惑地挑逗着女人们的感官，送你抵达逃离世俗的境地。

甜心魔力女性淡香水由著名调香师比阿特丽斯·波库伊特所精心配制而成。这款香水带着单纯女性特有的魅力——好奇心、自主性与爱的特性，展开探险之旅。每一天对她而言都是一段不凡的旅程，她知道该如何善用每一天，她拥有魅惑的魔力将每段遭遇化为生命中难以忘怀的片刻。

闭上双眼细细感受这多彩缤纷的奇特滋味吧：前味融合了热情的百香果与清新的忍冬；随之而来的中味是轻飘虚无的茉莉花瓣，轻柔地让你沉醉在深度魔幻的旅程，然后融化在土耳其玫瑰的性感的温柔乡里；在艳阳下的出走中，享受被白麝香的柔软薄纱唤醒，然后被舒适的阿米香树木拥抱的后味。

这款充满魔力气息的香水采用限量发行的方式，瓶身由名设计师西尔维·德弗雷亲手打造，有着千变万化宛如万花筒般的图案，令人回想起具有异国风

Salvatore Ferragamo
甜心魔力女性淡香水
INCANTO CHARMS

香调：清新花果香调
前味：百香果、忍冬
中味：土耳其玫瑰、茉莉
后味：白麝香、阿米香树木

情的滨水区域。紫红色的椭圆瓶盖完美搭配着时尚的瓶身造型，创造出触动心弦的杰作。外盒包装如同瓶身一般蛊惑着你，并拥有同样柔和的蓝绿色，让你不自觉忆起远方的国度。

托斯卡纳阳光中性淡香水（TUSCAN SOUL）

它代表的不仅仅是一瓶香水，更是一种生活态度。这是菲拉格慕香水的格言，亦是托斯卡纳阳光中性淡香的宣言，它透过托斯卡纳与菲拉格慕的完美结合，使该香水的"血液"里流动着意大利精品的灵魂。

托斯卡纳阳光中性淡香唤醒了托斯卡纳的精神与灵魂，一种独特的完美体验，它还可以到达任何境界，任何想到达的国境。在享誉国际的香水大师皮埃尔·波顿的创作之下，托斯卡纳阳光中性淡香水展示出的是一瓶珍贵却又充满现代感的香水。就如同皮埃尔·波顿所提到的："我尝试着将甜美的托斯卡纳贵族气息加注在托斯卡纳阳光中性淡香之中。"可以说，它是一瓶代表贵族男女的香水，充满着生命力、优雅气质，以及感官享受。

香水瓶身本身即突显出著名的菲拉格慕设计元素：简约与精致的结合。著名的"感性群体设计室"的设计师们将属于中性风格的圆柱造型融入设计之中，而感觉沁凉的瓶身则与明亮的橘色瓶盖组成完美的搭配。白色典雅的纸盒却被赋予了创新的开启方式，是其最大的特色。顶端和盒底的金属蜂蜜颜色，让人联想到橘色的托斯卡纳夕阳美景。外盒部分也加上红色的菲拉格慕品牌标志，与白色纸盒造成视觉对比。

Salvatore Ferragamo
托斯卡纳阳光中性淡香水
TUSCAN SOUL

香调：清新柑橘香调
前味：柑橘
中味：木兰花
后味：无花果树、蝴蝶花

Salvatore Ferragamo

非凡之旅男性淡香水

F BY FERRAGAMO FREE TIME

香调：清新木质香调
前味：红椒、无花果、柠檬
中味：海风、姜、豆蔻
后味：香根草、雪松、麝香

非凡之旅男性淡香水（F BY FERRAGAMO FREE TIME）

　　男人的世界总是需要刺激和挑战，一段不同凡响的旅程，一个与众不同的人生，总是因为梦想的牵引而变得伟大了起来。菲拉格慕最懂得男人的情怀，这款非凡之旅男性淡香水就是献给每位向往自由、不需在生活与梦想中间挣扎取舍的现代都会男士的。调香师结合菲拉格慕男士的优雅与诺曼底男人的率性，带领香水迷进入一个能忠于自我的非凡世界，于不同情境间转换自如，以自由率性的态度享受人生。海蓝色的识别印记传达出随性却具有质量的生活态度，完美呈现菲拉格慕优雅的男性世界。

　　于2011年隆重面世的非凡之旅男性淡香水饱含细致清新的木质调性，为F系列男香加入了随性、时尚与清新的要素，也让菲拉格慕男士更加率性与优雅。红椒、无花果、柠檬混合出清新明亮的前味，就像是健康、乐观的男人那般具有魅力；中味透过特殊的香氛调制手法创造出清凉舒适的海风香调，并融入姜与豆蔻的香气，让香氛于中段更显率性的强烈印记；最后，由香根草、麝香、雪松透露出性感的后味基调，表现出菲拉格慕男士的优雅自在，这也是一种自由的情怀。

菲拉格慕在瓶身设计上从未让人失望过，非凡之旅男性淡香水的瓶身设计亦是精品。分层出现色差的水蓝色瓶身传递出大海辽阔不受拘束的精神，一圈蓝色的线条环绕瓶身更强调出微风般的清新，如玻璃般透明的瓶身强调男人坚毅的力量，清楚区分出非凡男性淡香水与其他男香的不同。

夜色男性淡香水（POUR HOMME BLACK）

在菲拉格慕调香师的印象中，男人应该是具有力量却低调自持的，是散发强烈吸引力与神秘感的，是气质洗练又充满热忱的，是一种散发着都会型男的夜间气息的"生命体"。循着这种理念，经典的夜色男性淡香水问世了。

既然是"夜色"，那么该款香水的香氛中自然多了一股神秘的色彩，却又因为琥珀木质的香调而让人印象深刻，就像一个戴帽子、不多言语的男子，在举手投足间俘获了人心。调香师很强调它的香氛组成，使男性感官魅力更加突显。前味和中味的过渡很平缓，甚至分不出太大的区别，是丰沛的薰衣草香味完美地混合充满明亮感的马达加斯加黑胡椒及胡荽种子，尽显隽永优雅。而后味则以劳丹脂及薰草豆混合出的温暖厚实香调与香水本身具有的强烈男性魅力相呼应。可以说，不论在城市的哪一个场合，当你与"穿着"夜色男香的男人擦肩而过时，一定会知道这是个与众不同、充满力量的男人。

这款香水的包装设计依旧保持着菲拉格慕精益求精的特点。瓶身以深黑色的底座，配合上银色的瓶身标志，完美诠释经典时尚的成熟稳重的男性形象。香水纸盒包装则以引人注目的银色及红色标志

Salvatore Ferragamo
夜色男性淡香水
POUR HOMME BLACK

香调：木质琥珀香调
前味：青苹果、薰衣草
中味：胡荽种子、马达加斯加黑胡椒
后味：劳丹脂、薰草豆

搭配黑色雾面纸质，强调成熟优雅特质。从内而外，夜色男性淡香都称得上是风格成熟的一款男香，它那时时刻刻充满着时尚及优雅气质的特点，无疑是参加夜晚的特别聚会时不可或缺的绝佳搭配。

法拉蜜女性淡香水（INCANTO BLOOM）

一个全新的概念、一个全新的故事、一个更贴近菲拉格慕世界的原始纯粹，菲拉格慕"闪耀礼拜"系列的第一款女香——法拉蜜女性淡香水，震撼了整个挑剔且要求品位与完美的时代。时尚与典雅，潮流与经典，谁说天平的两端没有魔法能够找到最完美的平衡点呢？

法拉蜜女性淡香水展现出年轻女性爱好潮流且迷人的个性，她年轻、活泼、充满生气，喜欢最尖端的时尚。她爱最自然的美丽，收集最新流行信息，汇集了所有都市女孩所拥有的风格主张于一身。法拉蜜女性淡香水透过瓶身上的经典印记，展露出自我的独特以及最亮丽的自信。法拉蜜的香氛首先以炫目的花瓣开出了一片热情的花海震撼感官，法拉蜜明亮、时尚、经典的特质与全新的菲拉格慕"礼拜"系列谱出和谐的调性。葡萄柚花与小苍兰细致地带出第一股清新的芳香，令接着的茶玫瑰与玉兰花在气味的分子中绽放。气味独特的麝香与富有感官香气的克什米尔木，令法拉蜜的香味以迷人、时尚又奔放的感性做最后高潮的收尾。

作为菲拉格慕在 2010 年的重头戏之一，该香水的包装设计颇受赞誉。其设计的灵感来源是菲拉格慕品牌最具辨识度与代表性的蝴蝶结，代表最纯粹的菲拉格慕风格及女性特质。运用这个关键的设计

Salvatore Ferragamo

法拉蜜女性淡香水

INCANTO BLOOM

香调：清新花香调
前味：小苍兰、葡萄柚花
中味：玉兰花、茶玫瑰
后味：克什米尔木、麝香

经典元素于包装，法拉蜜女性淡香水要向全球菲拉格慕迷传达最新的"礼拜"系列的时尚、流行、典雅与迷人。乳白色的瓶身上，绽放对比鲜明的粉红色与黑色浦公英，法拉蜜香水瓶融合了多种不同风格的美丽于一身，透过法国知名设计师——西尔维·德弗雷的巧思，法拉蜜褪去过多的色彩，变得更恬静简约，显得更加独特迷人。瓶身上蝴蝶结的经典设计，令人眼睛为之一亮。具有光泽的黑白蝴蝶结，就像所有菲拉格慕的精品般刻上品牌标志，传递出优雅与时尚，与全球的菲拉格慕迷同步延续经典。

香水本是一种流动的生命，它超然于芳香之外，又植根于大千世界的繁花茂果之中，就像日本香水帝国的掌门人三宅一生一样，给人的永远是亲近自然而超然脱俗的感受，是若即若离又若有若无的参悟。三宅一生香水以一个梦想制造者的身份，成为徜徉在人们梦想中的生命之水。

ISSEY MIYAKE

徜徉在梦想中的生命之水

三宅一生

三宅一生的名字很独特，意味着一种生命的轮回，它让人想起一辈子的曲曲折折，悲欢喜乐。你可以这样认识这个名字：人的一辈子就是在三所房子里度过的，小时候，在父母的房子里等待长大；长大后，在自己的房子里生儿育女；终于老去后，在儿女的房子里，静静地看日出日落，怀想倏忽而过的一生。三宅一生是一种生活的情调，一辈子，三个家，一个人。

日本民族真正拥有世界级的香水品牌是从三宅一生开始的。其实它的年头很短暂，1992年才投入香水创作，在这之前三宅一生认为女人是不应该擦香水的（因为他的母亲从不擦香水），他认为水是用来净身的，他喜欢他母亲洗完澡推开门时的香味，后来他以纯净、清澈透明的元素"水"为一生之水创作的元素，虽然称为水，但却是香水。时至今日，三宅一生香水受到香水使用者的喜爱，像"一生之水女香"与"一生之水男香"一直都是全球各大香水专卖店畅销的高级时尚香水，拥有许多的爱好者。

这是一瓶汇集了人世间种种香气的香水，它将女人的柔情与水的清纯融为一体，体现了"云在青天水在瓶"的深刻禅意。它带给你的是一种朦胧的感觉，与你如影随形，不经意却又无时不在地散发着你的气息。它的香味淡雅而持久，香型简约，却又富含韵味，于不经意间撩动人的情思，却又缠绵悠长。回味之下，一缕浅浅的忧伤从薄薄的晨雾中喷薄而出，那是一丝人生的沧桑莫名地浮上心头，这缕薄薄的忧伤，如风中的蛛丝茫然地飘荡，让人意乱情迷，不可自持。

三宅一生以其对东西方文化的融合来诠释他对香水的追求，最重要的是他把香水提升到哲理的高度来思考，这也正是当时迷惘的欧洲人所想解决的问题。西方人在经历了高度发达的现代科技、现代工业的发展后，突然从古老的东方文明中寻找到他们梦寐以求的东西。而三宅一生的香水，恰能给予人鼓舞的力量，一种内在、深邃的反思，形成了三宅一生的独特

　　风格。作为香水艺术的创造者，香水制造商们总是竭尽全力地创造时尚生活中人们所梦想追寻的香水，满足人们对自身品位和文化层次的追求愿望。三宅一生缔造了许多富有传奇色彩的香水，每一件三宅一生的作品都充满了浓厚的艺术气息。

　　20多年来，三宅一生把东西方历史、文化概念加以结合，并引申到香水和日常生活中去，创造了举世公认的三宅一生风格。通常西方人只会在传统瓷碗、木梁屋顶、民族图案的织物和书画上体会到东方文化中美的概念，三宅一生却把其中的内涵用香水和现代服装加以表现，他好像完全沉浸在欧洲的自然风光和淳朴民情之中，为他创作的西方概念找寻素材。

　　除了"一生之水"系列香水之外，三宅一生还以乐观主义观点替代"世纪末"的悲观论调，认为21世纪是一个充满活力的年代，因此他选择"火"作为他创作的新元素，以此呈现出无尽的生命力。这恰恰展现出三宅一生代表的"精神"：开拓、冒险、不沉溺于安逸以及浪漫的勇气，而这也正是都市人群所匮乏的精神。

诚如三宅一生自己所说："有些人认为设计仅仅是一种美丽与功能的表现，但我希望能加入感觉与情绪。你必须用幽默和诗意来丰富生命！"打开他的每一款香水，就像翻开一幅幅爱的画卷，或静谧，或狂热，或内敛，或奔放。三宅一生将爱的芳香写进每一瓶香水中！

一生之水系列香水（L'EAU D'SSEY）

三宅一生的成功，在很大程度上要归功于它的"一生之水"系列。简单、洁净的风格整合了泉水中的睡莲及东方花香，并注入春天森林里的清新，造就了一生之水的清净与空灵的禅意。

在"一生之水"的背后，还有一个美丽的故事。三宅一生成名后，一直苦思该创造一瓶什么样的香水来传达自己的设计理念，却始终找不到灵感。在一个雨天，当他停下手边的工作望向窗外时，不经意间被一颗颗停留在玻璃窗上倏然滑落的水滴所吸引，欣喜的他猛然抬头，远处的巴黎埃菲尔铁塔在一片茫茫中映入眼帘，那一刹那，一切都有了答案，"一生之水"也因此诞生。

对于三宅一生而言，水其实变化万千，它可以是奔腾的瀑布，亦可以是平静的湖泊。同样是水，每个人都可以在其中寻找到属于自己的节奏。灵感来自巴黎铁塔的"一生之水"外形简洁得令人激赏，它纯净的线条、透明的瓶身，完全符合三宅一生所说的"我想要以最少和最单纯的色彩来表现美感，但与抽象艺术无关"。

ISSEY MIYAKE

一生之水男性香水

L'EAU D'ISSEY POUR HOMME

香调：水生花香调

前味：南欧丹蓼、柑橘、柏、香木缘、马鞭草、芫荽

中味：鹤草、肉桂皮、番红、蓝水百合、豆蔻

后味：中国柏树、印度檀香、海地岩兰草、琥珀、烟草、麝香

凭借着这种脱俗的理念和独特的创意，1992年问世的一生之水女香赢得了世界性的声誉。它以其独特的瓶身设计而闻名，三棱柱的简约造型，简单却充满力度，玻璃瓶配以磨砂银盖，顶端一粒银色的圆珠，如珍珠般迸射出润泽的光环，高贵而永恒。这项设计一推出，就使人的眼睛一亮，当年即在香水奥斯卡的盛会上，夺得女用香水最佳包装奖，还分别在纽约、巴黎等地获得各项大奖。"一生之水以清雅迷漾的甜香成功地进入香水世界，并创造了经典的传奇，空灵而柔雅地绽放着柔美的气息。

这种气息也是脱俗与充满创意的。该款香水的香调非常的清新淡雅，喷在手腕处，感觉一股清香慢慢地沁入人的心里。前味是睡莲的清淡、玫瑰的浪漫与鸢尾的雅致；中味又有点百合的淡雅，牡丹的肃穆以及康乃馨的纯净；后味则是淡淡的水果味，琥珀子、木樨兰以及麝香均是"谦谦君子"，不躁不恼，就像是三个谦逊温柔的女子在一个屋檐底下，信守着对爱人的终身承诺。

在2011年，一款名为"温柔"的一生之水女香成为了花香版的女性淡香水，是该系列最想传递的情感讯号。调香师艾尔伯特以芬美意（Firmenich）所研发的独家技术——"共馏萃取技术"，提升了保加利亚玫瑰其丰富、繁茂、天然性质的独特香味，并且延长香氛停留于身上的时间。同时，利用百合来提升香氛中清新层次感特质，借此让配方呈现最高贵、最精致的一面，再添加了让人感到清新欢愉的柑橘香氛和神秘深沉白桦木及麝香，让花朵流露出更真实的气息。

1992年的一生之水女香的成功为三宅一生打开

了一个全新的世界，随后于 1994 年问世的"一生之水"男性淡香再次将三宅一生的理念推向了美学和香水艺术的高峰。身为日籍旅法设计大师，三宅一生的创作元素融合传统东方元素与前卫西方元素，作品丰富且充满生命力。这款一生之水男香便是这一理念的代表作。该男香的主调是日本香木缘，散发清新而令人愉悦的微木香，有少许的辛辣。在非洲睡莲的水调逐渐增强的过程中，香调透明而纯净且逐渐温暖，呈现出一个辛辣又柔和，激烈又细致的空间。深邃温柔的清香，镇定的力量，配合秘密的惊喜和持久的烟草琥珀、麝香及木香，传达出一种端庄稳重，活力充沛的男子气概。

成功总是接踵而至，自 1995 年起，每年夏季三宅一生便以不同风貌诠释夏日香氛，最值得一提的便是 2011 年夏季问世的"一生之水夏日珊瑚限量版男香"。它以品牌主色白、银、黑迎接夏日，诗意盎然。它带领活力四射的男人们徜徉沐浴于蓝色海洋，感受欢愉夏日风情，由雅克·卡瓦利埃精心调配而成。在夏日艳阳下跃动突出的香氛以柚子和柑橘构成的柑橘调带出，接着小豆蔻与鼠尾草随之强烈浮现，最后则由香根草与龙涎香以充满活力的印象作结。

总之，"一生之水"将三宅一生对生命、对香水艺术的理解诠释得淋漓尽致，调香师也一直希望他的香水可以跟更多的人产生沟通的感觉，由此诞生的"一生之水"灵感源自于"自然"，以简单的元素，原创的本质创造惊奇，追求线条的美感及香味的自然淡雅，去掉不必要的装饰以表现个人的特质。

ISSEY MIYAKE
一生之水女性香水
L'EAU D'SSEY

香调：水生花香调
前味：玫瑰、睡莲、鸢尾、
　　　樱草属植物
中味：百合、牡丹、康乃馨
后味：月下香、木樨兰、琥
　　　珀子、麝香

气息淡香水 （A SCENT）

    在 2009 年深秋推出的三宅一生气息淡香水，将香氛的本质压缩成"一种如同空气般简单与美丽的气息"，将创新的工艺技术与大自然的诗意互相融合。以玻璃砖的造型呈现的瓶身及由纸质制成的包装，如同第二层肌肤般的理想，一种全新的设计，最精准地诠释了三宅一生品牌的精神：一种适合每个人的最简单、基本的奢华。三宅一生气息香水充满绿叶、花香和木质的香调，像大自然与顶尖科技所带来的香氛协奏曲，结合传统与创新科技，忠实呈现设计师的原创理念：在香氛的组成里，添加全新的嗅觉特点。不借由文字游戏而产生，让想象力与情感自由奔驰。清新的花香调让人怀念花展上的气息，可是这次却是从一个玻璃瓶里升华出来的。前味是浪漫的风信子，淡雅、质朴；中味多了一丝丝马鞭草的香味，另外茉莉花的香气像它的性格那样慢悠悠地呈现；后味也很简单，纯粹的白松香，不带一丁点杂质，让身体和灵魂清澈无比。

    三宅一生气息淡香水的瓶身是由纯净的厚片玻璃制成的，由设计师阿里克·利维设计成形，充满力量、前卫的想法。由多久佐藤设计的标志由瓶身内侧雕刻上去，借此保留纯净与自然的外观触感，其中的秘密就在于采用高科技制造技术。为了替三宅一生气息淡香水设计外包装盒，设计师多久佐藤将焦点摆在产品的本质上："保护瓶身和确保内容物。"包装盒是香氛的第一印象，借由瓶身形状与名称，可以简单明了地传递出它的内涵。包装盒的颜色是绿色，与香氛的气味相呼应，连最微小的细节都能达到本质上的奢华。可以说，三宅一生气息淡香水是在诉说关于本质的故事：气息，追求本质，享受简单的奢华。

ISSEY MIYAKE
气息淡香水
A SCENT

香调：清新草香调
前味：风信子
中味：茉莉花、马鞭草
后味：白松香

香水与音乐有着天然的联系，虽然感受它们的位置分居于鼻子与耳朵，但是得到的震撼都是发生在心底。一如"毒药"所击溃的灵魂，一如音乐所俘获的宁静，胡戈·波士香水以一个音乐家的形象，用沉稳而极具穿透力的"香氛音符"满足了现代男女的苛求，成为了名副其实的灵魂魅惑大师。

BOSS
HUGO BOSS
香水界的沉稳音乐家

胡戈·波士

香水的世界里，历来是法国、意大利的品牌驰名国际，但向来以严谨、缜密著称的德国人，却创造了胡戈·波士。这个崛起于20世纪70年代的德国品牌，成功地诠释了男人的成功与品位。它集感性和理性于一身，始终彰显着年轻与活力的设计理念和完美的质地。胡戈·波士香水为我们提供了一种全新的香水体验，那是由自然和科技结合而成的新的香味所带来的与众不同的优雅别致。这一结合是两种极端的结合，在深厚的传统和激烈的革新之间找到交点，在心灵的宁静和世俗的喧嚣间找到平衡。它给我们带来的是一份自信，还有那张扬的男人味。

1923年，胡戈·波士先生在德国的一个小镇开设了自己的服装厂，生产男士工装，服装厂很快就以精致专业赢得声誉。在成立之初，胡戈·波士的业

务范围仅限于男士工装、雨衣、制服等。到了家族的第三代，即 20 世纪 60 年代初，公司开始积极拓展国际业务，并不断拓宽完善品牌种类。20 世纪 90 年代，胡戈·波士开始进军香水世界。

自踏入香水界以来，胡戈·波士公司以迅捷而不失沉稳的步伐在全球范围内拓展，它开始逐渐网罗流行界的优质品牌成为胡戈·波士集团的一分子，使胡戈·波士集团俨然成为一个超级时尚王国。1993 年，胡戈·波士男用古龙水开始研制，且于次年春夏之交正式推向市场。这款香水名为胡戈·波士 1 号，专为目标远大的男士所设计，他们追求事业，也讲究生活，讲究香水与服装的相得益彰。薄荷、蜂蜜和紫苏的巧妙融合体现出一种简单而又与生俱来的力量，没有刻意营造，却最能打动人心，这恰是其魅力所在。之后推出的胡戈·波士男用系列香水，搭配同一品牌的典雅男装，一直被视为经典组合。很多名人如汤姆·克鲁斯、施瓦辛格、舒马赫兄弟等均为胡戈·波士的爱好者。

胡戈·波士先生说："哪个男人不曾有过暂时忘掉理智甘愿受激情支配的难忘时刻呢？我想要捕捉那些片刻的神秘，它们洋溢着浪漫的热情，强

烈地吸引人们进入同样美妙的境界。"这句简短的话，就可以说明胡戈·波士香水。"一个设计师成功的一半来自于他的个人魅力。"一位业内人士说。多年来，胡戈·波士先生以他简约的个人着装风格备受推崇：常以黑西服、白衬衫示人。而从个性角度而言，胡戈·波士先生更是一个拥有古典气质的人，他性格冷静，很少把太多个性带到设计中去，难怪他点到即止的设计总有种直指人心的魅力。

胡戈·波士香水不仅仅只为男士设计，1997年，胡戈·波士女用香水正式投入市场。这款香水是特别为那些开放、前卫、渴望与众不同的现代女性创造的，它以简单明朗的气息传达自信、大胆、奔放的生命活力。这款香水具有神秘的复合味道，前味清新自然，中味自信轻松，后味温柔热烈。

2000年，胡戈·波士再次进军女性香水市场，推出第二款女用香水——"波士女人"，依旧不变的还是那种成功与睿智的气质及简单、自信的个性风格。波士女人香水表现出一种强烈的自信，这种自信来自于女性顽强的生命力，以及独立、进取、思维敏捷、善于处理人际关系等种种能力，她们完全摒弃传统女强人的强悍作风，即使在男性精英的领域里，也以她们圆润温柔的女性特质，聪明和谐地与男性共处。

颇值得一提的胡戈·波士香水是"银地球"，这是真正为自己，而不是为别人所用的香水。它表现出一种勇敢的强调自我的意识、与众不同的独特个性，它仿佛是夜幕下的一杯香醇的鸡尾酒，散发出迷人的雅致，更成为夜晚的焦点。它适合活力四射、自信而健康的男士，代表着一种持续一生的激情和对生活始终保持积极进取的承诺。其瓶身是光滑金属包裹的球形小瓶，所有元素都藏在球体里面，即使是喷嘴也被完全藏起。瓶子没有任何抢眼的标志，只有尖兀的边缘和传统的线条，这一设计描绘的是一种自然而跃动的生活方式，一种不加任何约束的态度。拥有银地球男士香水的男人所具有的自信和激情是充满感染力的，他身边的人亦会感受到他那毫不犹豫地勇于面对挑战的雄心壮志。该香水带着强大的、正面的冲击力，并拥有一份包含着决心、创造力和智慧的男性特质。

如今的胡戈·波士早已成为一个精益求精的国际品牌，代表成功、练达，追求更高的目标，自信而又无比从容。一丝不苟的工艺，让人不由钦佩，

　　而永不过时的设计造就了它的经典品质。在这个个性张扬的时代，每个人都有权利选择最适合自己的角色，香水也是如此。香水是身体的艺术，选择什么样的香水一定与性格有关。于是，经典元素与运动元素的交错与完美融合成为胡戈·波士的一贯设计精髓，因为选择胡戈·波士香水的人，无论身份和年龄是怎样的，一定都有一颗渴望激情的心。拥有胡戈·波士香水，便拥有了一份自然流露出的沉稳的成功气质。

　　自诞生以来，胡戈·波士香水在设计上都非常男性化，而且塑造的是那种不化妆、不戴多余的首饰、很注重社会认同感的男性形象，它让男人如一本被重新演绎的经典名著，经过岁月的洗礼，摆脱了稚嫩，变得成熟起来。自信的从容足以放眼四海，成功的练达不再拘泥于繁华的外表，这是一种男人的胸怀，个中有多少睿智全凭你自己去体会。胡戈·波士还让男人像一位神奇的魔术师，冷静与冲动、理智与感性……所有矛盾在他身上都能化解、融合，他从不畏惧袒露自己感性的一面，那是他对内心欲望的审视，对自然个性的释放。做一个胡戈·波士式的男人并不是神话，其实在你尽情挥洒自我的时候你已经是了，就像胡戈·波士所宣扬的：做你想做的工作，过你想要的生活。当你终于意识到原来人应该活得更自我一点、更人性一点的时候，你已经变成了魅力无比的胡戈·波士男人。品位就这样彰显，没有张扬，没有唐突，有的只是从你身边经过时留下的淡雅高贵。

银地球男性香水（BOSS IN MOTION）

在香水的王国里，女香的地位远远超过了男香，但是在胡戈·波士香水的"领地"上，男士香水肩负着追求一种性别平衡的使命，这款"银地球"便是其中闪耀的明星。

胡戈·波士银地球男士香水是一款偏东方香调的香水，前味是白豆蔻、胡椒、肉桂、肉豆蔻的甜香，所以首先冲入鼻腔的是一阵刺激浓烈的味道，将你带入另一个充满激情和欢愉的世界，粉椒味混合着具有异域风情的肉桂味和小豆蔻；中味有着紫罗兰叶的花香，其中混合了活跃的柑橘味和绿色植物顶端的香气；后味中充满了东方味，檀木和香根草组合在一起，悠悠的木质香调，感觉像很自然的体香，低调但不失时尚，淡雅不浓郁，这种淡而绵长的味道能让靠近的人十分愉悦。从前味的花香慢慢转化成木质香调，不经意间完成了由清新变成典雅的过程，适合能把魅力从内散发的男士。其间，名贵木材和现代的麝香味的混合给人带来一种现代的感性。

作为一款"明星香水"，瓶身的设计自然不能庸俗，香水瓶身呈圆球体造型，液体晶莹剔透，银色金属喷头，从外形上看，非常有质感。主色调为银白色，精致纯净，低调奢华。最终融合而成的香氛低调温和，充满了男性的性感与优雅，彰显品质。总体而言，该香水的款式设计高贵优雅，香气温暖醇厚，适合成熟自信的成功男士。

BOSS
HUGO BOSS
银地球男性香水
BOSS IN MOTION

香调：东方清新香调
前味：白豆蔻、胡椒、肉桂、肉豆蔻
中味：香柠檬、紫罗兰叶、罗勒花
后味：檀木、麝香、香根草

劲能男性香水 （ENERGISE）

男人的力量美与女人的柔媚之美分属不同的美学概念，胡戈·波士于 2005 年盛装推出了时尚香氛——劲能男士香水，将男性的力量美和内涵、气度表达得淋漓尽致。可以说，劲能男士香水的诞生，为胡戈·波士男香系列带来一款在任何心情下都让人活力充沛的男香。

劲能男士香水是一款偏东方香调的香水，前味是粉红胡椒、柑橘、肉桂、肉豆蔻的甜香，整个前调闻起来有种辣辣的感觉，再配上柑橘、金橘这样的清新味，整个前味闻起来好似男士与生俱来的那种勇往直前的精神，辣辣的。前味散去后，中味慢慢呈现，汲取了胡荽叶、杜松果、琥珀味种子成分，并特别添加了白苍兰叶的花香，味道不浓不淡，恰到好处。这款香水的后味包含的成分有点多，除了常见的檀香木、兰花榄木这类木质香料以外，还有麂皮、绒布皮、阿米香树木、可可亚。悠悠的木质香调，仿佛是一种很自然的体香。值得一提的是，劲能男士香水的留香时间很长，大概能持续两天时间，尤其适合有远行需要，或是工作繁忙的男人。

瓶身设计是该香水的又一大特色，它是由英国的"英诺科技"负责设计的，据说香水瓶身的设计灵感来源是一颗燃料电池，也许正是因为这样独特的设计灵感，所以香水瓶与以往的男香包装相比，显得十分特别。香水瓶看起来十分圆润饱满，好像一个充满能量的电池，给人带来无限力量感，瓶身上印有红色的"T"图案，图案上还有清晰的品牌及香水名的标志。这款香水的香调层次感十分明显，很好地诠释了男士的性格，给人以积极向上的力量。

BOSS
HUGO BOSS
劲能男性香水
ENERGISE

香调：东方清新香调
前味：粉红胡椒、柑橘、金橘、甜瓜、豆蔻
中味：胡荽叶、白苍兰、杜松果、琥珀味种子
后味：印度檀香木、兰花榄木、麂皮、绒布皮、阿米香树木、可可亚

自信男性香水（BOSS BOTTLED）

　　如果自信的女人最美丽，那么自信的男人一定是最成功的。1998年，胡戈·波士的调香师推出了令全球男性瞩目的香水——自信男士香水。这款香水的设计灵感源自于1923年同名的男装品牌，这一服装品牌曾引领了数十年男士服装潮流，而这款自信男士香水则成功诠释了男人的自信与品位。

　　自信男士香水选择的是清新果香调作为香水的主香调，佛手柑、香苹、肉桂和丁香是前味的主要成分，相比较中味与后味，前味的香味较为浓烈一些，好似男士天生强烈的激情；它的中味包含了金盏和天竺葵这两种香料，使得中味的香气变得清新很多，有种香甜的美感，还有苔藓的味道，香味并不持久，但足够清雅；后味则有杉木、白檀和橄榄，延续了中味清新的感觉，多了份温暖的木质感，淡淡的，好像置身大自然的感觉，很有男士天生内敛的气质。

　　和大多数的香水品牌相类似，胡戈·波士也是由最初的服饰生产商扩展到香水领域的，因此在香水瓶的造型设计上也颇有见地。这款香水的外包装设计十分简洁大方，香水瓶选用的是晶莹透明而又厚实的底座，让人有种一目了然的洁净之感。瓶身上印有品牌字样的简洁标志，迎合了香水"简洁"的包装主题。这款香水取名为"自信"，它的香气也是围绕"自信"二字来展现，清新的果香调，将男士的自信与品位完美地表达了出来。

BOSS
HUGO BOSS
自信男性香水
BOSS BOTTLED

香调：**清新果香调**
前味：佛手柑、香苹、肉桂、丁香
中味：金盏、天竺葵、苔藓
后味：杉木、白檀、橄榄

BOSS
HUGO BOSS

优客元素男性淡香水
HUGO ELEMENT

香调：东方清新香调
前味：西瓜酮
中味：姜、芫荽叶
后味：雪松木

优客元素男性淡香水（HUGO ELEMENT）

　　钟情于胡戈·波士的男人多数都有想远行的梦，安于现状的男人肯定体会不到这种远行所带来的诱惑力，但是一旦遇到优客元素男性淡香，势必会被它那充满活力和男性魅力的味道所打动，继而坚定了远行的计划。这款香水是专门针对身处于城市的旅行家所设计的香水，属清新东方调。

　　事实上，"优客元素"是很多人都会喜欢上的一款香水，很多男士香水都把自己局限在烟草香调、木质香调的路线里面，或沉稳、或玩味，反而忽略了有时候人们会更看重男性宽容的品质。而这款"优客元素"正是找准了这个点，让人闻了之后觉得非常清爽舒服，感觉很放松。

优客元素男性淡香的香氛元素和香调都非常的简单，正是这种简单让这款香水的味道既纯粹又清爽。前味是西瓜酮，在香调设定中，西瓜酮代表的是水的滋润；而转到中味的姜和芫荽叶之后，活力的感觉马上出现了，姜与芫荽都会给人冲鼻的感觉，但是这里的中味处理得恰到好处，很适合亚洲人使用；后味的雪松木略有点冷，虽然是木质香调，但是不是特别沉下去的感觉，让香水有点悠长的余味，雪松木给人以安全感，低调不张扬，静静地贴近皮肤。不过持久度方面就比较欠缺了，需要不时补香。

优客元素男用淡香水瓶身的设计非常有特点，看外形很像一个急救用的氧气瓶，让人看到就觉得被吸引，忍不住想知道它的味道。单单从设计上来看，就可以想象到这款香水的味道是非常积极的，阳光的，让人充满活力，实际上它的味道也是这样的，可以体现男士魅力。

橙钻魅力女性香水（BOSE ORANGE）

就像橘色所代表的正向意义：活力、积极与温暖，嬉闹、轻松但却带有激励人心的魅力。胡戈·波士抛开了性别的成见，推出了经典的橙钻魅力女士香水。这款女香展现出多面向的人格特质，悠闲外表却带着热情的天性。创作灵感来自品牌的时尚精品的橘标系列，完美地呈现胡戈·波士所拥有的热情以及迷人的魅力。

这款香水的香调是木质花香调，前味的主要成分是甜苹果，所以这款香水刚开始闻起来，苹果的清甜味十分浓烈，给人很温馨的感觉，展现着清新迷人的女性特质；中味包括了纯净花香以及香橙花两种花香，由于甜橙的关系，中味延续了前味的甜美清香，就像女性活泼的性格，让人觉得甜甜美美；后味则有檀香、橄榄木以及香草，檀香的浓郁加上橄榄的浓烈，将整个香味推向高潮，展现女子的热

BOSS
HUGO BOSS

橙钻魅力女性香水

BOSE ORANGE

香调：木质花香调
前味：甜苹果
中味：纯净花香、香橙花
后味：檀香、橄榄木、香草

情与活力，同时，橄榄木与香草的结合带来一种自由、悠闲的品位，突显着女人的婉约与大气。

多重香气与精致的瓶身包装的结合呈现了现代女性的热情与感性，让人不禁回味其中。橙钻魅力女士香水，正如其名一样，瓶身设计是融合了金属与珠宝般的橘色钻石，一种很耀眼的现代感气息。七颗钻石排列的设计根据身体七脉轮的灵性流转，呈现出橙钻的独特魅力，展现着富贵大气之感。香水的瓶身是那种看起来高高的玻璃长方体，正面看过去，可以看到瓶内还有一层层犹如波浪一样的条纹曲线，内里曲线光滑柔软，外层棱角分明，一柔一刚，构成视觉上的冲击，让人对这样的设计爱不释手。最后再配上金银色的瓶盖，整个香水瓶宛如一个通体透亮晶莹闪耀的橙色钻石，高贵典雅。橙色是活力与温暖的象征，正契合了这款香水的宗旨——展现女性活力热情的一面。

悸动女性香水（INTENSE）

自信男香的成功让胡戈·波士认识到了人们在选择香水时的基本规律，那就是会遵循调香师的意愿，将香水视为一种气场修复的工具，或者是自身性格与愿望的表达者。在此基础上，胡戈·波士悸动女士香水应运而生，沉稳大气的，激情澎湃的，积极向上的，热情似火的……总之是一种欲罢不能的欲望。

打开瓶盖就能闻到浓郁的花香味，甜甜的，香香的，可以让人瞬间心情变好，时刻体现出女人的温柔魅力。这款香水不太适合日常工作中使用，也不太适合喜欢清新香型的女性使用。作为一款有着东方木质调的香水，气味上会比较成熟一些。其中香水的前味含有金橘、玫瑰和茉莉的香气。不过一般来说，如果茉莉的香气在前味中的话，香味都会比较浓烈一些，而且配合着金橘和玫瑰，所以前味

BOSS
HUGO BOSS

悸动女性香水

INTENSE

香调：东方木质香调
前味：金橘、大马士革玫瑰、茉莉
中味：香兰草
后味：琥珀、麝香、檀香

有些冲，喷洒的时候尽量选择远距离大面积的喷洒方式，才会让香味变得合理；中味选择的是香兰草来作为主导，有草本的香气承接了前味的浓郁花香，让香味被冲淡，变得自然的同时，让香味更加合理起来，有些耐人寻味的感觉贯穿其中，随后木质调的气息渐渐展露；后味中则选用常见的琥珀、麝香和檀香；让香味的木质气息得到升华，变得温和和成熟了起来，给人一种安慰的感觉。

它的瓶体设计和它的味道一样热情似火，又隐约地充满诱惑力，让人有一种欲罢不能的欲望。红黑色的包装设计看上去十分成熟，瓶子的色泽率先散发出热力和激情，如同一个喷发无限热量的火山，似乎想要冲破那迷人的外壳，黑色象征女性诱人的魔力，丝绒红则代表了无穷的激情。而且,该香水比较有气场，很适合有一定阅历感的成熟女性使用，会给人一种知性、成熟的韵味。总之，这个看似冷艳无比的香水以一种超乎寻常的诱惑力，成为现代都市成熟、性感、气质女人的秘密武器。

她本是神话中的少女英雄，生而任性和娇宠，因为不安于命运的安排，成了一位不妥协的叛逆者；她是现实中的女权主义者，生而睿智，并且富于魅力。她就是洛俪塔，一位穿梭于神话和现实之间的香水魔术师，对女性撒下符咒，变出性感、风情和童趣，她用香氛开启了女人的内心世界。

梦幻的香氛诱惑

洛俪塔

在欧洲，洛俪塔被媒体授予"时装女皇"的美名；在全球，洛俪塔拥有上千家时装、配饰的专卖店，并引发了"洛俪塔"生活方式风潮。延续着这种大受欢迎的女性风潮，洛俪塔于1997年投身于香水制作中，她和韩国最大的化妆品集团爱茉莉太平洋公司欧洲分公司合作，在以巴黎为代表的欧洲市场上推出了她的第一款香水——洛俪塔初香水，并取得骄人成绩，至今热卖不断。

尽管洛俪塔生产香水的历史很短，但是品牌精神早在1984年就形成了。1984年，创始人洛俪塔·郎碧卡和她的丈夫一起创建了自己的品牌洛俪塔。从他们自己的公寓起步，开始了时尚界的"仙履奇缘"。为了她的第一次服装表演，她推出了15种款式，并在同年创建了自己的第一家高级时装店。洛俪塔的出现在当时沉闷的时装界引起了普遍的好奇和关注，让人们通过她的作品体验到崭新的风格。

"时尚，能使普通的女郎都能变身为童话里的灰姑娘。"洛俪塔·郎碧卡如此说道，"我设计的服装不受年龄和类型的束缚，是专为希望能表现出自身女性美的女人们而设计的。"这种革新精神的基础在于洛俪塔·郎碧卡的天赋。她是一个有特别天赋的梦想家，从小就对成熟女性的特有美丽和气息深深向往。从6岁时起，她就从流行的关于仙女和公主的故事中寻找灵感，开始设计裙子，并为她的洋娃娃们做美丽的衣服。12岁时，她已经穿着自己设计的服装。17岁时，这个时尚方面的天才进入博卡特工作室。19岁时她离开了学校，为了创建自己的时尚王国而准备。

17世纪和20世纪30年代是洛俪塔·郎碧卡所偏爱的两个时代，因为17世纪的巴洛克风格将女性的优雅和华美表现到极致。而正是从20世纪30年代开始，女性的身体得以从衣服的束缚中解放出来，人们开始对身体的曲线给予肯定。总是能从传统中获得现代设计灵感的洛俪塔·郎碧卡，持续不断地从这两个时代的服装趋势与社会氛围中获得她所需要的素材。她很骄傲地指着身上的衣服说："这就是我从17世纪的麻布床单中所得到的灵感。"随后，她又将这种灵感转移到香水制作中来。

洛俪塔·郎碧卡十分喜爱运用对比元素，在她身上，也始终存在着完全相反的两面。在学生时代，她平日里完全是端庄的女学生打扮，百褶裙配以线衫；但一到周六晚上就会穿上用从巴黎的市场上买来的布料做成的富有梦幻气息的衣服，飞奔去赴摇摆舞会。在香水设计中她也发挥了自己独特的风格，从男性化与女性化、热情与冷静、巴洛克风格与现代风格、视觉美与感性美、成熟美与天真美、自然与精致、梦幻与现实、简单与华贵等风格对比中演绎出极致而独特的女性美。

洛俪塔总在积极地创造她的梦想世界，一个现在与过去，梦想与现实，力量与柔弱共存的世界，在这个梦想世界里女性美得到了极致的绽放。洛俪塔编织着时尚的神话，用情感作画，用艺术家的视角创造香水，在她的世界里，大自然被重新创造：友爱，富足，充满了柔美和感性。就这样，这个极具天赋，同时又有点玩世不恭的女人为女人设计出了最具诱惑的梦幻香氛。

初香水（FIRST FRAGRANCE）

初香水是洛俪塔的第一款香水，也是奠定洛俪塔在香水世界地位的经典代表作品之一。该香水在以巴黎为代表的欧洲市场上推出了独特的水晶苹果造型。淡紫色的神秘色彩，独特的品牌韵味，以及与当时流行的中性香型截然相反的极富女性气息的香型，使洛俪塔在众多香水品牌中显得格外醒目，成为时尚的宠儿。一经推出，洛俪塔初香水便被评为1998年度最佳包装。自1998年起，洛俪塔分别被评选为"法国女性最佳香水"、"欧洲女性最佳香水"与"纽约最佳香水"（唯一法国品牌夺冠者）。2004年，洛俪塔被评为法国年轻女性最喜爱的香水

初香水

FIRST FRAGRANCE

香调：东方花香调
前味：茴香、常春藤、紫罗
兰、甘草
中味：樱桃、香子兰、果仁
后味：鸢尾花、麝香

品牌；2005 年，洛俪塔更取得了法国香水单一品牌销售排名第 3 的骄人成绩。作为一个推出不足 15 年的品牌，洛俪塔创造了行业的奇迹。

洛俪塔初香水是专为女性设计的，其苹果外形让人不禁联想到阐述人类起源的神话和童话故事。禁果一般、巴洛克风格、精巧可爱的瓶身令人爱不释手，甚至想要咬上一口……一箭穿心代表着天真温柔的爱，珐琅质地的常春藤叶代表着永恒的爱，而淡紫色则是神秘感的象征。因为梦想离不开幻想，并且具有无穷无尽的力量，所以洛俪塔初香水能够一而再、再而三，在心灵和嗅觉的舞台上为女性创造新的感动。诚如洛俪塔·郎碧卡所说："我从童年的回忆中汲取灵感，创造了洛俪塔初香水。它唤醒了小女孩全心全意期待长大的微妙情愫。我为青涩的女孩送上初吻的滋味，为成熟的女性献上盛开的鲜花，那诱人的花果香就是这样诞生的。"

洛俪塔初香水的香味延续着"成熟与少女"的对比，这是从少女到成熟女性的过渡阶段，从欲望的苏醒，到品尝禁果的滋味，以及随之而来的愉悦享受。清新的东方花草和谐香调与标新立异的甘草调完美结合。茴香、常春藤、紫罗兰和黑香豆调制出甘草花的和谐，使女性羡慕之情溢于言表，不禁轻咬朱唇喃喃自语："这款香水简直就是为我而作的。"随后，香味被意大利樱桃、香子兰和果仁糖的甜美气息所包围。最后，从这些美妙的香调中神奇般地散发出花香、鸢尾花香膏和麝香的曼妙香氛。这些精妙的组合唤醒了世人的嗅觉。

花戒香水（FORBIDDEN FLOWER）

在一个芬芳的神秘花园中，绿叶葳蕤，鲜花丛生，但却难以触及。它们生机勃勃，娇艳欲滴，又带着些许的危险。当第一缕阳光亲吻它们，当心底的欲望闪现，它们将即刻苏醒，美丽绽放……这就是洛俪塔花戒香水。

热烈、迷人，令人深深地沉醉……花戒香水带着人们步入天堂花园，相约于黎明时分，一首献给

香调 清新花果香调
前味 草莓叶、含羞草茎、苦艾
中味 茴香、香子花、牡丹、紫罗兰
后味 黑樱桃、麝香

奇妙自然的赞歌，为你呈现自然清新、迷人感性的女性美，唤醒新的欲望，散发着禁忌之香。洛俪塔花戒香水中苦艾花的香味，自然又奔放，纯真又让人迷醉，清新的气息中深藏着醇厚的花香。新鲜的草莓叶与含羞草在花香中带来绿色清泉般的清爽，光彩夺目的牡丹散发着迷人的性感气息，与紫罗兰萦绕的花香完美结合，茴香花添加了几分精致，混合着苦艾花香，刺激着欲望的苏醒。在花香之后，它将人们带入一个水果的世界，后味的黑樱桃果香带来甘美和温暖，而麝香的气味则被包裹在杏仁、樱桃和浆果的多重香味中，为其平添最后一分神秘。

这款香水的瓶身仍沿袭了洛俪塔初香水的风格，真实地展现了对繁茂葳蕤的大自然的向往。颜色与香味完美融合，水晶般透明的苦艾酒绿色暗示着香水热情迷醉的本性。瓶身上雕刻着常春藤的叶子，装饰着洁白的禁忌之花，喷洒着金色的甘露，一切都美得那么自然、随意。

糖心苹果女性淡香水（L'EAU EN BLANC）

洛俪塔，为替女人打造绮丽梦幻的世界而生。2012年，洛俪塔为女性提出了全新的香氛宣言——糖心苹果。女人的内心深处，都反复演练着踏上红毯，通向永恒幸福的那一天。洛俪塔的灵感起源自让人着迷的新娘礼服，不仅歌颂伟大的爱情，也为完美爱情注入浪漫与永恒。

糖心苹果象征着真爱与渴望，握在手中，细致的紫罗兰香仿佛可以触动你的心。苹果造型的瓶身，处处散发着纯净与优雅的细节设计；一件淡粉红色礼服，由金色的紫罗兰叶与白色的蕾丝点缀装饰而成，金色的光芒从礼服里微微透出，白色的蕾丝头纱设计则显露出新娘的娇羞。糖心苹果女性淡香水如同穿着在新娘身上的洁白婚纱，给她的爱情增加了甜蜜的氛围。

糖心苹果女性淡香水是由迷人的粉香和甜蜜的花香混合而成的，显露出女性的甜美及精致，它的前味是由白色紫罗兰融合如水晶般的鸢尾花，被调香师视为是外表纤细的女子展现出内在热情的化身；中味是令人眷恋的糖衣杏仁，香气隽永，再加上充满活力的紫罗兰叶与覆盆子，创造出细致的核心香气，让幸福的感觉来得更加深刻；最后是天芥菜和麝香传递出永恒纤细的粉香调，让幸福的基调长久保留。

Lolita
Lempicka
糖心苹果女性淡香水
L'EAU EN BLANC

香调：粉香花香调
前味：紫罗兰叶、鸢尾花
中味：紫罗兰、覆盆子
后味：天芥菜、麝香

香调：东方花香调
前味：佛手柑、柠檬、粉红胡椒
中味：豌豆、榄香、山楂
后味：顿加豆、琥珀、广藿香

诗之香香水 （SI）

　　洛俪塔·郎碧卡在 2009 年推出了极具魔幻色彩的女香——洛俪塔诗之香，香水瓶身充满华丽而浪漫的气息，洛俪塔·郎碧卡以幸运草为灵感来源，为这款香水编写了一个童话故事。这款香水除了散发出性感的轻熟女气息之外，还带着含蓄、空灵的氛围，跟以往的魔幻女香系列大为不同。

　　洛俪塔诗之香的瓶身以幸运草为灵感来源，柔美的四叶曲线镶上了金边，瓶颈绕上了印着圆点及花朵的丝巾，浪漫也是宠爱自己的要件，每个叶子的形状都像一颗女人的心。洛俪塔诗之香装点了女性的浪漫、想象力和情感，穿上它，就会成为幸运女神。这些图景造就了一个令人难以抗拒的香水瓶，性感如裸露的肌肤，一摸就让人爱不释手。

　　洛俪塔诗之香由洛俪塔·郎碧卡与另外两位知名调香师克里斯汀·内格

尔与本兹·劳珀共同设计，带着温柔及抚慰的气息，结合了东方花卉及节奏感强烈的粉红胡椒，加上佛手柑、柑橘、甜豌豆、榄香、广藿香、琥珀及顿加豆，调和成一瓶幸福的爱情魔药。具体来说，洛俪塔诗之香像逐层绽放的烟花，陆续散发各种互相对比的香氛，不断提供惊喜的体验。先是动人心弦的辛辣，继之飘送缕缕花香，最终令人如痴如醉。前味在柠檬叶和粉红胡椒灿烂的结合下，呈现青涩、辛辣及无与伦比的清新。中味以豌豆、山楂和木兰汇成娇嫩的花束，飘逸着温柔婉约的气息。琥珀和广藿香在顿加豆的点缀下形成性感的尾韵，在肌肤上萦绕流连。

洛俪塔魔幻对香（LOLITA）

洛俪塔魔幻香水实际上应该是洛俪塔同名香水，作为一个时装设计师创立的香水品牌，同名香水往往最能代表品牌风格。很多人以为这款魔幻香水的名字叫洛俪塔，并且一厢情愿地把许多对小说中的洛俪塔的感觉放在这支香水上。实际上，这支香水与小说中的洛俪塔并无太大的关联，鲜明的巴洛克风格才是这款香水的显著特色。

这支由洛俪塔·郎碧卡与韩国太平洋集团合作推出的魔幻香水，从瓶身的造型上也能体现出创始人对于巴洛克风格的偏爱。以年轮为主题的瓶盖代表爱侣天长地久的誓约，隐藏于瓶身的爱心暗喻男性羞于表达的情感，淡紫色的瓶身流露出梦幻般的奇异感受。

从香调上来看，魔幻女香以花香调为主，是一种能唤起人回忆的香水，它的感觉介于男人和女人之间，介于对生活的羡慕和理解之间，使人有犹如爱丽丝漫游仙境的想象。该香水中有一种清新的植物芳香，浪漫而性感，在兰香和麝香的基础上又有甘草、茴香、蝴蝶花和紫罗兰浓郁甜美的香气，最后一缕麝香让这种感觉更为印象深刻。

　　与魔幻女香齐名的是魔幻男香。其香调为木质花香调，该香水同样是由玩世不恭的女权设计师洛俪塔·郎碧卡制作完成的。香水由女性观点出发，暗示男性隐于刚强外表下温柔的情感，不论瓶身或是气味都洋溢着极端浪漫瑰丽的色彩。只有女性能够直率地看待男性的浪漫情怀，在精致的瓶身包装上便表达无遗。由苦艾、黑麦、茴香、紫罗兰花等调和而成，属于木质调的甘草木香，使人感觉强烈、充满魅惑。象征埋藏情感的瓶身设计搭配浓郁的东方香调，恰似男性隐藏于平静外表下呼之欲出的浓烈情感，这款男香正是洛俪塔对男性强悍外表下所埋藏的腼腆和脆弱的最佳演绎。

Lolita Lempicka
洛俪塔魔幻对香
LOLITA

·女性香水·
香调：花香调
前味：蝴蝶花、紫罗兰
中味：甘草、茴香
后味：兰香、麝香

·男性香水·
香调：木质花香调
前味：苦艾、黑麦
中味：茴香、紫罗兰花
后味：甘草

这个集神秘、高雅、浪漫于一身的香水精灵有着无与伦比的魅力，珠宝的线条是它最熟悉的轮廓，香水的香氛是它最青睐的味道，法兰西的浪漫情调是它的秉性，它便是梵克雅宝。独特的珠宝轮廓和典雅馥郁的香气是这位香水精灵轻盈的双翼，轻微却深刻。

Van Cleef & Arpels
梦幻的香水精灵
梵克雅宝

在香水的世界里，你绝不应该对梵克雅宝无动于衷，它代表的绝对不是轻浮无趣的普通香氛，而是高雅至上的法国气质。它是爱情与梦想的混合体，是物质的贵气与精神贵气的结合。它是一种不言而喻的高雅象征符，集万千宠爱于一身，赢得世人的欢心，自诞生以来，便成为世界各国名流贵胄尤为钟爱的香水品牌。

梵克雅宝的故事开始于一段美好的姻缘。19世纪末，埃斯特尔·雅宝和阿尔弗雷德·梵克在浪漫之都巴黎相遇，迎接这对一见钟情的情侣的是甜蜜的爱情和一帆风顺的事业。婚后，他们共创了以双方姓氏作为珠宝店名号的珠宝事业。两个珠宝家族结合了各自的专长技艺，孜孜不倦地追求极致的珠宝

艺术。1906 年，首家梵克雅宝精品店在当时最为国际名流流连忘返的巴黎芳登广场亮相，绵延一个世纪的珠宝传奇故事从此开启。温柔、迷人、甜蜜、精致……再多的美好词汇也形容不了梵克雅宝的超然脱俗。伊丽莎白·泰勒、奥黛丽·赫本、黛安娜……佩戴它的名媛名单再长也无法说清它的强劲魅力。

作为一个以珠宝为主打产品的品牌，梵克雅宝同样专注于时尚创造。如果说，永恒而高贵的珠宝与时间之间是一条平行线的话，那么梵克雅宝香水就是浪漫的交汇点。1976 年，在全球陷入经济危机之时，梵克雅宝推出了它的第一款香水——"唯一之约"，从此开始了这个珠宝品牌的香水制作的历史。

从这一年起，梵克雅宝香水逐渐成为众多社会名流的必备饰品。也正是从那时起，梵克雅宝开始运用它在珠宝制作上的超凡想象力和才华，将甜蜜的爱情与珠宝的灵性完美地结合在一起。从此，香水的命运开始与珠宝艺术息息相关。在梵克雅宝看来，生活是诗意且梦幻的。诚如它的调香师娜塔莉·塞托所说："调制一款经典香水，忠于它的精髓与风格，同时赋予它新的生命，这就是你能送给一款香水的最好的礼物。我想把香水送给自己以展现我的女性丰采，为香水的优雅增添一抹诗意，创造不同于过去的未来，用它来表达愉悦的心境，享受梦幻的生活……"

从最早的唯一之约香水到最新的梦幻仙子香水，从神秘的东逸香水到珍贵的午夜巴黎男性香水，梵克雅宝将香水的浪漫气息与珠宝的典雅秉性完美融合了起来。它一方面从珠宝的设计中汲取创意，一方面又从女人的甜蜜爱情和个性中收罗灵感；娴熟的珠宝工艺给予了梵克雅宝在香水瓶设计上更多的表现手法，名贵的品牌形象则赋予了香水更受欢迎的特性。尤其是梵克雅宝推出的女性香水，或是喃喃自语，或是婉约清新，或是神秘典雅，每一次都给人眼前一亮的感觉，无不以细腻的香氛呈现出女性柔美、高贵、神秘的一面。

唯一之约淡香水 (UN AIR DE FIRST)

唯一之约香水是首个以珠宝为灵感的香水，也是梵克雅宝于1976年推出的第一款香水。最早的唯一之约香水以其浓厚的花香调，以及独特的气质，很快就成为香水界的典范。梵克雅宝家族成员兼调香师皮埃尔·雅宝早已意识到珠宝与香水之间的微妙关系：两者都是女性的贴身饰品。在探索美丽、优雅以及繁复感觉的过程中，唯一之约香水以其神秘的气质表达了女人的内敛与高雅的性格特点。这款由乙醛调和的浓郁奢华花香调，与品牌珠宝呼应，在三十多年后的今天，依然感染着忙碌而又追求卓越的现代人。

唯一之约淡香散发着珠宝的美丽和光彩。就像女士所钟爱的珠宝一样，能唤醒女性的灵感，并激发女性的感性气息。它的优雅气质令人联想起人们初次拥有一款珠宝的记忆。其瓶身设计来自梵克雅宝顶级珠宝，"雨滴"形空间，内部装入金色香水，是梵克雅宝"雪花系列"璀璨钻石耳坠的转化升华，成为"看起来和闻起来都像珠宝的香水"。复古的白色香水喷头能让香水瞬间雾化，也增添了使用时的奢逸乐趣。

调香师娜塔莉·塞托运用了茉莉、水仙、玫瑰，以及伊兰等多种花卉调和出浓郁奢华的香气，也让它与品牌的尊荣气质相衬。香水延续了乙醛花香魅力，前味透过乙醛强化明亮的白松香与桃子香，核心香气则以感性且充满女人味的埃及白茉莉、保加利亚玫瑰，组成仿若"花束"的香气灵魂，后味以香根草加上少量却充满存在感的麝香，画下动人句点。整体香味明亮璀璨、自然亮丽。

唯一之约香水如同一个回忆、一个幸运物、一款装饰品，仿佛是人生中第一口空气，清新而舒畅。美丽、优雅、充满活力，唯一之约香水是一个热爱生活并充满时尚气息的女性在寻觅一款优雅的具有出色经典感觉的香水时的最佳选择。

Van Cleef & Arpels

唯一之约淡香水

UN AIR DE FIRST

香调：木质花香调
前味：白松香、桃子香
中味：埃及茉莉花、保加利亚玫瑰
后味：香根草、麝香

仙子系列香水 （FEERIE）

早在 2004 年，珠宝贵族梵克雅宝以仙子的构思，向仲夏夜致上了最高的敬意。从此，梵克雅宝以仙子的形象，塑造了珠宝界鲜明的视觉印象。而现在更胜以往。集淘气与优雅女子气息于一身的仙子，象征着梵克雅宝的品牌精神。仙子系列女性香水精致优雅的设计，诠释了梵克雅宝传奇般的魅力。该款香水再度将品牌推向了奢华香水世界的荣誉殿堂，其令人激赏的精灵以崭新的舞步倾倒众生。

仙子女性淡香水以仙子舞步停驻时的身影为设计灵感，重新定义奢华及优雅。香水瓶以蓝宝石水晶呈现概念，无数角度的切割晶面不断闪耀出耀眼的光芒，仙子悬于宝石盖上，似乎不经意的出现，以俏皮又随性的姿态倾听身边大自然的呢喃低语，流露出香水热情洋溢的魅力。

仙子女性淡香水清透的海水蓝，散发神秘韵味，高质感锌合金材质的精致瓶盖，突显了梦幻仙子的色彩。外盒包装上，璀璨的星辰围绕着梵克雅宝永恒的品牌印记，如一抹幽香隐匿于宁静的梦幻世界。就像是仙子下凡，邀请你来到梦幻世界，以同样的热情歌颂优雅及想象，带领你开启童话色彩的香水世界。仙子女性淡香水以脱俗及美丽的外表散发出细腻优雅的气息，极致女人味依然未变，不同的是与生俱来的璀璨光芒，紧抓住世人的视线。

仙子女性淡香水以纯净花果香调呈现，前味以极为珍贵的紫罗兰叶与意大利柠檬交融，当多汁的野生树莓气息开始散发时，愉悦的组合配上春天的清新气息令人心醉神怡。纯真的紫罗兰与玫瑰纯香精引出中味轻柔的香气，再加入茉莉的清香，犹如

Van Cleef & Arpels

仙子系列香水

FEERIE

· 女性淡香水 ·

香调：清新花果香调

前味：野莓、紫罗兰叶、意大利柠檬

中味：玫瑰、茉莉、紫罗兰

后味：安息香、檀香、麝香

· 冬日玫瑰香水 ·

香调：玫瑰花香调

前味：小红莓、洋梨、粉红干胡椒、荔枝

中味：木兰花、牡丹、玫瑰、黑莓

后味：顿加豆、雪松、檀香、麝香

晨露一般迷人清新。后味融合麝香、安息香及檀香的持久香味，显现出热情、俏皮的梦幻传说。

2011年，梵克雅宝又推出了一款名为仙子冬日玫瑰限量版的女香，仿佛一曲由顶级花卉所领唱的香氛咏叹调。雪白无瑕的冬日玫瑰，在飘着寒霜的气候也能奇迹般绽放，从冷冽的土地展现生机，也赋予它如珠宝般冷艳的本质，于冬末春初之际，交织出诗意芬芳。"冬日玫瑰"与梵克雅宝有着特殊的联结，高级珠宝的质地反射出花瓣的耀眼光彩，经典的珠宝式设计赞颂着玫瑰的优雅高贵。

该香水的整体香味为细致清雅的果香及麝香花香调，小红莓的酸甜、洋梨及荔枝的鲜美，混合着微呛的粉红干胡椒香气，散发出诱人的前味；中味以高雅的玫瑰香气萦绕木兰花、牡丹及黑莓的馥郁芬芳；温暖细腻的后味则是融合雪松、顿加豆、丝柔的麝香味及檀香，编织出感性深沉的雅致香气。

其瓶身设计也颇具特色，有如完美切割的宝石，流泻出如瀑布般闪烁晶透的神秘光辉，沐浴在冬阳的暖光下；瓶身披着珍珠光泽的薄雾，就像冬日玫瑰的清丽脱俗，笼罩在如雪花般的柔软光泽中。外盒设计犹如银河系的星团洒落在湛蓝黑夜，勾勒出另一段关于神秘仙子的动人篇章。

东逸香水（ORIENS）

奢华而神秘的东方世界一直是梵克雅宝创作的灵感来源，一百多年来品牌设计了一系列富有东方情调的珠宝。今天，东逸香水以"珠宝香水"的名义邀请你共赴极具神秘魅力的奢华东方之旅。

东逸香水又被译为"东方明珠"，其最大的特色是以香水瓶诠释其美学价值：设计师从博大的东方传统文化中获取灵感，凭借奢华指环及珍贵的碧玺宝石散发出的夺目光辉，将奢侈香水和高级珠宝完美地结合在一起。香水瓶形状就像一件令人目眩的

Van Cleef & Arpels

东逸香水

ORIENS

香调：清新花果香调
前味：树莓、黑醋栗、柑橘
中味：茉莉、果香
后味：广藿香、香草、琥珀

珠宝——粉色、红色以及绿色，在肌肤色瓶身的映衬下发出彩虹般的光辉，迷人而精致。而金银丝工艺制作的瓶盖令人联想到夺目的碧玺，在银色阴影的映衬下散发着迷人的光彩。整个系列外形如东方精致的指环，每个细节都充满了创意。朴实的包装盒由玫瑰金组合成"东逸"字样，折射出宝石的闪耀光辉。

东逸香水作为一款花果香调香水，其奢华撩人的香气让人瞬间逃离烦嚣。前味融合了诱人的树莓、黑醋栗的水果清香及清新的中国柑橘，洋溢着花园气息；渐变的中味如同阵阵阳光，韵调化作热烈的天蓝光，出现在地平线上，茉莉花瓣化为一阵奢华的爱抚，清新的果香还在，洋溢着东方的暖暖风情；后味则以高贵而持久的香氛结束，广藿香在香草和琥珀的衬托下更加突出，给人一丝迷人气息，让人难以抗拒。

午夜巴黎男性香水（MIDNIGHT IN PARIS）

梵克雅宝、巴黎、珠宝、腕表、男人、香氛，这些词在 2010 年与一款珍贵的香水有了联系。梵克雅宝将其知名的"巴黎之夜腕表"化作男性精品香氛的灵感缪斯，推出第一款与顶级腕表同名的香水作品——午夜巴黎男香。

午夜巴黎男香是专为高品位男士打造的魅力不凡的优雅男香。与这款男香一同推出的是同名腕表，该腕表完美地复制了巴黎夜空的星象图。表盘可随着一年 365 天的周期微微转动，让佩戴者随时随地都能看到一小片巴黎星空的星象图。由于该腕表体现了顶级钟表工艺的极致水平，自然成为当今高级腕表界最具特色的代表作。因此，梵克雅宝决定推出同名精品男性香水，让人可以透过香味感受巴黎午夜星空的魅力，展现梵克雅宝世界的优雅男性风采。

Van Cleef & Arpels
午夜巴黎男性香水
MIDNIGHT IN PARIS

香调：东方花香调
前味：柠檬、佛手柑、迷迭香
中味：皮革、黑色铃兰、绿茶
后味：安息香、琥珀、顿加豆

外观设计亦完美呼应"午夜巴黎腕表"顶级精神的午夜巴黎男香；圆形透明玻璃瓶身源自腕表表盘概念；独特的蓝白橘三色渐变色泽，表现出巴黎午夜星空的幽暗微亮之美；上方镌刻"午夜巴黎"与"梵克雅宝"字样，环绕玻璃瓶身的银色金属外圈，宛如精品独有的精致落款；银色雕刻菱格花纹的瓶盖，就像梵克雅宝的隐秘镶嵌顶级珠宝，更显精美。

与精致的瓶身相符的是精致的香氛，午夜巴黎男香为东方花香调，集低调、典雅于一身，既融合了成功男性沉稳个性，又展现了摩登优雅的特质。前味是柠檬与佛手柑的·"天下"，明媚的味道如同一轮朗月，在淡淡的迷迭香的配合下，显得神秘又高贵；中味以皮革、黑色铃兰为主，绿茶的香气让人心头为之一动；后味是持久的琥珀，顿加豆和安息香的香味也很明显。

热情的地中海给予了意大利人无穷的创造力，除此之外，还有不可抵挡的性感魅力与热情。杜嘉班纳香水恰好是意大利万种风情的绝佳代表，它将时尚与个性相结合，让魅力和性感相关联，呈现出西西里式的狂野不羁、性感与华丽。

杜嘉班纳香水代表着来自意大利式的万种风情，它以南欧的文化背景作为自己的灵感来源，让我们从中可以清楚地感受到意大利西西里岛的地方色彩和对巴洛克时光的缅怀。因为杜嘉班纳香水集合了不同的灵感和精华，让人们在目不暇接之余，更有蓦然回眸遍览大千世界各色姿韵的畅快之感。

1985 年，西西里岛长大的多米尼格·多尔斯和拥有威尼斯血统的斯特法诺·格巴纳在米兰的一家时装店相遇。后来，他们将两个人的名字合二为一组建了自己的公司。基于表达与传递一种奇特的、极具个人品位的新理念，这两个人走到了一起，开始了他们的友好合作，共同分享对巴洛克时期艺术和建筑风格的喜爱。

多米尼格·多尔斯和斯特法诺·格巴纳首次在时装界脱颖而出是在 1985 年，当时他们在米兰时装秀上展示他们的新概念产品系列。这两位"二重唱者"为取得这次时装秀的成功付出了很多心血，其取得成功的另一重要因素当然还取决于当时观看这场时装秀的记者和观众们的认同。这一品牌是标有"意大利制造"的新生代产品的顶级代表，很快便享誉全球。首次的成功给予了多米尼格·多尔斯和斯特法诺·格巴纳极大的信心，也使他们得以在时装设计上沿着自己独特的视角，继续创造属于他们自己的时装王国。从此以后，他们的产品经营范围便渐渐扩大开来，香水便是其最重视的发展领域之一。

1992 年，杜嘉班纳建立了香水企业，以同名的高品质产品进军香水界。他们推出了第一款同名香水"杜嘉班纳"，取得了巨大的成功。其前味为常春藤、柑橘，中味为甜橘花、茉莉、玫瑰、铃兰、金盏花，后味为檀香木与麝香的优雅高贵气息，展现出女性高雅、干练的都会风情。此款香水获得了 1993 年戴尔·布罗法洛学院颁发的"年度最佳女用香水奖"。

杜嘉班纳的两位创始人在香水制作的理念上达成了共识："我们最关心的是创造最好的，而不是一味地追随时髦。"他们都亲自参与每一款香水

每一步的创作过程，每款香水都是他们创作才华的直接体现，而他们的每件经典设计和令人惊叹的完美杰作都是精美艺术和高贵品质的结晶。优雅对于杜嘉班纳香水来说，只是一种实际而非短暂的品位表现，所以它一直以来的理念就是"并不想让你引人注目，却强调自我表现，独树一帜"。它的每一款香水都是那样的独具一格，没有任何一款激起你似曾相识的记忆，但是它们却又以其独特的方式，让你动情，让你眷恋，成为你情感的依赖。杜嘉班纳品牌的男用香水无时无刻不在诠释着男性的性感与坚强，散发出男性自我的气质；而它的女用香水则充分展示了野性及进取精神，全面汲取和容纳大自然的美丽，让个性的女人如猎豹般展示一种野性的美。

当全世界正在大肆流行秀美男色的时候，女人更渴望男性散发其真实独特的魅力：自然、幽默、性感和力量。这些气质更能令女人心动。一瓶男性香水应该是一种男性的强烈表征，正是为了印证这一理念，杜嘉班纳在1996年推出了"心动"男用香水，其匠心独具的瓶身设计，典雅考究的色彩搭配，浑圆触感的轮廓，呈现了每个男人都可能陷入的一种嘲讽现实与豁然随性的融合。善用动物皮纹来营造狂野情绪的杜嘉班纳，于两年之后再度将斑马纹与豹纹的原始奔放注入香水造型之中，这就是1998年推出的花香型"出品"香水。斑马的自由代表着男性的狂野，因此决定了这款香水的味道是辛辣而阳刚的，这两款香水均透出桀骜不驯的味道和原始状态的狂野。

此后，杜嘉班纳将设计朝向简洁、自然、单纯

的概念延伸，并针对年轻人设计了另一款时尚精品香水——于 1999 年推出的"真性"香水。此款香水承接杜嘉班纳一贯的形象，清新、干净、简洁，其纯净透明的瓶身加上简单利落的银色包装，带给年轻人一个时尚的新选择。它的"真性"男款、女款香水的包装设计都是一样的，但在表现上却迥异：女用香水充满了麝香及花香的迷人香气，活泼喜悦的第一印象还给人甜美的感染力；男用香水则强调柑橘及木香的清新活力表现，充满生命力的清新感，并勇于表现属于自己的风格，就像年轻人的心，朴实无华，追求简单、不复杂的事物，勇于表现自己。

杜嘉班纳香水通过其本身所具有的巨大热情和非凡的品质，在美丽的缪斯女神和淡雅芬芳之间树立起一道丰碑。当你选择杜嘉班纳香水的时候，透过香水的包装，它那淡淡的香气就会触动你的心灵深处，向你传达一种生命的信息，触及你的身体和你的灵魂。杜嘉班纳香水所代表的不仅仅是一种时尚，更是一种情绪，一种梦想，一场以杜嘉班纳香水为主角、以世界为舞台的"西西里美丽传说"。

浅蓝系列香水 (LIGHT BLUE)

来自意大利的香水制作大师将设计朝向简洁、自然、单纯的概念延伸，这也是杜嘉班纳香水的一大特色。绽放性感的秘密武器杜嘉班纳浅蓝中性香水为地中海香调，囊括了海洋及艳阳天的气味、柑橘水果味、地中海植物等，多种特殊香味的混合让人有在西西里地中海航行的惬意心情，这也是这瓶香水的目的。

浅蓝中性香水自 2001 年推出后，一直受到消费者的喜爱，更受到许多流行巨星的青睐，日本流行天王木村拓哉就是这款香水的爱用者。在欧美及日本、韩国等各国知名香水网站上也一直都有不错的销售成绩，甚至成为销售排行榜的常胜将军，该香水尤其适合爱好旅行和新鲜事物的人们。

虽然是中性香水，但是不得不说这款香水还是偏向于女用的，清新的花果香调也在佐证这一点，而购买人群也确实多集中为女性。以至于杜嘉班纳在继浅蓝中性香水后不得不补充推出了浅蓝男香，以补充这款中性香对于男性消费者的冷落。虽然杜嘉班纳浅蓝中性香水颇具女性气质，但是它不适合那种小巧可爱抑或是性感的女性使用，而适合那种有内涵和气质，同时不与俗世为伍的遗世独立的性格女性。

　　清新的花果香调一如地中海上空那明朗的天空，西西里柠檬的香浓气息又让香气如地中海沙滩上的温暖阳光，青苹果和风铃草的香气时而出现在这片空旷、热情的区域里；中味成了白玫瑰和茉莉花的主调，不媚俗、不妖艳，只恬然一笑，便迷倒众生；后味是琥珀、麝香的天下，又多了一份柏木的香气，很浓郁，也很持久。随着中性香水推出的浅蓝男性香水也很有特点，区别于中性香水的花果香调，而采用明显的木质辛香调，前味是清新的佛手柑、饱含阳光又多汁的西西里柑橘，以及凝霜葡萄柚皮与芳香圆柏融和成洁净空气般的香氛；中味变成了迷迭香的芬芳，细致的四川胡椒传递出柔和辛辣与性感的紫檀味道；后味是低调的美国麝香木、香熏与橡苔，创造出这款经典独特的性感气息。

D&G
DOLCE·GABBANA

浅蓝系列香水

LIGHT BLUE

· 浅蓝男性香水 ·
香调：木质辛香调
前味：佛手柑、西西里柑橘、柚皮、圆柏
中味：迷迭香、四川胡椒、紫檀
后味：麝香、香熏、橡苔

· 浅蓝中性香水 ·
香调：清新花果香调
前味：西西里柠檬、青苹果、风铃草
中味：白玫瑰、竹子、茉莉花
后味：香柏、琥珀、铃兰、麝香

DOLCE & GABBANA
light blue

DOLCE & GABBANA
light blue

不论香调作出了怎样的调整，杜嘉班纳的调香师总是能够在整体上使之统一，给香水迷们留下的，始终是地中海的无限魅力。尽管每一个人都不相同，尽管每一个人心目中都有不同的地中海印象，但是浅蓝香水所带来的清新惬意、爽朗宜人的特点从未改变过。

唯我女性淡香水（THE ONE）

杜嘉班纳唯我香水，一如其名，自立、个性，又自我，一种唯我独尊的大气感受是唯我香水给人的最直接印象。由杜嘉班纳诠释的"唯我"概念，值得我们关注、庆祝和崇拜。唯我香水的瓶子既保留了对传统香料的敬意，同时又是奢华风格的一个完美诠释。作为一款雅致的淡香水，瓶身依循香水传统，然而其极简优雅的风格却是奢华的完美代表。唯我香水的整体造型十分华贵，方正透明体瓶身，琥珀色液体，晶莹纯净。银色金属喷头，瓶身下方有杜嘉班纳的醒目标志，线条简洁流畅，易于携带。

唯我香水热烈多情，属于现代感性的东方花香调，是一款具有强烈个性的黄金比例甜度的香水。调香师专门为独特的女主角而创造，它时而诱惑、现代、光鲜亮丽，时而又流露出淡淡的古典韵味。这款香水的前味，带着一种在阳光照耀下，中国柑橘和佛手柑所特有的味道，散发出闪亮的活力感。温暖的果味充盈着甜美荔枝和肉质桃子的香气，勾起心中的喜悦感受。热情的香水中味散发出强烈的女性气质，百合花和茉莉花所组成的浓郁花香，创造出一种独特的全新感受。意想不到的李子香气作为整个香水的后味，最终绽放出珍贵岩兰草的性感香气，同时带有香草和甜麝香温暖而持久的香调。

D&G
DOLCE·GABBANA

唯我女性淡香水

THE ONE

香调：东方花香调
前味：中国柑橘、佛手柑
中味：荔枝、桃子、百合、茉莉
后味：李子、岩兰草、香草、麝香

DOLCE & GABBANA
the one

香味选集系列香水

(FRAGRANCE ANTHOLOGY)

杜嘉班纳在 2009 年推出香味选集系列香水，以塔罗牌为灵感来源，一次推出五款香水，这五款香水并没有明显的性别分野，以数字 1、3、6、10、18 命名。香水选集系列香水以牌意来定位香水，你可以从直觉、数字、香水颜色或是任何理由来挑选其中一款。

第一款名为"魔法师"，是塔罗牌中的正牌，由著名男模泰森·巴鲁代言，阳光不羁的模特将魔法师表现得形神兼备。一开始散发出的炽气，有杜松莓、豆蔻等，慢慢冷却成如水般的中味，之后沉淀为带着木质的基调。炽热而醇厚、流动又扎实，极致冲突的完美平衡而调和。

第二款是卓绝的"王后"，数字代表是 3，由性感无比的超模纳奥米·坎贝尔代言。甜美多汁的异国水果与亮粉红的花朵，紧跟着令人胃口大开的麝香味基调，令人垂涎的西瓜与奇异果组合，被粉红仙客来中和，散发出令人愉悦的性感香氛。狂烈、欢快，令人无法自拔。

第三款名为"恋人"，数字代表是 6，由杜嘉班纳的御用男模诺亚·米尔斯诠释。各种香料混合成挑逗性十足的前味与中味，渐进成性感的木质与麝香基调。佛手柑、杜松莓与红胡椒散发出令人愉悦的前味，紧跟着由小豆蔻、桦叶与鸢尾花融合而成中味，之后演化成木质调与麝香调的华丽结合，堪称是浪漫爱情的精华。

第四款名为"命运之轮"，代表数字为 10，由捷克名模爱娃·赫兹高娃和巴西拳击手费尔南德斯共

D&G
DOLCE&GABBANA

香味选集系列香水

FRAGRANCE ANTHOLOGY

· 魔法师香水 ·

香调：木质花香调
前味：小豆蔻、杜松莓、桦叶
中味：水香调、胡荽
后味：乳香、香根草、雪松木

· 王后香水 ·

香调：清新花果香调
前味：大黄根、奇异果、红醋栗
中味：茉莉花瓣、粉红仙客来花、新鲜西瓜
后味：柚木、檀香木、麝香

· 恋人香水 ·

香调：清新木质香调
前味：佛手柑、杜松莓、红胡椒
中味：小豆蔻、鸢尾花、桦叶
后味：木质、麝香

· 命运之轮香水 ·

香调：花果香调
前味：红胡椒、绿叶、菠萝
中味：夜来香、茉莉、栀子花
后味：安息香、香草、鸢尾花、广藿香

· 月亮香水 ·

香调：木质皮革香调
前味：佛手柑、绿叶、苹果
中味：百合、夜来香、玫瑰
后味：皮革、鸢尾花、檀香木、麝香

同演绎。浓烈的夜来香、栀子花与茉莉的中味，漂浮在大胆的安息香与广藿香基调之上。这款香水的中味充满女性丰饶的魅力，花团锦簇，引人敬畏。核心的女人香和基调的木质男性气息平起平坐。

最后一款名为"月亮"，数字代表为18，由超级名模克劳迪娅·希弗代言。该款香水令人着迷的百合与夜来香中味，安适地衬托着由檀香、麝香、鸢尾花与白色皮革所组成的厚重基调。细致、神秘、魅惑力十足。

它时尚、简约，有着贵族的品位，又不失青春的活力；它只有十几年的香水制作历史，却立足于一百年的品牌文化之上；它崇尚品质生活，又钟情于现代科技。它便是普拉达，一位年轻的香水贵族。如果说穿普拉达服饰的女人多少显得有些孤傲，那么使用普拉达香水的女人却常常显得热情似火。

PRADA
年轻的香水贵族
普拉达

历史·印象
XIANGSHUI
SHANGBIAN

　　早在 100 多年前，普拉达就创建了精品店，却是在 30 多年前才创立品牌；它用不到十年的时间，就完成了从精品店到闻名于世的奢侈品品牌的角色转变，又用不到十年的时间，将奢侈的定义从服饰拓展到了香水王国。

　　1913 年，普拉达在意大利米兰的市中心创办了首家精品店，创始人马里奥·普拉达所设计的时尚而品质卓越的手袋、旅行箱、皮质配件及化妆箱等系列产品，得到了来自上流社会的宠爱和追捧。

　　随着 20 世纪 70 年代的时尚圈环境变迁，普拉达家族几近濒临破产边缘。直到 1978 年，这个低调的家族企业才开始迈出它走向世界顶级奢侈品的第一步。这一年，这个历史悠久的著名品牌被赋予了新的发展元素与活力。缪西娅·普拉达（马里奥·普

拉达的孙女）与当时具有丰富奢侈品生产经验的帕特里齐奥·贝尔泰利走进了婚姻的殿堂。不久之后，两人共同接管了普拉达并带领普拉达迈向全新的里程。缪西娅担任普拉达总设计师，通过她极具天赋的时尚才华不断地演绎着挑战与创新的传奇。而帕特里齐奥·贝尔泰利，这位充满创造力的企业家，不仅建立了普拉达在全世界范围的产品分销渠道以及批量生产系统，同时还巧妙地将普拉达传统的品牌理念和现代化的先进技术进行了完美结合，为现代贵族们提供了值得信赖的香水作品。

　　善于创新的普拉达在 2000 年推出了护肤系列产品，由于该系列简洁前卫的包装设计和卓越的质量深受消费者肯定，经过了四年的精心筹划，普拉达借机推出了首支同名香水。秉持着普拉达对于产品品质的一贯坚持，其同名女性香水也有着与众不同的地方。香水的外包装特别选用了普拉达服饰中同样的纺织布料，简单大方的方形玻璃瓶与直立的金属瓶盖形成鲜明的对比，突显出典型的品牌风格。为了呈现出对传统香水的敬意，普拉达香水 80 毫升奢华版特别采用了复古怀旧的香水喷嘴，使它呈现出高雅复古的魅力风格。在国外普拉达专卖店，店员甚至还会根据客人的要求刻上特别的名字以表示独特。

缪西娅的创作视野不停地拓展，她希望自己的美容帝国能够坚持传统与创新的基本理念，而她也期许这款香水能够代表她"明日的经典"的设计哲学。其香水概念正是源自缪西娅·普拉达融合经典与创意的品牌精神，强调工艺与技术并存的坚持。全新的普拉达香水将传统香水工业注入新意，创新的调香技术，却使用最原始的方式 将女性形象具体呈现。更为特别的是，因为缪西娅·普拉达具有敏锐的时尚触觉，懂得以独特味道诱惑着女性敏锐的嗅觉，所以使用普拉达香水的女人总是拥有优雅却潜藏着坚定与独特性格的气质。

普拉达香水最大特征就是对琥珀香料精髓的全新诠释，这是对传统香料工艺的完美再现。琥珀这种曾被人顶礼膜拜的珍贵原料被赋予全新精神，永恒经典的香料工艺重现于普拉达香水中。木质香调是普拉达香水的另一特色，早在 4000 年前的梵文手卷中，就记载了印度檀香精油的传奇。赤心木和常绿植物的根部提取出的精油散发着来自密林深处的久远馨香，柔和、浓郁又充满大自然的气息。这纯洁无瑕的香露使琥珀的香味流动在空气中。正是如此独特的设计理念和香水材料，使得普拉达香水在短短十年的时间内便拥有极高的声誉与名望，它所体现的价值更被视为日常生活中的非凡享受。

鸢尾花系列女性香水（INFUSION D'IRIS）

鸢尾花系列女香是普拉达香水中延续性最好的一个系列，自 2007 年普拉达第一次推出鸢尾花女性香水以来，这个不受时空约束的蓝色精灵似乎成为当代女性典雅、神秘、时尚的代表，它那无法被准确定义的特性，使它成了一款跳脱女性刻板特质、使古典与现代完美并存的奇妙香水。其中最受人们关注的当属 2010 年推出的鸢尾花女性淡香水和 2012 年推出的鸢尾花极致女性香水。

　　2010 年推出的鸢尾花女性淡香水在既往的鸢尾花感官体验中写下曼妙的一笔，它的灵感来自于对品牌鸢尾花的探索，而此前鸢尾花香是由鸢尾花根萃取的。细致的铃兰、粉质诱人的紫罗兰、令人上瘾的天芥菜、世故而性感的白松香与西洋杉，伴随着如熨烫过干净亚麻的意大利记忆，交织成一个梦幻的故事，一款清新花香调淡香水就此诞生。

　　玻璃瓶身设计呼应复古香水瓶身，其非凡的精致，显露出一种雅致的现代感。这个瓶身被装饰得极富历史性——源自 1913 年普拉达创始人所设计的饰章。承袭香水的瓶身设计，鸢尾花女性淡香水以雾面瓶身及雪白色瓶盖展现其低调高雅，经典普拉达徽章标志则以雪白色呼应其轻柔风格，隐约透

PRADA

鸢尾花系列女性香水

INFUSION D'IRIS

·女性淡香水·

香调：清新花香调
前味：白松香、紫罗兰
中味：天芥菜、白松香、铃兰
后味：西洋杉、鸢尾花

·极致女性香水·

香调：东方花香调
前味：橙花、鸢尾花
中味：香草、果香
后味：琥珀、檀木

出的淡绿色香水传达出沁人的清新感受。经典简洁的外盒包装上的饰章，稍微偏离中心地坐落在一片淡绿色的普拉达标志上，这是象征推动不断进步的顶级工艺和经典传统的象征符，反映出普拉达对品牌创新的热忱。白色饰章衬底呼应瓶身，一致的轻柔优雅。

两年之后，普拉达再次为鸢尾花香水诗篇开启全新闪耀章节。鸢尾花极致女性香水又以清澈东方调重新诠释鸢尾花，带来一场极致奢华与高雅的香水盛宴。作为普拉达鸢尾花家族的最新香水，极致女香更进一步地探索鸢尾花灵魂深处，捕捉其极致精髓、强化鸢尾花系列所秉持的特质，而由内至外散发闪烁光芒。鸢尾花极致女性香水尊崇传统调香艺术，但透过现代提炼技术，将各式香氛及其净化成分调和在一起，成就这瓶鸢尾花香气中的精髓，且如同黄金般珍贵且稀有无比的香气。掀开鸢尾花的东方面纱，人仿佛陶醉于由性感橙花、尊贵鸢尾花、温暖香草所建构的浓郁精致的感官旅程。鸢尾花极致香水——揭露鸢尾花最深奥渊博的特质，亦同时展示了普拉达世界的核心女性价值，即永恒高贵与摩登的女性主义。清淡的香味最后以神秘的琥珀和檀木的香氛结束，持久而典雅。

琥珀之水女性香水（L'EAU MBRÉE）

2009 年深秋，普拉达推出了琥珀之水女性香水。自普拉达推出顶级香水以来，一直沿用着经典香水的传统技术，以复古的元素重新包装并融入新的元素。

这款一经问世便颇受关注的香水运用了最精致的粹取方式，呈现出馥郁浓厚的花香调。前味是佛手柑的香甜，它的出现是来中和香橼树的刺激味道的，前味呈现的是比较有厚重感的柑橘调，不同于现代香水的清新风格，这里更加细腻，多了份阅历感在里面。中味是五月玫瑰与茉莉的主导，香味浓郁而醇厚，在些许橙花的香味混合下颇让人受用，

PRADA
琥珀之水女性香水
L'EAU MBRÉE

香调：馥郁花香调
前味：西西里佛手柑、香橼树
中味：五月玫瑰、茉莉、橙花精油
后味：香草、琥珀、广藿香

五月玫瑰的香氛更是让人轻易联想到当今女性的柔美姿态。后味则是普拉达代表性的琥珀香味，在广藿香和香草的辅佐下显得深刻且持久，就像一个低调沉稳的女人给人留下的深刻印象。

琥珀之水女性香水的香水瓶身设计一如既往地从古代浅浮雕艺术中获取灵感。在琥珀之水女性香水的广告中，四位美丽而典雅的时尚名模，呈现出女神般的形象，通过这样的意象来传达古典与现代的唯美意境。

普拉达同名系列香水（PRADA）

普拉达到底是普拉达，它在服装与美容、简洁与复古之间找到了一个最微妙的平衡点。众多香水迷翘首期盼的同名系列香水就是代表，其外包装上使用了品牌成衣中同样的纺织布料，突显典型的普拉达风格。出于对传统的敬意，特意采用了怀旧的香水喷泵设计，而且香水瓶还可根据要求刻上特别名字以示独特。

同名女香呈现了女性的柔美特质，采用的是优雅花香调，前味是意大利佛手柑和柑橘的甜蜜味道，再混合着茜柳橙油和印度含羞草的特殊淡雅味道；中味是玫瑰的天下，又夹杂着虎尾草、凤仙花以及覆盆子的香味，断断续续，似有似无……后味悠长且多变，因为香氛较为复杂，岩蔷薇和顿加豆的独特香气最先出现，随后是香草和安息香的清香，最后再以印度檀木结束。这种复杂多变的独特诱惑勾起女人们敏锐的直觉，穿着普拉达香水的女人肯定会察觉到，这是属于她的香氛。在与同名女香近似的创造过程中，同名男香重新探索和定义琥珀香调，呈现出一个大胆清新、又抽象神秘的阳刚性感味道。在缪西娅·普拉达的创意指导，以及调香师们的努力

PRADA
普拉达同名系列香水
PRADA
· 女性香水 ·

香调：优雅花香调
前味：意大利佛手柑、柑橘、茜柳橙、印度含羞草
中味：玫瑰精萃、虎尾草、秘鲁凤仙花、覆盆子
后味：法国岩蔷薇、顿加豆、香草精萃、印度檀木、安息香

香调：东方馥香调

前味：佛手柑、柑橘、橙花油、
　　　小豆蔻

中味：天竺葵、香根草、橙花、
　　　麝香、没药

后味：琥珀、劳丹脂、檀香木、
　　　顿加豆、广藿香

下，普拉达为懂得欣赏香味错综复杂性的男士们量身设计。以琥珀概念香调为基础（缪西娅·普拉达女士最爱的香味），搭配最顶级奢华质量的成分，打造出最扎实的香调基础，使普拉达同名男香成为经典之作。

　　普拉达以自然而极度诱人的魅力香氛，勾勒出持久的味道想象空间。普拉达男香的前味从佛手柑、豆蔻开始，再接着出现了柑橘、橙花、麝香和没药的强烈味道，最后再以浓郁复杂的琥珀，混合着干净清新的广藿香、劳丹脂、顿加豆等香气结束。同名男香属于典型的馥香型香水，与同名女香形成两种对比鲜明的香味特质。如此对比特质所散发的复杂性与魅力，使普拉达创造出充满惊奇和诱惑的对香世界。

　　值得一提的是，同名男香的外盒上的展现品牌精神的布料标签，将普拉达时尚精神和香氛紧密结合。淡香水系列的包装为海军蓝色的外盒，加上绣有海军蓝普拉达标志的布料卷标。此外，同名香水还推出了可补充的奢华版淡香水，多加了金属喷头，外盒上绣有普拉达标志的卷标，并以海军蓝色进行了区隔。

普拉达男香和女香系列，不论瓶身设计和外盒包装都保持一致风格。从金属饰板、偏离中心的瓶盖、利落的线条、坚实的玻璃材质到外盒包装的布料标签，都完美地实现了普拉达对于传统、创新和质量的承诺，更将现代的摩登设计融入经典风格之中。

卓越男性淡香水（LUNA ROSSA）

受到极限帆船竞赛的启发，普拉达于 2012 年推出的全新男香以追求卓越为目标。承接"卓越"——普拉达冠军帆船崇高的名字，此款男香亦传承了对大自然的景仰、对创新的热情。

普拉达卓越男性淡香水重新诠释经典香水成分，以巧妙的混合公式呈现如波浪般袭来的清爽与阳刚的味道，赋予香调非凡力量与活力。引人注目的瓶身与外包装盒设计反映了大自然与科技、人类情感与力量的汇合，让男人们无所畏惧地突破所有可能性的极限。

普拉达的御用调香师——达尼埃拉·安德里亚，再次为普拉达研发了此款充满阳刚气息的全新男香。他巧妙地诠释了经典香水成分，展现卓越男香不轻易妥协的性格。首先袭来的一抹薄荷清香，升华了整个香调，呈现大胆清爽的阳刚味道，赋予非凡力量与活力，同时保持其高贵和感性的特质；另外，添加薰衣草作为香氛的支柱，为香调带来有趣的混合模式。在这种混合模式的辅助下，调香师重新发掘、唤醒每个成分的特色，并赋予现代风格，这种设计风格成为普拉达的魅力之源。

　　香水瓶身由当代艺术设计大师伊凡·哈见儿所设计，灵感源自于帆船船身优雅的线条与华丽的外观，同时展现力量与睿智。高贵玻璃瓶身套上前卫、设计感十足的金属盔甲。金属外壳上利落的直线切割，使瓶内的银色光芒得以从缝隙间透露而出。最后，在如暴风雨前夕的灰银瓶身上画上一条红线，作为热情创新的重要"证据"。崇尚自由的男人们在风浪中享受着进取的人生，卓越男性淡香水无疑是最佳的"陪伴者"。

PRADA
卓越男性淡香水
LUNA ROSSA

香调：草香清新香调
前味：苦橙、薰衣草
中味：鼠尾草、绿薄荷
后味：琥珀、黄葵

香水赏鉴辞典

浓　度

根据香精及所用的溶液浓度的不同，香水大致可分为以下几类：

香精（Parfum）：香精浓缩度最高，含量在 18%~25%，所用乙醇浓度在 60%~95%之间。香味浓郁、持久，可使余香绵飘四方。由于香精由少则数十种，多则数百种香料配制而成，因此，价格昂贵。

香水（Eau de Parfum）：香精浓度在 12%~18%间。香气比香精清淡，但较淡香水浓郁。

淡香水（Eau de Toilette）：香精含量在 5%~12%之间，所用乙醇浓度在 75%~90%之间。比香水清淡，给人更清爽的印象，是适用于全身的理想香水。

科隆香水（Eau de Cologne）：即古龙水。香精含量在 3%~5%之间，所用乙醇浓度在 60%~75%之间。

香　调

一直以来，市场上有很多品牌的香水，制造香水的材料也有 2000 多种，而每一种香水更可用上 50~100 种材料。虽然味道各有不同，但依照制造材料的不同来划分，大致可以分为果香调、绿香调、花香调、东方香调、柑苔香调等，细分还可以有更多的分类。

果香调柑橘香调系

柑橘香调是指以柠檬、柳橙、莱姆、佛手柑之类为主，带有淡淡酸甜的香气的香调。无论谁都会喜欢这种清新干爽的香味，所以不分男女都可以使用，这是它的特征。此外，这种调性的香料挥发性较强，只要体温的温度就很容易让它挥发，换句话说就是这种香味的持久性较差。清新干爽的柑橘香调系香水最适合喜爱运动、旅行的人士使用，同时也非常适合活泼好动、青春洋溢的年轻人使用。柑橘香调系的香水最适合白天使用。早上起床时或是冲澡后，轻轻抹上柑橘香调的香水，会令人感到全身舒畅。

绿香调系

当我们摘下一片树叶或是一把野草时，所闻到的绿草香就称为绿香调。这些绿香调与花香混合的香气可以令人想起大自然。绿香调可分成几个种类：接近绿草或树叶的香气，称为树叶绿香；类似风信子花香的风信子绿香；还有宛如青苹果香气的苹果绿香。此外，也有令人想起蔬菜青涩味的蔬菜绿香，及带有新鲜海草香气的海边绿香。绿香调系的香气与柑橘香调系同样属于清爽的香气，适合稳重高雅的女士使用。可以不必考虑使用的时间、地点及场合。非常适合穿轻装便服时使用。

花香调系

将花香密封在小瓶里的构想是制造香水的原创点。花香调的香气令人想起"花"的娇美，无论在何时何地都会让人感到心情愉悦。花的香味也有许多种类，因此花香调系又可分成3种：呈现一种花香的单一花香调，如用玫瑰花、茉莉花、铃兰、紫丁香等特定花朵制造而成的香水；以多种花香调和而成，表现花束香气的复合花香调；花香加上化学原料的乙醛成为乙醛花香调，加上乙醛的香气更浓更香，更能增添女性的妩媚与魅力。花香调是女性最钟爱的香味，也是最适合女性用的香水，纤巧可爱的女生、温柔可人的女性、优雅迷人的女人都非常适合用此调系的香水。因为花香调系的香气轻柔富有亲和力，无论轻装便服或是亮丽盛装都非常适合。

柑苔香调系

柑苔香调是以生长在欧洲中部的橡树的味道为基调，混合佛手柑、柑橘、玫瑰、茉莉、麝香的味道，虽然减少了香甜度，却是非常富有女性特质的香气，让人有一种稳重、成熟的感觉。高贵、浓郁的柑苔香调系香水非常适合稳重成熟、气质优雅的女性，配合华丽、优雅的晚宴服装或是古典的装扮，更能展现稳重成熟的女性魅力。

东方香调系

使用东方树木或辛香料、树脂，再加上麝香等动物性香料制造而成的香水称为东方香调系香水。香甜浓郁的香气最能体现女性的性感妩媚。另外，香气持久也是其特征之一。东方香调系香水非常适合妖艳魅惑的成熟女性使用，此外，也适合从事创意工作的年轻女性使用。适合夜间使用，让人有性感、神秘的感觉。在白天或是办公室使用时，要注意减少用量。有着鲜明性格特质的东方香调系香水，非常适合搭配盛装约会或出席晚宴，可说是属于夜晚的香水。

东方花香调系

东方花香调介于花香调与东方香调之间，就是在轻柔优雅的花香之中混合了浓郁的东方香味。轻柔香甜的味道会对感官产生刺激，此香调给人一种温和的性感。与单纯的东方香调比较，东方花香调系拥有明显的香甜味，非常适合光彩亮丽的都市女性使用。无论白天或夜晚的聚会都可以使用。适合参加发布会或是观赏戏剧等穿着盛装时搭配。

味 阶

香水喷洒出后，随着时间的推移，香味所呈现出的变化可分为：高味阶（前味、前调）、中味阶（中味、中调）、基础味阶（后味、后调）。

前味：香水喷在肌肤上约 10 分钟后会有遮盖住的香味产生。最初会有香味和挥发性高的酒精稍稍混在一起的感觉。

中味：在前味之后而得来的 10 分钟左右的香味，酒精味道消失，此时的香味是香水原本的味道。

后味：香水喷洒 30 分钟后才会有的香味，是最能表现个性的香味。这种香味会混合个人肌肤以及体味，散发出综合味道。

香 料

香料的英文一般用 Spice，指范围不同，有芳香气味或防腐功能的热带植物，具有令人愉快的芳香气味，能用于调配香精的化合物或混合物。按其来源有天然香料和人工合成香料两种。

天然香料

所谓"天然原料"，按传统意义，是指通过物理分离方法，例如蒸馏和提取，从生物或动物材料中获得的香料物质。最终得到的原料与原材料的化学成分基本相同，只是以一种浓缩的形式存在。

在古文明时期，浸软的香料使身体散发香味；在中世纪，阿拉伯科学家发明了蒸馏技艺；到 19 世纪，浓缩的乙醇可以用来制造酊；在 20 世纪初期，溶剂提取的技艺已经比较成熟了。如今的技艺能够从天然原料中提取或分离某种单个的化学物质。然而，虽然这种物质占了主导地位，但还是会附带地含有原材料中的其他物质。因此，一般说来，提取的原料越纯，则越昂贵。因为其他杂物会改变香水的质量。在香水业，"天然"这个术语指的是原料的来源及物理提取方式，而并非某种物质如何与其来源物相似。

人工香料

人工香料是指经过化学反应获得的物质，原料通常是石油或松节油。一些人工化学制品可以从自然中分离或只能以人工合成方式产生。自从由化学反应可以获得人工香精的技术产生以来，大量的人工香料随之诞生，而它们各自的纯度各异。众所周知，增加纯度即意味着提高成本。非纯杂质会影响香味质量，化学反应中残留物也会产生影响，因为其中有些物质反应程度强烈，会影响物质的安全性。

现代香水中大多数化学成分都是人工合成的。人工香料的使用日渐广泛，毋庸置疑，人工合成香料要比调制天然香料更经济。

介于天然和人工香料之间的原料

对天然和人工香料的划分并非十分绝对。一些化学物质既可以人工合成也可以自然提取。虽然基本物质的化学结构是相同的，但其他附带品使天然和人工香精的香味质量有所不同。

经过化学处理的天然香料，可以归入天然类，但事实上它们并非完全源自天然。产品标准化程度，甚至其原料贵贱经常成为区分原料天然与否的标准。这种情形下，问题也随之出现，那就是，许多原料冒充是天然的，可事实并非如此。更深的问题在于很难区分一种原料是人工的还是天然的。

自从有了气相色谱技术后，分辨一种物质是天然还是人工原料已不成问题。一些公司利用高新技术来确认一种原料是化学原料还是生物原料。这种测试用在香水原料上似乎有点大材小用，但是天然与人工原料具有明显的市场价值差异，势必要求这种验证。举例来讲，一公斤人工合成的乙醛可能能卖 47 美元（近 300 元人民币），而买同样重量的天然乙醛要花费 500 美元（超过 3000 元人民币）左右。

香 脂

香脂是能散发出香味的树和灌木的树脂，也叫香胶。在现代香水业中，常用的有秘鲁香脂、妥卢香脂胶、苦配巴香脂，还有安息香脂等。它们的形状为黄色至苍棕色稍带黏稠的液体或结晶体，所散发出来的香味都有点香草香精的味道。

苦柑橘

这种香油是压榨果皮得到的。苦柑橘树也叫毕加莱特橘树，这种橘树可以提炼出橙花油、橘花油和果芽油。其香味是混合了辛香和甜蜜的果香。大约12%的现代香水制作会用到它。

乳 香

是从阿拉伯南部和索马里地区生长的一种小树上得到的胶状物。从古代开始就是相当重要的香料，至今还在运用。它大约出现在13%的现代香水中。

波斯树脂

一种胶状香料，是从生长于伊朗的茴香类植物中提取的。它的气味是温暖的辛香，混合了绿叶和麝香的味道。

茉 莉

它是在香水业中地位仅次于玫瑰的重要植物。香气细致而透发，有清新之感，现代香水中的80%都要用到它。其品种很多，西班牙茉莉也叫皇家茉莉，是16世纪以来欧洲最常用的品种。一英亩（约0.4公顷）土地的茉莉可产500磅（1磅约合0.45公斤）茉莉花，但绝对产量很低（大约0.1%）。因为茉莉花必须要在清晨还被朝露覆盖时采摘，如果被阳光照到，就会失去一些香味，所以茉莉也是最昂贵的香水原料之一。

劳丹脂

劳丹脂也叫半日花脂，来源于中东一种岩蔷薇属的植物叶子。在香水业中地位重要，具有强烈的膏香，稀释后与龙涎香很相似，而且香味持久，很有价值。它出现在现代香水中的概率达到33%。

薰衣草

最常见的香料之一。其花朵提供一种鲜嫩的绿色、清爽花香。法国曾有一段时期每年出产5000吨薰衣草。在英国，现在只有东部的诺福克郡出产这种香水原料，一公顷薰衣草大约可以出产15磅香油。

柠檬油

柠檬油不仅用在调味品里面，也用在香水里面，具有浓郁的柠檬鲜果皮香气，香气飘逸但不甚留长。约1000个柠檬可以提炼出1磅柠檬油。油是从果皮里面压榨出来的，亦可靠水蒸气蒸馏而得。它被用在很多品质优良的香水里，多数是为了使香水的前味更具有清新感。

幽谷百合

早期的百合花香只有把花朵和蜜油调和在一起才能得到，现在也只能通过提纯而得到凝结物，却不能制成精华油。于是人们用化学合成方法获得了有史以来最雅致的百合花香味，该化合物被称为铃兰。因其具有雅致的百合花香味而成为幽谷百合的替代品。大约14%的现代优质香水或多或少都会用到它。

橡树苔

从橡树、云杉和其他生长在欧洲和北非山区的树木上采取。长期储藏会增加其香味，香味有泥土、木材和麝香的混合气息，持久性好。同类型的还有树藓。

没 药

从没药树上收集的胶状物质，产于阿拉伯、索马里和埃塞俄比亚等地，很早以前它的重要地位就不仅体现在香水上，它还有药用和防腐的功效。其香味颇似凤仙花，而且留香持久。没药油为淡棕色或淡绿色液体，在现代的香水中用到它的比例大约是7%。

香鸢尾花油

室温下为浅黄至棕黄色固体，香气平和留长，是蜜甜香中的佳品，散发着紫罗兰般的香味，由储藏了两年的鸢尾花的根茎经过提炼而成。其独特之处是可以使别的香味得到特别的强化。在不少一流的香水中都能找到它的身影。

广藿香

来自远东的薄荷味香料，是植物香料中香味最强烈的一种，通常用于东方香调香水中。其香气浓而持久，是很好的定香剂。在蒸馏之前，原料要先经过干燥和发酵过程。因为香味非常浓烈，所以每次的用量要有严格控制。香油中独特的辛香和松香会随时间推移而变得更加明显，它是已知植物香料中持久性最好的。它第一次引起欧洲人的注意是在19世纪，那时印度商人带来的披巾上散发出这种香味，并很快成为时髦的香型。现在有1/3的高级香水会用到它。

檀 香

檀香油主要从产于印度和印度尼西亚的檀香木屑和枝条中间提取，为黄色略带黏稠的液体，以迈索尔地区出产的最好，亦有产自澳大利亚的檀香油。这种树是寄生的，根吸附在别的树上。檀香油是制作香水最值钱和最珍贵的原料，它的留香非常持久，在优质的香水里面大约有一半会用这种原料作为基础的香味。

玫 瑰

是一种宝贵的香料，属于香水业中最重要的植物。被希腊女诗人萨福称为"花后"。其品种很多，最早的品种是洋蔷薇，或者叫画师玫瑰，也就是通常所说的五月玫瑰，原来是法国香水的专用玫瑰。保加利亚的喀山拉克地区出产大量的大马士革玫瑰。还有一些品种在埃及、摩洛哥和其他地方被培育出来。现在已经可以明确的有 17 种不同的玫瑰香味，通常情况下含有蜜甜香的甜韵香气，芬芳四溢，属花油之冠。提炼 1 磅的玫瑰香油或玫瑰香精需要 1000 磅的玫瑰花，能产生纯香精的比例更是少而又少，只有 0.03% 而已。至少有75% 的优质香水用得到玫瑰香油。

顿加豆

从安哥斯图拉苦味树皮和巴拉圭豆中提取，产于南美洲。当树皮和豆被香豆素的晶体覆盖以后，就可以用朗姆酒进行处理，它散发的气味很像刚刚割下来的青草。用顿加豆制成的纯香精被用在 10% 的优质香水里。

树 藓

在美国，树藓和橡树苔是一种东西。而在欧洲的香水业中树藓特指一种云杉的藓衣，提炼物的香味很像某种焦油。常用在馥郁香型的香水中，并且有良好的固香作用。

晚香玉

俗称夜来香，它的香味被形容成晚间香花满园的芬芳气息，香气幽雅。这种花提炼出来的香油在 20% 的优质香水中可以找到，特别是清幽类型香水。纯香精的产量很低，每2600 磅花朵只能产出 7 盎司（1 盎司约合 28.35 克）的香精，所以它比同等重量的黄金还贵。

香子兰

香子兰油是从香子兰花蔓上的果荚里提炼出来的。原产于美洲的热带地区，提取前要经过发酵。气味甜蜜辛香，自被佛朗索瓦兹·考迪用于"吸引"香水之后，其在香水业中的运用越来越普遍，目前大约 1/4 的香水用到它。

香 根

是从亚洲的一种热带草本植物库斯库斯的根茎中蒸馏得来的香油，为棕色至红棕色黏稠液体，有着泥土的芳香气息并且隐约有鸢尾草和紫罗兰的香甜。香气平和而持久，不仅可作为定香剂，还赋予香水甘甜的木香。香根油出现在 36% 的优质香水中。

紫罗兰

在香水中用到的紫罗兰有两个品种：维多利亚紫罗兰和帕尔玛紫罗兰。前者质量较好，后者则更易生长。香油是从花瓣和叶子中提取的，但是因为成本比较高，现在大多数的紫罗兰香味都靠化学合成。

香油树

在优质香水中有 40% 用了香油树的香油。特别适用于茉莉、白兰、晚香玉、铃兰、紫罗兰等花香型香精，在香水中用它协调整个香气。这种从树叶中提取的香油来自东南亚，香气类似于大花茉莉，但更强烈而留长。开花 2 周以后，茉莉般的馨香才弥漫开来，这时就要立即将香味采集下来，所以蒸馏往往是在现场进行的。一棵树一年大约开 22 磅重的鲜花，而两磅重的香油差不多要用掉 900 磅的花朵。

萃取法

萃取法是一个物理过程，其难点是要选择适用的、有挥发性的溶剂直接浸泡香料植物，通过溶液与固体香料接触，经过渗透、溶解、分配、扩散等一系列物理过程，将原料中的香料成分提取出来。该方法的优点是能将低沸点、高沸点成分都提取出来，非常神奇地利用物理方式，很好地保留植物香料中的原有香气，将植物香料制成香料产品。

其工艺过程是一个由液态到固态的过程：植物香精萃取液→渗透溶解分配→渗提液→渗膏→渗膏乙醇→净油

榨磨法

榨磨法的原理主要是指柑橘果实或果皮通过磨皮或压榨来提取精油的一种方法。有冷磨和冷榨两种方式。其中冷磨法适宜于从整果取油。

水蒸气蒸馏法

水中蒸馏：原料置于筛板或直接放入蒸馏锅，锅内加水浸过料层，锅底进行加热。

水上蒸馏（隔水蒸馏）：原料置于筛板，锅内加入水，水量要满足蒸馏要求，但水面不得高于筛板，并能保证水沸腾至蒸发时不溅湿料层。一般采用回流水，保持锅内水量恒定以满足蒸馏操作所需的足够饱和度，可在锅底安装窥镜，观察水面高度。

直接蒸汽蒸馏：在筛板下安装一条带孔环行管，由外来蒸汽通过小孔直接喷出，进入筛孔对原料进行加热，但水散作用不充分，应预先在锅外进行水散，锅内蒸馏快且易于改为加压蒸馏。

水扩散蒸汽蒸馏：这是国外应用的一种新颖的蒸馏技术。水蒸气由锅顶进入，蒸汽至上而下逐渐向料层渗透，同时将料层内的空气推出，其水散和传质出的精油无须全部气化即可进入锅底冷凝器。蒸汽为渗滤型，蒸馏均匀、一致、完全，而且水油冷凝液较快进入冷凝器，因此所得精油质量较好、得率较高、能耗较低、蒸馏时间短、设备简单。

世界上最大的香水工厂

现在的格拉斯共有 30 多家香水厂，最著名的、规模最大的就是花宫娜，其生意也比其他家兴隆得多。工厂主要生产香精，然后再用香精配成香水和其他护肤品。香精的制作耗时且费工，你可知道，一公顷的薰衣草一年的产量也只能榨出 15 磅的香油，而玫瑰精油的价格一直远远超过黄金！花宫娜产品都有一种经过岁月沉淀的经典韵味，不光是香水，还有很多是用格拉斯盛产的知名原材料制作的护肤品、香皂、固体香膏，这些产品不仅每个都散发着纯正的芳香，而且经过几代人，数百年的钻研具备了消炎镇定、保湿美肤等作用。法国香水不仅有兰蔻、迪奥、香奈儿等品牌，还有花宫娜、嘉利玛、莫利娜等老牌产品，兰蔻这类人们耳熟能详的香水多是法国人卖给外国人的，法国当地人更多的是用花宫娜这样的手工流传百年的老店生产的香水。

喷香水的"七点法"

首先将香水分别喷于左右手腕脉搏跳动处，双手中指及无名指轻触对应手腕脉搏跳动处，随后轻触双耳后侧、后颈部；轻拢头发，并于发尾处停留稍久；双手手腕轻触相对应的手肘内侧；使用喷雾器将香水喷于腰部左右两侧，左右手指分别轻触腰部喷香处，然后用沾有香水的手指轻触大腿内侧、左右腿膝盖内侧、脚踝内侧。七点法到此结束。注意擦香过程中所有轻触动作都不应有摩擦，否则香料中的有机成分发生化学反应，可能破坏香水的原味。

香水喷雾法

在穿衣服前，让喷雾器距身体 10~20 厘米，喷出雾状香水，喷洒范围越广越好，随后立于香雾中；或者将香水向空中大范围喷洒，然后慢慢走过香雾。如此都可以让香水均匀落在身体上，留下淡淡的清香。

香水购买参考价格

名　　称	香　调	参考价格
安娜苏		
摇滚天后女性淡香水（ROCK ME）	清新花果香调	590 元 /50ml
紫境魔钥女性淡香水（FORBIDDEN AFFAIR）	花果木香调	560 元 /75ml
梦境成真女性淡香水（LIVE YOUR DREAM）	木质香调	430 元 /50ml
魔恋精灵女性淡香水（SECRET WISH MAGIC ROMANCE）	清新花果香调	400 元 /50ml
逐梦翎雀女性香水（FLIGHT OF FANCY）	清新花果香调	590 元 /50ml
许愿精灵女性淡香水（SECRET WISH）	清新花果香调	590 元 /50ml
漫舞精灵淡香水（WISH FAIRY DANCE）	甜美花果香调	510 元 /50ml
洋娃娃淡香水（DOLLY GIRL）	清新花果香调	450 元 /50ml
巴宝莉		
裸纱女性淡香水（BODY）	木质花香调	580 元 /35ml
运动系列男性淡香水（SPORT）	木质柑橘香调	340 元 /50ml
伦敦系列男性淡香水（LONDON）	木质琥珀香调	480 元 /30ml
节奏女性淡香水（THE BEAT FOR WOMAN）	木质花香调	700 元 /50ml
粉红风格淡香水（BRIT SHEER）	清新花果香调	510 元 /50ml
接触香水（TOUCH）	东方花香调	520 元 /50ml
周末男性香水（WEEKEND）	清新花果香调	430 元 /50ml
宝格丽		
夜茉莉女性香水（JASMIN NOIR）	木质花香调	880 元 /50ml
亚洲典藏版女性淡香水（OMNIA CRYSTALLINE）	水生花香调	620 元 /50ml
蓝茶男性香水（BLV NOTTE）	木质辛香调	560 元 /50ml
绅士男性香水（MAN）	东方木质香调	500 元 /30ml
香奈儿		
5 号香水（CHANEL N°5）	乙醛花香调	1500 元 /100ml
邂逅淡香水（CHANCE）	清新花香调	1100 元 /100ml

名　称	香　调	参考价格
可可小姐香水（COCO MADEMOISELLE）	东方清新香调	1000 元 /50ml
黑色可可小姐香水（COCO NOIR）	明亮花香调	1150 元 /50ml
19 号香水（CHANEL N°19）	苔藓花香调	900 元 /50ml
倾城之魅香水（ALLURE）	东方清新香调	630 元 /50ml
感性魅力香水（ALLURE SENSUELLE）	东方花香调	630 元 /50ml
魅力运动男性香水（ALLUER SPORT）	东方清新香调	520 元 /50ml
克莱夫基斯汀		
皇家尊严 1 号香水（NO.1 IMPERIAL MAJESTY）	东方花香调	约 140 万元 /500ml
1872 女性香水	木质花果香调	4440 元 /100ml
C 系列女性香水	馥郁花香调	5000 元 /100ml
X 系列香水	木质香调	6000 元 /100ml
卡尔文·克莱恩		
CK ONE 中性香水	柑苔果香调	360 元 /100ml
CK BE 中性香水	柑苔果香调	400 元 /100ml
飞男性香水（FREE FOR MEN）	木质花香调	540 元 /100ml
诱惑女性香水（EUPHORIA）	东方花香调	550 元 /100ml
真实女性香水（TRUTH）	清新花香调	370 元 /50ml
欲望中性香水（CRAVE）	清新果香调	420 元 /40ml
永恒男性香水（ETERNITY FOR MEN）	木质花香调	750 元 /100ml
永恒女性香水（ETERNITY）	优雅花香调	740 元 /100ml
秘密爱恋女性香水（SECRET OBSESSION）	东方花香调	600 元 /50ml
邂逅淡香水（ENCOUNTER）	木质香调	510 元 /50ml
冰火相容香水（CONTRADICTION）	东方花香调	480 元 /100ml
大卫杜夫		
冷水男性香水（COOL WATER）	东方清新香调	300 元 /40ml
深泉男性香水（COOL WATER DEEP）	清新海洋香调	460 元 /50ml
美好生活男性香水（GOOD LIFE）	清新花香调	380 元 /75ml
王者风范男性香水（CHAMPION）	清新木质香调	490 元 /50ml
追风骑士男性香水（ADVENTURE）	清新木质香调	560 元 /50ml
回声男性淡香水（ECHO）	清新木质香调	500 元 /100ml

名　　称	香　调	参考价格
大卫杜夫回声女性香水（ECHO WOMAN）	清新花果香调	320 元 /30ml
飞行者香水（SILVER SHADOW ALTITUDE）	东方清新香调	750 元 /50ml
杜嘉班纳		
浅蓝中性香水（LIGHT BLUE）	清新花果香调	580 元 /50ml
浅蓝男性香水（LIGHT BLUE FOR MEN）	木质辛香调	430 元 /50ml
唯我女性淡香水（THE ONE）	东方花香调	635 元 /50ml
魔法师香水（LE BATELEUR 1）	木质花香调	480 元 /50ml
王后香水（L'IMPÉRATRICE 3）	清新花果香调	480 元 /50ml
恋人香水（L'AMOUREUX 6）	清新木质香调	480 元 /50ml
命运之轮香水（LA ROUE DE LA FORTUNE 10）	花果香调	480 元 /50ml
月亮香水（LA LUNE 18）	木质皮革香调	480 元 /50ml
迪奥		
迪奥小姐香水（MISS DIOR）	清新花香调	780 元 /50ml
花漾甜心香水（CHÉRIE）	花香调	700 元 /50ml
白毒香水（PURE POISON）	东方花香调	600 元 /50ml
粉红魅惑香水（ADDICT）	清新花果香调	550 元 /50ml
真我女性淡香水（J'ADORE）	花果香调	750 元 /50ml
沙丘淡香水（DUNE）	花香海洋香调	520 元 /50ml
桀骜男性香水（HOMME SPORT）	木质花香调	520 元 /50ml
快乐之源女性香水（DOLCE VITA）	东方清新花香调	540 元 /30ml
登喜路		
北纬 51.3 度男性淡香水（51.3N）	东方清新香调	320 元 /50ml
纯净能量男性淡香水（PURE）	木质辛香调	300 元 /50ml
夜幕英伦男性淡香水（BLACK）	东方清新香调	320 元 /50ml
绅士探险家香水（PURSUIT）	东方清新香调	460 元 /50ml
欲望男性香水（DESIRE）	馥郁花果香调	420 元 /50ml
时尚诗人男性香水（HOMME）	清新木质香调	420 元 /50ml
伊丽莎白·雅顿		
第五大道香水（5TH AVENUE）	东方花香调	560 元 /75ml
红门香水（RED DOOR）	东方花香调	520 元 /50ml

名　　　称	香　调	参考价格
挑逗香水（PROVOCATIVE）	清新花香调	520 元 /50ml
情迷地中海女性香水（MEDITERRANEAN）	木质花香调	520 元 /50ml
可人香水（PRETTY）	清新花香调	520 元 /50ml
太阳花女性香水（SUNFLOWERS）	花果香调	280 元 /30ml
绿茶香水（GREEN TEA）	木质花香调	210 元 /30ml
爱斯卡达		
秘密花园女性淡香水（ESPECIALLY）	玫瑰花香调	320 元 /75ml
经典同名女性香水（SIGNATURE）	清新花果香调	300 元 /75ml
潜蓝女性香水（INTO THE BLUE）	水生花香调	460 元 /75ml
情定夕阳香水（SUNSET HEAT）	甜美花果香调	350 元 /75ml
摇滚森巴淡香水（ROCKIN' RIO）	甜美花果香调	550 元 /75ml
触电女性淡香水（MAGNETISM）	木质花香调	390 元 /50ml
夏日闲情限量版香水（OCEAN LOUNGE）	花果香调	410 元 /50ml
雅诗兰黛		
美丽女性淡香水（BEAUTIFUL）	木质花香调	900 元 /75ml
欢沁女性淡香水（PLEASURES）	清新花香调	900 元 /75ml
霓彩天堂淡香水（BEYOND PARADISE）	柔美花香调	600 元 /50ml
尽在不言中女性香水（KNOWING）	木质花香调	910 元 /75ml
清新如风淡香水 （PURE WHITE LINEN LIGHT BREEIÈ）	清新柑橘香调	640 元 /50ml
琥珀流金香水（YOUTH DEW AMBER NUDE）	东方花香调	420 元 /30ml
摩登都市淡香水（SENSUOUS）	东方木质香调	720 元 /50ml
菲拉格慕		
芭蕾女伶香水（SIGNORINA）	花果香调	350 元 /30ml
夜色男性淡香水（POUR HOMME BLACK）	木质琥珀香调	260 元 /50ml
甜心魔力女性香水（INCANTO CHARMS）	清新花果香调	260 元 /50ml
托斯卡纳阳光中性淡香水（TUSCAN SOUL）	清新柑橘香调	360 元 /50ml
非凡之旅男性淡香水 （F BY FERRAGAMO FREE TIME）	清新木质香调	320 元 /50ml
法拉蜜女性淡香水（INCANTO BLOOM）	清新花香调	260 元 /50ml

名　　称	香　调	参考价格
佛罗瑞斯		
127 特别版中性淡香水（ORLOFF SPECIAL 127）	柑橘花香调	1620 元 /100ml
89 号男性香水（N°89）	木质柑橘香调	1100 元 /100ml
胜利淡香水（VICTORIOUS）	木质辛香调	1000 元 /100ml
精英淡香水（ELITE）	木质香调	820 元 /100ml
赛飞洛男性香水（CEFIRO）	木质柑橘香调	820 元 /100ml
古驰		
妒忌女性香水（ENVY）	花香调	590 元 /50ml
妒忌我 2 号女性淡香水（ENVY 2）	绿叶花香调	560 元 /75ml
春光系列女性淡香水（RUSH 2）	花草香调	430 元 /50ml
花之舞女性淡香水（FLORA BY GUCCI）	柔美花香调	400 元 /50ml
璀璨白米兰淡香水（GLAMOROUS MAGNOLIA）	柔美花香调	650 元 /50ml
罪爱女性淡香水（GUILTY）	东方花香调	710 元 /50ml
优雅晚香玉女性淡香水（GRACIOUS TUBEROSE）	柔美花香调	620 元 /50ml
娇兰		
花草水语系列淡香水（AQUA ALLEGORIA）	花果香调	550 元 /75ml
一千零一夜香水（SHALIMAR）	东方花香调	780 元 /75ml
爱朵女性淡香水（IDYLLE）	花香调	610 元 /35ml
瞬间女性淡香水（L'INSTANT DE GUERLAIN）	东方花香调	400 元 /30ml
圣莎拉女香（SAMSARA）	东方木质香调	380 元 /30ml
熠动女性淡香水（INSOLENCE）	水果花香调	680 元 /50ml
香榭丽舍女性淡香水（CHAMPS ELYSEES）	清新花香调	500 元 /50ml
小黑裙女性淡香水（LA PETITE ROBE NOIRE）	琥珀香调	520 元 /30ml
乔治·阿玛尼		
黑色密码男性淡香水（BLACK CODE ）	茉莉花香调	720 元 /50ml
密码女性香水（CODE FOR WOMEN）	东方花香调	580 元 /50ml
寄情男性淡香水（ACQUA DI GIÒ FOR MEN）	茉莉花香调	530 元 /50ml
寄情女性淡香水（ACQUA DI GIÒ FOR WOMEN）	清新花香调	720 元 /50ml
珍钻女性香水（DIAMONDS FOR WOMEN）	东方花香调	860 元 /50ml
珍钻男性香水（DIAMONDS FOR MEN）	清新木质香调	850 元 /50ml

名　　称	香　调	参考价格
纪梵希		
禁忌女性淡香水（L`INTERDIT）	柔美花香调	420 元 /50ml
魅力纪梵希女性淡香水（VERY IRRÉSISTIBLE）	玫瑰花香调	550 元 /75ml
海洋香榭中性淡香水（INSENSÉ ULTRAMARINE）	清新海洋香调	300 元 /30ml
玩酷男性淡香水（PLAY）	清新木质香调	500 元 /50ml
魔幻天使女性淡香水（ANGE OU DÉMON）	木质花香调	430 元 /30ml
爱马仕		
爱马仕之旅中性淡香水（VOYAGE D´HERMÉS）	清新木质香调	1280 元 /100ml
鸢尾花女性香水（HIRIS）	柔美花香调	1020 元 /100ml
地中海花园香水（UN JARDIN EN MÉDITERRANÉE）	清新柑苔香调	730 元 /100ml
尼罗河花园香水（UN JARDIN SUR LE NIL）	清新花果香调	860 元 /100ml
大地男性淡香水（TERRE D´HERMÈS）	清新木质香调	780 元 50ml
驿马车女性淡香水（CALÈCHE）	醛香花香调	890 元 /50ml
相遇法布街 24 号香水（24 FAUBOURG）	东方花香调	1200 元 /50ml
凯莉驿马车香水（KELLY CALÈCHE）	木质花香调	1200 元 /50ml
胡戈·波士		
银地球男性香水（BOSS IN MOTION）	东方清新香调	500 元 /50ml
劲能男性香水（ENERGISE）	东方清新香调	500 元 /50ml
橙钻魅力女性香水（BOSE ORANGE）	木质花香调	500 元 /50ml
优客元素男性淡香水（ELEMENT）	东方清新香调	500 元 /50ml
自信男性香水（BOTTLED）	清新果香调	500 元 /50ml
悸动女性香水（INTENSE）	东方木质香调	500 元 /50ml
三宅一生		
一生之水女性香水（L´EAU D´SSEY）	水生花香调	520 元 /50ml
一生之水男性香水（L´EAU D´SSEY POUR HOMME）	水生花香调	410 元 /50ml
气息淡香水（A SCENT）	清新草香调	510 元 /50ml
让·巴度		
喜悦香水（JOY）	花香调	900 元 /75ml
1000 香水 (1000)	花香调	580 元 /50ml
玫瑰情话香水（UN AMOUR DE PATOU）	水果花香调	620 元 /50ml

名　　称	香　调	参考价格
享受香水（ENJOY）	清新花果香调	720 元 /50ml
兰蔻		
珍爱香水（TRÉSOR）	清新花果香调	610 元 /30ml
珍爱爱恋香水（TRÉSOR IN LOVE）	清新花果香调	610 元 /30ml
璀璨淡香水（MAGNIFIQUE）	馥郁花香调	740 元 /50ml
奇迹香水（MIRACLE）	水果花香调	480 元 /30ml
梦魅香水（HYPNÔSE）	东方木质香调	700 元 /50ml
梦魅情迷女性香水（HYPNÔSE SENSES）	西普花香调	720 元 /75ml
洛俪塔		
初香水（FIRST FRAGRANCE）	东方花香调	610 元 /50ml
花戒香水（FORBIDDEN FLOWER）	清新花果香调	690 元 /50ml
诗之香香水（SI）	东方花香调	610 元 /50ml
糖心苹果女性淡香水（L'EAU EN BLANC）	粉香花香调	620 元 /50ml
洛俪塔魔幻女性香水（LEMPICKA）	花香调	510 元 /50ml
普拉达		
鸢尾花系列女性香水（INFUSION D'IRIS）	花香调	750 元 /50ml
普拉达同名女性香水（PRADA AMBER）	优雅花香调	620 元 /50ml
琥珀之水女性香水（L'EAU AMBRÉE）	馥郁花香调	780 元 /50ml
卓越男性淡香水（LUNA ROSSA）	清新草香调	590 元 /50ml
梵克雅宝		
唯一之约淡香水（UN AIR DE FIRST）	木质花香调	750 元 /60ml
仙子女性淡香水（FEERIE）	清新花果香调	700 元 /50ml
仙子冬日玫瑰香水（FEERIE WINTER ROSE）	玫瑰花香调	680 元 /50ml
午夜巴黎男性香水（MIDNIGHT IN PARIS）	东方花香调	690 元 /75ml
东逸香水（ORIENS）	清新花果香调	750 元 /50ml
范思哲		
范思哲经典女性淡香水（VERSACE POUR FEMME）	馥郁花香调	680 元 /50ml
纬尚时女性淡香水（VERSUS）	清新花果香调	520 元 /50ml
香爱黄钻女性香水（YELLOW DIAMOND）	清新花果香调	550 元 /50ml
红色牛仔女性淡香水（RED JEANS）	清新花果香调	500 元 /75ml

名　称	香　调	参考价格
星夜水晶女性淡香水（CRYSTAL NOIR）	馥郁花香调	560 元 /50ml
云淡风轻男性淡香水（EAU FRAICHE）	清新花果香调	480 元 /50ml
香遇浮华女性香水（VANITAS）	清新花香调	720 元 /50ml
香恋水晶女性淡香水（BRIGHT CRYSTALL）	清新花果香调	600 元 /50ml
圣罗兰		
左岸女性香水（RIVE GAUCHE）	清新花果香调	600 元 /50ml
鸦片香水（OPIUM）	东方辛香调	1085 元 /100ml
情窦女性香水（BABY DOLL）	清新花果香调	730 元 /100ml
天之骄子男性淡香水（L'HOMME）	清新木质香调	360 元 /40ml
巴黎女性香水（PARIS）	木质花香调	650 元 /50ml
炫女性香水（ELLE）	木质花香调	780 元 /50ml
M7 男性淡香水	清新木质香调	820 元 /100ml
甜心佳人淡香水（YOUNG SEXY LOVELY）	花果香调	510 元 /50ml
爵士男性淡香水（JAZZ）	东方花香调	650 元 /100ml

注：附录收录了 29 个世界顶级香水品牌的 188 款主流香水，其中分男性香水、女性香水，以及男女皆宜的系列香水，同时标注了各款香水的香调和购买参考价格。

图书在版编目(CIP)数据

香水赏鉴 / 刘晨著.—北京：北京工业大学出版社，
2013.2

ISBN 978-7-5639-3385-3

Ⅰ．①香… Ⅱ．①刘… Ⅲ．①香水—鉴赏 Ⅳ．①TQ658.1

中国版本图书馆 CIP 数据核字(2012)第 297063 号

世界品牌研究课题组
World Brand Research Laboratory

香水赏鉴

著　　者：刘　晨
责任编辑：姜　山
封面设计：安宁书装
出版发行：北京工业大学出版社
　　　　　（北京市朝阳区平乐园 100 号　　100124）
　　　　　010-67391722（传真）　bgdcbs@sina.com
出 版 人：郝　勇
经销单位：全国各地新华书店
承印单位：沈阳鹏达新华广告彩印有限公司
开　　本：720 mm×1000 mm　1/16
印　　张：24
字　　数：357 千字
版　　次：2013 年 2 月第 1 版
印　　次：2013 年 2 月第 1 次印刷
标准书号：ISBN 978-7-5639-3385-3
定　　价：128.00 元